Global Patent Innovation Activities Research Report

全球专利创新活动研究报告

2016

国家知识产权局专利局专利文献部
中国专利技术开发公司
组织编写

知识产权出版社
全国百佳图书出版单位

图书在版编目（CIP）数据

全球专利创新活动研究报告. 2016/国家知识产权局专利局专利文献部，中国专利技术开发公司组织编写. —北京：知识产权出版社，2017.7

ISBN 978-7-5130-4827-9

Ⅰ. ①全… Ⅱ. ①国… ②中… Ⅲ. ①专利—研究报告—世界—2016 Ⅳ. ①G306.71

中国版本图书馆 CIP 数据核字（2017）第 057966 号

责任编辑：段红梅　石陇辉　　**责任校对**：潘凤越
封面设计：智兴设计室·索晓青　　**责任出版**：刘译文

全球专利创新活动研究报告 2016

国家知识产权局专利局专利文献部
中国专利技术开发公司
组织编写

出版发行：知识产权出版社有限责任公司　　**网　址**：http：//www.ipph.cn
社　址：北京市海淀区气象路 50 号院　　**邮　编**：100081
责编电话：010-82000860 转 8119　　**责编邮箱**：duanhongmei@cnipr.com
发行电话：010-82000860 转 8101/8102　　**发行传真**：010-82000893/82005070/82000270
印　刷：北京科信印刷有限公司　　**经　销**：各大网上书店、新华书店及相关专业书店
开　本：787mm × 1092mm　1/16　　**印　张**：16.75
版　次：2017 年 7 月第 1 版　　**印　次**：2017 年 7 月第 1 次印刷
字　数：370 千字　　**定　价**：58.00 元

ISBN 978-7-5130-4827-9

编 委 会

序 言

当前，新一轮科技革命如火如荼，战略性新兴产业发展迅速，世界主要国家日益把发展模式从要素驱动向创新驱动转变，技术创新在竞争中的地位日益凸显，知识产权竞争日趋激烈，专利制度在激励创新、驱动创新中的作用不断加强。专利文献是技术创新成果的突出体现，反映了技术创新的方向、路径、热点和趋势。

本报告以专利文献为基础，依据世界知识产权组织公布的 35 个技术领域，从时间、空间（地域）、主体（专利申请人、专利发明人）和客体（专利技术领域）等多个维度入手，揭示了全球主要科技发达国家的专利创新态势，分析了中国的创新活动。

本报告有四个主要特点。一是从全球视角关注中国的创新活动，既关注中国创新主体、分析中国整体以及各创新主体在全球的专利创新水平，又关注中国市场、分析各主要科技发达国家在中国市场的专利创新表现；二是依据世界知识产权组织公布的 35 个技术领域，贴近产业且涵盖了专利所涉及的所有技术领域，具有国际可比性；三是多维度反映专利创新方向和创新热点，并在创新方向和创新热点中识别重点技术；四是采集全球百万级的专利数据，在对专利数据进行规范或深度标引的基础上，提供客观、准确和翔实的统计数据。

本报告为了解和掌握全球主要国家，特别是中国的专利创新活动提供了参考，对科技、知识产权、产业等相关政府部门或机构，对高校、科研院所、企业、行业协会、知识产权工作者、相关研究者等也具有参考价值。

2017 年 6 月

前　言

本书根据国家知识产权局2016年开展的“全球创新活动研究”课题报告编撰而成，共分为三篇。第一篇，以全球视野研究全球专利创新活动，主要研究2008 ~ 2015年世界知识产权组织（WIPO）公布的35个技术领域（以下简称WIPO35技术领域）的专利创新活动，重点反映2012 ~ 2015年九个世界主要专利来源国的技术创新状况和各技术领域的主要专利权人。第二篇，着眼于国内，研究我国专利创新活动，主要研究2008 ~ 2015年WIPO35技术领域的专利创新活动，重点反映2012 ~ 2015年各国在华专利分布情况、国内各省区市的专利授权状况，以及各技术领域的主要专利权利人。第三篇，总结提炼全球专利创新活动研究结论，据此提出有关意见建议。

本书力图客观描述全球专利创新活动，从时间、空间（地域）、主体（专利申请人、专利发明人）和客体（专利技术领域）等多个维度着手，通过大量的数据图表，以“呈现态”的方式将大量的统计和分析数据呈现在读者面前，以期反映研究对象的客观状态。书中，编者并未对大量的数据进行过多的主观分析，读者可以根据需要进行更深入的解读。

目　录

第三篇　结论和建议

绪　论

一、研究背景和意义

2014 年，国家知识产权局专利局专利文献部和中国专利技术开发公司组织了“基于专利信息全球技术创新活动研究”专题课题组，基于全球专利数据对世界主要国家专利创新活动进行研究，于 2015 年出版发布了《全球专利创新活动研究报告 2014》。研究报告发布之后，被科技、知识产权、产业等政府部门、相关行业广泛使用，也为相关决策提供了重要参考，获得了社会各界相关领域的广泛关注和好评。2016 年年初，国家知识产权局局长申长雨同志在中共国家知识产权局党组扩大会议上的报告《凝心聚力狠抓落实扎实推进知识产权强国建设》（国知发办字[2016]9 号）中指出，“发布全球专利创新活动研究报告”是 2015 年国家知识产权局在增强公共服务能力方面的一项重要工作成果。这一研究成果还荣获了第九届全国知识产权（专利）优秀调查研究报告暨优秀软科学研究成果二等奖（全国一等奖 5 项，二等奖 10 项）。

2016 年，根据全球专利数据更新的周期和规律，专题课题组基于 2008~2015 年的全球专利数据，再次研究分析了全球专利创新活动，尤其针对世界主要科技发达国家的技术创新活动进行了对比研究和分析，形成了本研究报告。本报告具有四个主要特点。第一，从全球视角研究分析中国的创新活动，既研究中国创新主体、分析中国整体及各创新主体在全球的专利创新水平，也研究中国市场、分析各主要科技发达国家在中国市场的专利创新表现。第二，依据 WIPO 公布的 35 个技术领域进行对比研究，这 35 个技术领域涵盖了专利所涉及的所有技术领域，具有国际可比性，可全面对专利技术创新活动进行对比和分析。第三，从时间、空间（地域）、主体（专利申请人、专利发明人）和客体（专利技术领域）等多个维度着手，选取合适的研究指标进行计算和排名，全面反映专利创新活动。第四，采集了全球百万级的专利数据，在对专利数据进行规范或深度标引的基础上，提供客观、准确和翔实的统计数据，大量多维度的统计数据可满足读者进行更深入解读的需要。

本次研究进一步丰富了研究内容和研究维度，基于 2016 年 2 月 WIPO 最新公布的 35 个技术领域与 IPC 的对照表采集全球近 8 年的长时间跨度数据，增加了关于创新方向和创新热点的探讨，并进一步基于专利技术蓬勃发展的近 4 年的数据研究国家和创新主体在创新方向和创新热点中的表现，识别创新方向和创新热点中的重点技术。本次研究进一步优化了研究方法，通过改进和升级中国专利技术开发公司的专利信息分析系统，提升了专利数据处理精度和效率。

例如，本次研究实现了在百万数据级，基于最早优先权信息确定专利来源国，且对最早优先权为“EP”（欧洲专利局）或“WO”（世界知识产权组织）的授权发明专利依据申请人国别进行国家归类。通过上述两个方面的丰富和优化，期望为读者提供更科学和更客观的专利统计数据。

二、研究内容

本报告共分为三个篇章。

第一篇，以全球视野研究全球专利创新活动。首先，以2008~2015年全球发明专利公开文献作为研究对象，分析全球技术创新活动的整体趋势，并基于WIPO公布的5个一级技术领域和35个二级技术领域（简称WIPO35），分析全球技术创新方向和创新热点，且进一步揭示创新热点中的重点技术。其次，以2012~2015年九个主要专利来源国[①]（简称九国）拥有的全球授权发明专利作为研究对象，揭示九国的技术创新整体情况、授权发明专利领域分布情况，以及九国在全球技术创新方向中的表现。最后，识别全球技术创新方向和创新热点中的主要竞争者，分析主要竞争者的技术创新状况。

第二篇，着眼于国内，研究我国专利创新活动。首先，以2008~2015年中国发明专利公开文献作为研究对象，分析国内技术创新活动的整体趋势、国内技术创新方向和创新热点，进一步揭示创新热点中的重点技术。其次，以2008~2015年中国授权发明专利文献作为研究对象，揭示九国在华专利布局整体情况，以及在国内技术创新热点领域的专利布局情况。再次，以2012~2015年中国发明专利授权文献作为研究对象，揭示九国在华技术创新整体情况及其在国内技术创新热点领域的技术创新状况，同时揭示我国各省区市的技术创新整体情况及国内技术创新热点领域的技术创新状况。最后，识别国内技术创新热点领域的主要竞争者，分析主要竞争者的技术创新状况。

第三篇，在对比国内外专利创新活动的基础上，从创新方向、创新热点、专利布局等方面提炼研究结论，并据此提出相关工作建议。

三、数据说明

1. 数据来源

全球专利数据：采用欧洲专利局EPOQUE系统的EPODOC数据库。

中国专利数据：采用国家知识产权局S系统的CNABS数据库。

2. 检索截止日

全球专利数据：2016年5月10日。

中国专利数据：2016年5月10日。

---

① 九个主要专利来源国为“九国两组织”中的九国。“九国两组织”是指《专利合作条约》规定的国际检索单位必须检索的“PCT最低文献量”涉及的国家或地区，具体包括美国、英国、法国、德国、日本、俄罗斯（苏联）、瑞士、中国、韩国、欧洲专利局和《专利合作条约》组织官方出版的专利文献。

3. 数据处理和规范

1）全球专利数据，根据各国专利文献代码识别发明专利申请和发明专利授权。

基于最早优先权信息确定专利来源国，且对优先权为“EP”或“WO”的授权发明专利依据申请人国别进行国家归类。

对申请人、发明人进行规范，包括对格式进行规范、对不同公布级数据进行筛选、对全球和各领域主要竞争者的名称进行人工整理、对申请人国籍和类型进行人工标引等。

2）中国专利数据，根据数据库字段识别发明专利申请、发明专利授权、专利来源国和专利来源省，包括将原始国省信息中的各省、自治区、直辖市（香港特别行政区、澳门特别行政区和台湾地区除外）的名称统一转换为“中国”，将原始国省信息中的国内 14 个副省级城市的名称转换为所属省的名称。

对申请人、发明人进行规范，包括对格式进行规范、利用中国专利技术开发公司的机构代码表对申请人名称进行规范等。

需要说明的是，在对国内外的数据进行规范化处理时，转换申请人名称时不对子母公司或控股公司的名称进行统一，即子母公司或控股公司的授权发明专利数量不合并计算。另外，发明人字段仅对不规则字符和空格等格式进行整理，发明人数量在统计过程中，并未克服重名问题，即重名的发明人会被认为是同一人。

3）工具。采用中国专利技术开发公司开发的专利信息分析系统（网络版）。

4. 技术领域

本报告所称技术领域均为 WIPO35，如表 0-1 所示。

表0-1　WIPO技术领域列表

一级技术领域	二级技术领域
Ⅰ电气工程	1.电机/电气装置/电能
	2.音像技术
	3.电信
	4.数字通信
	5.基础通信程序
	6.计算机技术
	7.信息技术管理方法
	8.半导体
Ⅱ仪器	9.光学
	10.测量
	11.生物材料分析
	12.控制
	13.医学技术

续表

一级技术领域	二级技术领域
Ⅲ化学	14.有机精细化学
	15.生物技术
	16.药品
	17.高分子化学/聚合物
	18.食品化学
	19.基础材料化学
	20.材料/冶金
	21.表面加工技术/涂层
	22.微观结构和纳米技术
	23.化学工程
	24.环境技术
Ⅳ机械工程	25.装卸
	26.机床
	27.发动机/泵/涡轮机
	28.纺织和造纸器械
	29.其他专用机械
	30.热工过程和设备
	31.机械元件
	32.运输
Ⅴ其他领域	33.家具游戏
	34.其他消费品
	35.土木工程

四、指标介绍

1. 发明专利公开量

指标定义：报告期内专利行政部门受理且已处于公开状态的发明专利数量。

2. 发明专利授权量

指标定义：报告期内专利行政部门授予发明专利权的数量。

3. 发明人总数

指标定义：一个国家、地区或机构中获得发明专利授权的发明人数量。

4. 每申请人平均发明专利授权量

指标定义：每个申请人平均拥有的发明专利授权量。

计算公式：每申请人平均发明专利授权量 = 发明专利授权量 / 授权发明申请人数。

指标含义：一个国家或地区有效竞争者平均所拥有的发明专利授权量，反映一个国家或地区有效竞争者的平均专利集中度。

5. 每发明人平均发明专利授权量

指标定义：每个发明人平均产出的发明专利授权量。

计算公式：每发明人平均发明专利授权量 = 发明专利授权量 / 授权发明发明人数。

指标含义：一个国家、地区或机构的每单位有效科技人员投入所产出的发明专利授权量，反映一个国家、地区或机构的平均有效创新效率。

6. 每授权发明专利平均发明人数

指标定义：每授权发明专利投入的科研人员数量。

计算公式：每授权发明专利平均发明人数 = 授权发明总发明人次 / 发明专利授权量。

指标含义：在一个国家、地区或机构中，授权发明专利投入的科研人员数量越多，授权发明专利的研究密集程度越高，则发明专利的价值可能越高。

7. 相对专业化指数（*RSI*）

指标定义：某国在某一特定技术领域专利中所占的比例除以该国在所有专利中所占的比例，所得数值取对数。

计算公式：$RSI=\lg\left(\frac{F_{C,T}/\Sigma_{C}F_{C,T}}{\Sigma_{T}F_{C,T}/\Sigma_{C,T}F_{C,T}}\right)$，其中 $F_{C,T}$ 表示来自国家 C 的在技术领域 T 的发明专利授权量。

指标含义：体现一个国家某个技术领域相对于该国整体技术水平所处的地位，该指标大于 0 的技术领域在本国具有专业化优势，值越高，专业化程度越高。

8. 五局专利布局比例

指标定义：某专利来源国分别在中国专利局、美国专利商标局、日本专利局、韩国专利局，以及欧洲专利局获得的发明专利授权量与该专利来源国所拥有的全球发明专利授权量的比值。

计算公式：五局专利布局比例 = 某专利来源国在某专利局的发明专利授权量 / 该专利来源国的全球发明专利授权量。

指标含义：体现一个国家分别在中国、美国、日本、韩国，以及在欧洲的专利布局能力。

9. 域外专利布局指数

指标定义：某专利来源国在本国以外的专利受理机构获得的发明专利授权量与该专利来源国所拥有的全球发明专利授权量的比值。

计算公式：域外专利布局指数 = 某专利来源国在本国以外的专利受理机构获得的发明专利授权量 / 该专利来源国的全球发明专利授权量。

指标含义：体现一个国家在本国之外进行专利布局的能力。

10. 创新活力

指标定义：以专利形式存在的创新成果产出的多少，以一定时间内的发明专利公开量表示。发明专利公开量多表明创新活力强，发明专利公开量少表明创新活力弱。

11. 创新方向

指标定义：一定时期内发明专利公开量保持稳步增长的技术领域。

12. 创新热点

指标定义：一定时期内发明专利公开量较高且保持稳步增长的技术领域。

13. 潜在创新热点

指标定义：一定时期内发明专利公开量较低但保持稳步增长的技术领域。

14. 重点技术

指标定义：创新方向和创新热点中发明专利授权量比较集中的具体技术领域。

15. 成熟技术领域

指标定义：一定时期内发明专利公开量较高但多年出现负增长的技术领域。

16. 创新空白技术领域

指标定义：一定时期内发明专利公开量较低且多年出现负增长的技术领域。

第一篇　全球技术创新活动研究

本篇以全球视野研究全球专利技术创新活动。其中第一章以 2008~2015 年全球发明专利公开和授权文献作为研究基础，分析全球技术创新方向和创新热点，并识别重点技术；第二章和第三章以 2012~2015 年全球发明专利授权文献作为研究对象，揭示世界主要国家的技术创新情况，并识别和分析各技术领域的主要竞争者。

第一章　全球技术创新方向和创新热点

本章基于全球千万余件发明专利公开文献，分析 2008~2015 年全球整体和各技术领域的发明专利公开量变化趋势，识别全球技术创新方向、创新热点，并基于 2012~2015 年全球发明专利授权文献识别重点技术。

第一节　全球技术创新活动整体情况

本节分析 2008~2015 年全球发明专利整体公开态势。

一、2008~2015 年全球发明专利公开态势

如图 1-1 所示，2008~2015 年，全球发明专利公开量整体呈递增趋势，年均增长率达到

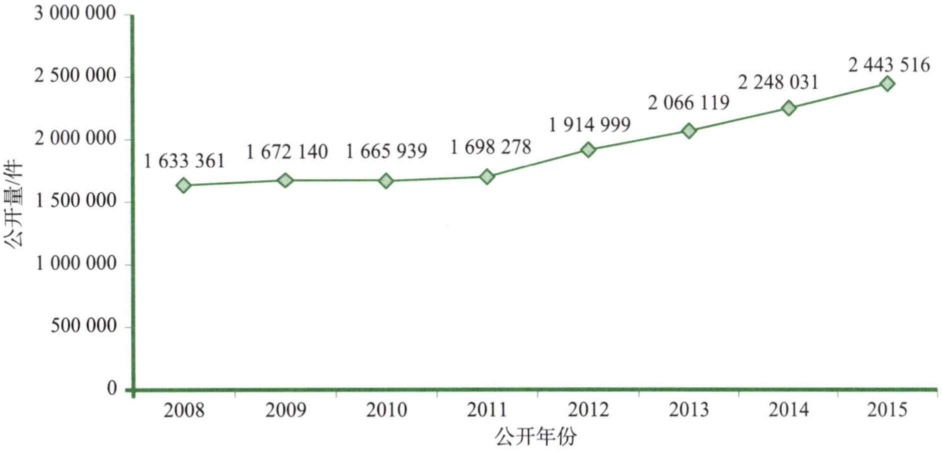

图1-1　2008~2015年全球发明专利公开态势

5.97%。从发明专利公开量来看，2011 年是一个拐点，2011 年之前，发明专利公开量增幅较小，2010 年甚至出现了负增长，2011 年之后，发明专利公开量增幅变大，基本维持在 8% 以上，且 2012 年实现了近年来的最大增幅（12.76%），说明全球发明专利申请增长态势良好。考虑到专利公开的滞后期，初步推断 2008 年全球经济危机可能造成 2009 年发明专利公开量的缓慢增长和 2010 年发明专利公开量的负增长，但这种影响从 2011 年开始在逐渐消除。

二、2008~2015 年一级技术领域发明专利公开态势

如图 1-2 所示，2008~2015 年，全球发明专利公开总量为 15 342 383 件[①]。在 5 个一级技术领域中，电气工程领域的发明专利公开量最高，达到 5 633 196 件（占比 36.7%），反映出电气工程领域的技术创新活力最强。其后是化学领域、机械工程领域、仪器领域和其他领域。

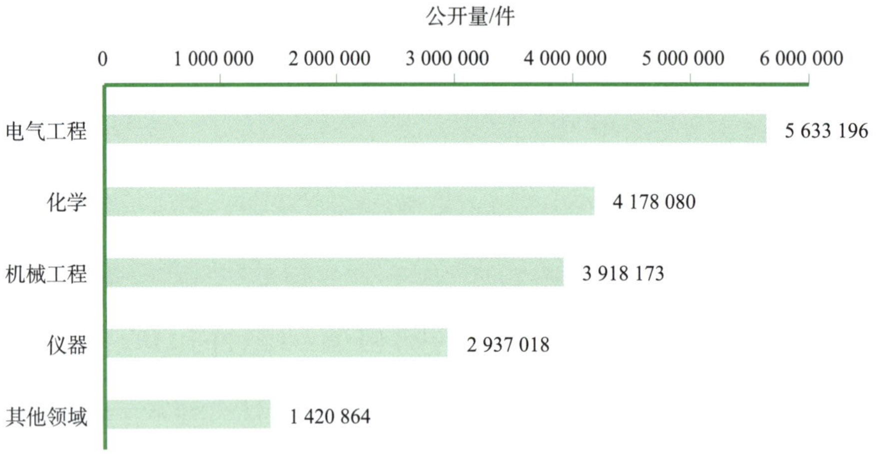

图1-2　2008~2015年全球公开发明专利领域分布

如表 1-1 所示，2008~2015 年，5 个一级技术领域年均增长率均大于零。其中，化学领域的年均增长率最高，达到 6.82%，其后是机械工程、其他领域、电气工程和仪器领域。从表 1-2 所示的历年增长率来看，电气工程领域仅在 2010 年出现了 1.13% 的负增长，其他各年均保持正增长，2012 年增长率达 10.87%。仪器领域在 2009~2011 年连续 3 年出现负增长，之后，公开量保持稳步增长。化学、机械工程、其他领域的公开量则在近 8 年保持持续增长态势。

表1-1　2008~2015年全球发明专利公开量年均增长率

一级技术领域	年均增长率
电气工程	4.43%
仪器	3.84%
化学	6.82%
机械工程	6.29%
其他领域	5.68%

① 一件发明专利可能隶属于多个技术领域，因此，各技术领域的发明专利数量在发明专利总量中的占比之和大于 100%，下同。

表1-2　2008~2015年全球发明专利公开态势

一级技术领域	公开量/件								
	2008	2009	2010	2011	2012	2013	2014	2015	变化趋势
电气工程	632 141	635 547	628 369	637 672	707 017	751 742	805 617	835 091	
仪器	337 533	337 512	331 999	329 956	365 888	383 725	410 757	439 648	
化学	430 216	444 230	452 918	466 756	522 376	556 031	616 783	688 770	
机械工程	405 462	419 716	423 796	433 871	499 363	535 244	566 002	634 719	
其他领域	151 328	153 186	153 880	157 311	177 459	190 270	207 909	229 521	

第二节　全球技术创新方向及创新热点

本节基于2008~2015年全球发明专利公开文献，分析各技术领域的创新活力，揭示全球专利技术创新方向和创新热点。

一、2008~2015年全球公开发明专利领域分布

如图1-3和表1-3所示，2008~2015年，计算机技术领域发明专利公开总量达到1 529 145件，在35个二级技术领域中位列第一。其后为电机/电气装置/电能技术领域，发明专利公开总量达到1 388 653件。发明专利公开量位列前十名的二级技术领域中，属于电气工程领域的有5个，属于仪器领域的有3个，属于化学领域的有1个，属于机械工程领域的有1个。

表1-3　2008~2015年全球发明专利公开量领域前十名

一级技术领域	二级技术领域	公开量/件	一级技术领域	二级技术领域	公开量/件
电气工程	计算机技术	1 529 145	电气工程	音像技术	902 505
电气工程	电机/电气装置/电能	1 388 653	电气工程	半导体	872 547
仪器	测量	957 292	仪器	医学技术	837 706
电气工程	数字通信	935 237	机械工程	运输	809 692
化学	药品	904 878	仪器	光学	755 102

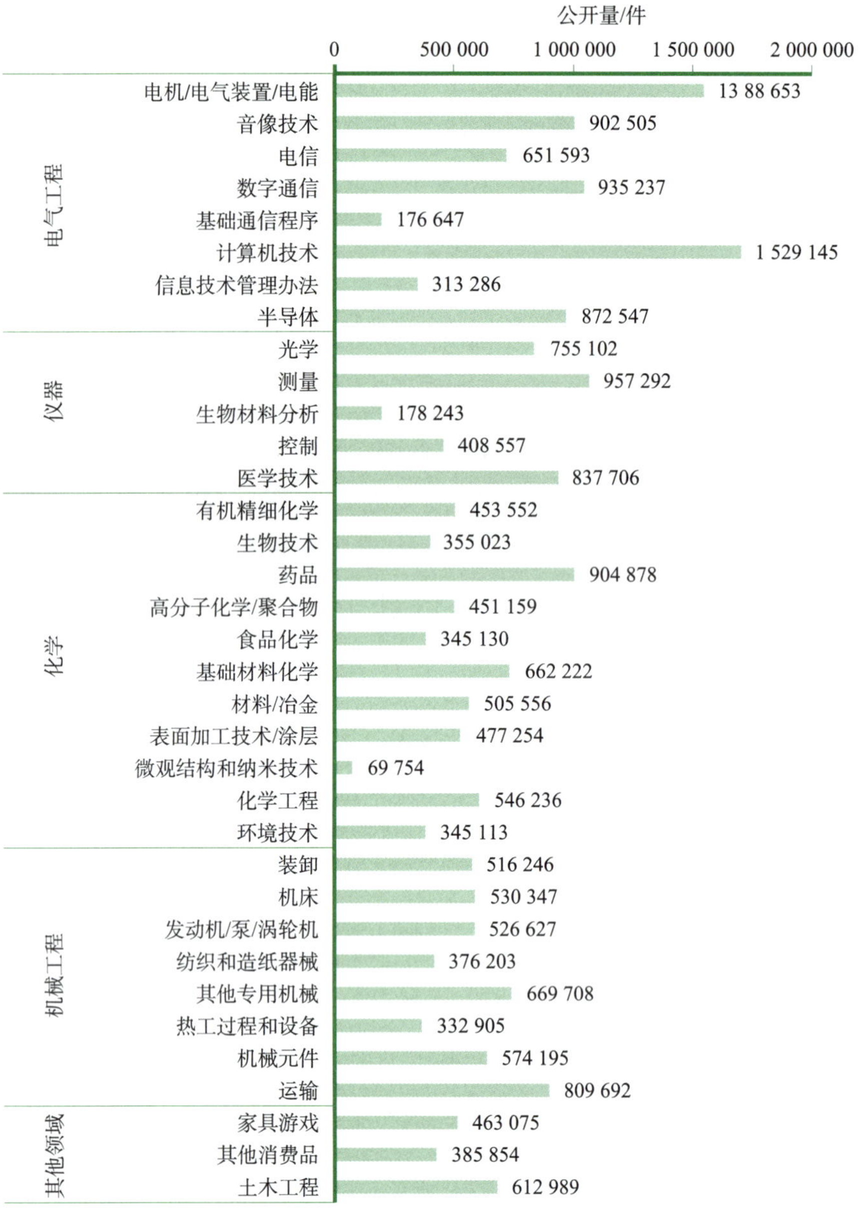

图1-3　2008~2015年全球公开发明专利领域分布

二、2008~2015 年全球技术创新方向

如表 1-4 和表 1-5 所示，2008~2015 年发明专利公开量持续保持正增长的技术领域共计 14 个，包括电机 / 电气装置 / 电能、测量、有机精细化学、生物技术、高分子化学 / 聚合物、食品化学、基础材料化学、材料 / 冶金、化学工程、环境技术、机床、其他专用机械、热工过程和设备、土木工程。这 14 个技术领域成为近年来全球技术创新方向。全球技术创新方向中属于化学领域的共 8 个，属于机械工程领域的共 2 个，属于电气工程、仪器领域和其他领域的各 1 个。

表1-4　2008~2015年各领域发明专利公开量年增长率

一级技术领域	二级技术领域	2008年增长率	2009年增长率	2010年增长率	2011年增长率	2012年增长率	2013年增长率	2014年增长率	2015年增长率	年增长率趋势
电气工程	电机/电气装置/电能	5.55%	7.01%	3.70%	6.07%	17.54%	8.11%	5.90%	4.72%	
	音像技术	-0.77%	-5.09%	-4.64%	-5.61%	3.65%	-1.39%	-2.54%	2.51%	
	电信	2.44%	-6.85%	-5.66%	-10.40%	1.01%	-0.63%	-2.82%	-0.54%	
	数字通信	11.83%	-2.57%	4.00%	1.11%	10.65%	8.81%	12.08%	7.04%	
	基础通信程序	2.29%	-3.84%	-3.35%	-6.17%	1.59%	-0.46%	-0.93%	-3.68%	
	计算机技术	7.87%	-1.49%	-1.53%	1.51%	10.44%	8.45%	9.41%	3.45%	
	信息技术管理办法	7.14%	9.32%	-5.90%	0.32%	15.42%	16.02%	20.08%	4.86%	
	半导体	7.92%	0.78%	-1.32%	3.65%	7.34%	0.20%	-0.36%	-3.83%	
仪器	光学	0.64%	-5.11%	-6.66%	-3.00%	5.72%	-0.19%	-2.85%	2.57%	
	测量	7.98%	4.59%	0.72%	0.00%	17.43%	6.71%	7.76%	9.22%	
	生物材料分析	-0.51%	0.53%	-1.41%	2.97%	-1.60%	-1.74%	6.62%	4.44%	
	控制	3.54%	1.09%	-2.16%	-5.31%	11.98%	9.78%	12.93%	14.03%	
	医学技术	3.20%	-0.27%	0.19%	2.34%	9.53%	4.76%	11.22%	4.19%	
化学	有机精细化学	5.89%	2.46%	3.23%	1.68%	8.03%	1.51%	5.72%	9.74%	
	生物技术	6.31%	7.26%	5.60%	7.63%	3.13%	6.40%	8.14%	8.97%	
	药品	2.47%	-2.04%	-3.62%	-0.30%	0.82%	2.12%	11.17%	9.08%	
	高分子化学/聚合物	2.93%	2.92%	2.62%	3.03%	16.29%	5.67%	8.22%	11.08%	
	食品化学	4.93%	5.33%	7.36%	10.70%	15.93%	15.56%	30.69%	15.28%	
	基础材料化学	5.50%	2.82%	3.84%	4.18%	14.94%	6.14%	12.86%	14.38%	
	材料/冶金	10.67%	3.59%	6.68%	4.85%	20.93%	6.45%	8.89%	8.81%	
	表面加工技术/涂层	4.44%	5.96%	1.03%	1.72%	13.31%	-2.34%	0.48%	6.82%	
	微观结构和纳米技术	9.21%	14.66%	8.81%	36.72%	30.44%	-11.98%	-2.99%	-8.22%	
	化学工程	4.15%	1.68%	3.00%	4.45%	12.64%	5.68%	6.60%	11.07%	
	环境技术	5.03%	7.16%	5.32%	5.00%	16.89%	3.96%	7.56%	14.35%	
机械工程	装卸	0.93%	-0.03%	-0.58%	5.02%	11.11%	5.91%	6.45%	12.35%	
	机床	8.23%	6.19%	6.98%	6.88%	18.69%	5.68%	4.55%	15.02%	
	发动机/泵/涡轮机	4.56%	9.32%	1.44%	1.20%	13.35%	9.54%	-1.15%	6.46%	
	纺织和造纸器械	-4.77%	-5.07%	-4.37%	-0.95%	10.53%	0.99%	-0.87%	8.04%	
	其他专用机械	5.86%	2.57%	4.64%	4.41%	16.78%	4.58%	11.17%	17.94%	
	热工过程和设备	3.45%	8.05%	8.59%	2.60%	12.76%	3.41%	4.50%	11.11%	
	机械元件	7.62%	-0.08%	-0.64%	1.86%	13.22%	7.29%	5.73%	9.60%	
	运输	3.76%	5.36%	-2.89%	-0.83%	17.70%	11.06%	5.80%	9.65%	
其他领域	家具游戏	2.90%	-2.71%	-1.90%	-0.04%	12.19%	6.03%	8.93%	6.95%	
	其他消费品	1.44%	-0.15%	0.46%	2.19%	10.08%	7.21%	9.38%	13.11%	
	土木工程	2.71%	5.17%	2.27%	4.12%	14.24%	7.62%	8.74%	10.95%	

表1-5　2008~2015年全球技术创新方向

全球技术创新方向	公开量/件	公开量排名	所属一级技术领域
电机/电气装置/电能	1 388 653	2	电气工程
测量	957 292	3	仪器
其他专用机械	669 708	11	机械工程
基础材料化学	662 222	12	化学
土木工程	612 989	14	其他领域
化学工程	546 236	16	化学
机床	530 347	17	机械工程
材料/冶金	505 556	20	化学
有机精细化学	453 552	23	化学
高分子化学/聚合物	451 159	24	化学
生物技术	355 023	28	化学
食品化学	345 130	29	化学
环境技术	345 113	30	化学
热工过程和设备	332 905	31	机械工程

三、2008~2015 年全球技术创新热点领域

如表 1-4 和表 1-6 所示，2008~2015 年，发明专利公开量持续保持正增长的 14 个二级技术领域中，有两个技术领域发明专利公开量位居前十名，即电机 / 电气装置 / 电能领域、测量领域。这两个技术领域在近 8 年间的发明专利公开量分别为 1 388 653 件和 957 292 件，在 35 个技术领域中分别位居第 2 位和第 3 位，且连续 8 年实现正增长，是近年来的技术创新热点领域。

表1-6　2008~2015年全球技术创新热点

全球技术创新热点	公开量/件	公开量排名	所属一级技术领域
电机/电气装置/电能	1 388 653	2	电气工程
测量	957 292	3	仪器

四、2008~2015 年全球潜在技术创新热点领域

如表 1-4 和表 1-7 所示，2008~2015 年，发明专利公开量持续保持正增长的 14 个二级技术领域中，有 4 个技术领域的发明专利公开量位列最后十名，即生物技术、食品化学、环境技术、热工过程和设备领域。这 4 个领域在近 8 年间的发明专利公开量分别为 355 023 件、345 130 件、345 113 件、332 905 件，在 35 个技术领域中分别位居第 28~31 位。这些领域的发明专利公开量虽然较低，但连续 8 年实现了发明专利公开量的正增长，是近年来潜在的技术创新热点领域。

表1-7　2008~2015年全球潜在技术创新热点

全球潜在技术创新热点	公开量/件	公开量排名	所属一级技术领域
生物技术	355 023	28	化学
食品化学	345 130	29	化学
环境技术	345 113	30	化学
热工过程和设备	332 905	31	机械工程

五、2008~2015 年全球成熟技术领域

如表 1-4 和表 1-8 所示，2008~2015 年，发明专利公开量多年出现负增长的二级技术领域共 6 个，分别为音像技术、光学、电信、纺织和造纸器械、生物材料分析和基础通信程序，其中有两个技术领域的发明专利公开量位列前十名，即音像技术、光学。这两个领域在近 8 年间的发明专利公开量分别为 902 505 件、755 102 件，在 35 个二级技术领域中分别位居第 6 位和第 10 位。这两个领域的发明专利公开量较高，但音像技术领域有 6 年出现发明专利公开量负增长、光学领域有 5 年出现发明专利公开量负增长，是近年来的成熟技术领域。

表1-8　2008~2015年全球成熟技术领域

全球成熟技术领域	公开量/件	公开量排名	所属一级技术领域
音像技术	902 505	6	电气工程
光学	755 102	10	仪器

六、2008~2015 年全球技术创新空白领域

如表 1-4 和表 1-9 所示，2008~2015 年，发明专利公开量多年出现负增长的二级技术领域共 6 个，其中有 3 个技术领域的发明专利公开量位列最后十名，即纺织和造纸器械、生物材料分析、基础通信程序。这 3 个领域在近 8 年间的发明专利公开量分别为 376 203 件、178 243 件、176 647 件，在 35 个二级技术领域中分别位居第 27 位、第 33 位和第 34 位。这 3 个领域的发明专利公开量低，且纺织和造纸器械领域有 5 年出现发明专利公开量负增长，生物材料分析领域有 4 年出现发明专利公开量负增长，基础通信程序领域有 6 年出现发明专利公开量负增长，是近年来的创新空白技术领域。

表1-9　2008~2015年全球技术创新空白领域

全球技术创新空白领域	公开量/件	公开量排名	所属一级技术领域
纺织和造纸器械	376 203	27	机械工程
生物材料分析	178 243	33	化学
基础通信程序	176 647	34	电气工程

第三节　全球技术创新热点和潜在创新热点领域中的重点技术

本节基于2012~2015年全球发明专利授权文献识别全球技术创新热点和潜在创新热点领域中的重点技术。

一、全球技术创新热点领域中的重点技术

在创新热点领域中，发明专利授权量比较集中的具体技术领域体现了对科技发展影响较大的重点技术。如表1-10所示，在电机/电气装置/电能领域中，发明专利授权量最高的技术涉及“直接转变化学能为电能的方法或装置，例如电池组”（H01M），其发明专利授权量达到42 038件，是该领域中最重要的技术。在测量领域中，发明专利授权量最高的技术是涉及“化学或物理测试或分析材料（不包括生物物质等特殊材料的分析测定）”（G01N，不包括G01N33），其发明专利授权量达到58 345件，是该领域中最为重要的技术。

表1-10　2008~2015年技术创新热点领域中重点技术分析

技术创新热点领域	重点技术分类号	重点技术内容	发明专利授权量/件
电机/电气装置/电能	H01M	直接转变化学能为电能的方法或装置，例如电池组	42 038
	H02J	用来供电或配电的电路装置或电路系统；电能存储系统	25 580
	H01R	线路连接器、集电器	23 332
	H05B	电热；其他类目不包含的电照明	23 095
	F21V	照明装置及其一般应用的零部件	21 196
	H02K	电机	16 487
	H02M	对电力系统中的交流、直流进行转换、控制或调节	16 108
	H01H	电开关；继电器；选择器；紧急保护装置	13 116
	H01B	电缆；导体；绝缘体；导电、绝缘或介电材料的选择	12 826
	F21S	非便携式照明装置或其系统	12 526
测量	G01N，不包括G01N33	化学或物理测试或分析材料，不包括生物物质等特殊材料的分析测定	58 345
	G01R，不包括G01R31/38	测量电变量；测量磁变量；不包括火花塞的测试	31 030
	G01B	长度、厚度或类似线性尺寸的计量；角度的计量；面积的计量；不规则的表面或轮廓的计量	17 220
	G01S	波的传播性质相关的探测测量及卫星定位	15 759
	G01C	测量距离、水准或者方位；勘测；导航；陀螺仪；摄影测量	14 558
	G01M	机器或结构部件的静或动平衡的测试；未列入其他类组的结构部件或设备的测试	13 031
	G01L	测量力、应力、转矩、功、机械功率、机械效率或流体压力	7 708
	G01J	红外光、可见光、紫外光的强度、速度、光谱成分，偏振、相位或脉冲特性的测量；比色法；辐射高温测定法	7 611
	G01D	非专用于特定变量的测量；不包含在其他单独小类中的测量两个或多个变量的装置；计费设备；未列入其他类目的测量或测试	7 048
	G01V	地球物理；重力测量；物质或物体的探测；示踪物	6 671

二、全球潜在技术创新热点领域中的重点技术

在潜在的创新热点领域中，发明专利授权量比较集中的具体技术领域体现了对科技发展可能会产生较大影响的重点技术。如表 1-11 所示，在生物技术领域中，“微生物或酶”相关技术（C12N）发明专利授权量最大，达到 32 172 件，是该领域中最为重要的技术。在食品化学领域中，“食品、食料或非酒精饮料”及其制备和保存相关技术（A23L）发明专利授权量最大，达到 34 645 件，是该领域中最为重要的技术。在环境技术领域中，“水、废水、污水或污泥的处理”相关技术（C02F）的发明专利授权量最高，达到 26 047 件，是该领域中最为重要的技术。在热工过程和设备领域中，“空气调节；空气增湿；通风；空气流作为屏蔽的应用”等相关技术（F24F）的发明专利授权量最高，达到 11 212 件，是该领域中最为重要的技术。

表1-11 2008~2015年潜在技术创新热点领域中重点技术分析

潜在技术创新热点领域	重点技术分类号	重点技术内容	发明专利授权量/件
生物技术	C12N	微生物或酶；其组合物；繁殖、保藏或维持微生物；变异或遗传工程；培养基	32 172
	C12Q	包括酶或微生物的测定或检测方法；其所用组合物或试纸；这种组合物的制备方法；在微生物学方法或酶学方法中的条件反应控制	15 637
	C12P	发酵或使用酶的方法合成目标化合物或组合物或从外消旋混合物中分离旋光异构体	10 770
	C07K	肽	8 625
	C12M	酶学或微生物学装置	5 553
	C07G	未知结构的化合物	220
	C12G	葡萄酒；其他含酒精饮料；其制备	167
	C12C	啤酒的酿造	54
食品化学	A23L	食品、食料或非酒精饮料；它们的制备；食品或食料的一般保存；不包括特殊保存，乳制品及其制备，食用油或脂肪、咖啡、茶、它们的代用品、制备，可可及其相关制品和代用品、糖食、口香糖、冰淇淋、它们的制备，食用蛋白质组合物、食用蛋白质的加工、食用磷脂组合物	34 645
	A01H	新植物或获得新植物的方法；通过组织培养技术的植物再生	8 600
	A23K	饲料	6 844
	A23G	可可及其相关制品和代用品；糖食；口香糖；冰淇淋；其制备	3 484
	A21D	面粉或面团的处理；焙烤；焙烤食品；及其保存	3 426
	A23F	咖啡；茶；代用品；制造	3 194
	A23B	保存，如用罐头贮存肉、鱼、蛋、水果、蔬菜、食用种籽；水果或蔬菜的化学催熟；保存、催熟或罐装产品	3 098
	A23C	乳制品；奶或奶酪的代用品；其制备	3 018
	C12G	葡萄酒；其他含酒精饮料；其制备	2 764
	A23D	食用油或脂肪	1 433

续表

潜在技术创新热点领域	重点技术分类号	重点技术内容	发明专利授权量/件
环境技术	C02F	水、废水、污水或污泥的处理	26 047
	B01D	分离	18 617
	F01N	一般机器或发动机的或内燃机的气流消音器或排气装置	9 142
	B09B	固体废物处理	4 133
	G01T	核辐射或X射线辐射的测量	3 836
	A62C	消防	2 901
	F23G	焚化炉；废物的焚毁	2 026
	F23J	燃烧生成物或燃烧余渣的清除或处理；烟道	1 424
	B65F	家庭或类似垃圾的收集或清除	1 370
	B09C	污染土壤的再生	1 357
热工过程和设备	F24F	空气调节；空气增湿；通风；空气流作为屏蔽的应用	11 212
	F25B	制冷机，制冷设备或系统；加热和制冷的联合系统；热泵系统	8 182
	F24J	不包含在其他类目中的热量产生和利用	5 008
	F28F	通用热交换或传热设备的零部件	4 641
	F24H	一般有热发生装置的流体加热器	4 548
	F28D	不包含在其他小类中的热交换设备，其中热交换介质不直接接触的	4 503
	F27D	一种以上的炉通用的炉、窑、烘烤炉或蒸馏炉的零部件或附件	3 923
	F27B	一般炉、窑、烘烤炉或蒸馏炉；开式烧结设备或类似设备	3 373
	F24C	其他家用炉或灶；一般用途家用炉或灶的零部件	3 172
	F24D	住宅供热系统或区域供热系统；住宅热水供应系统；其所用部件或构件	2 981

第四节　本章小结

1）2008~2015 年，全球发明专利公开量整体呈递增趋势。化学等各一级技术领域发明专利公开量整体均呈增长态势，电气工程领域的全球发明专利公开量最高，化学领域的年均增长率最高。

2）近 8 年在二级技术领域中，计算机技术领域发明专利公开总量位列第一，电机 / 电气装置 / 电能领域紧随其后。电机 / 电气装置 / 电能、测量、有机精细化学、生物技术、高分子化学 / 聚合物、食品化学、基础材料化学、材料 / 冶金、化学工程、环境技术、机床、其他专用机械、热工过程和设备、土木工程这 14 个技术领域为近年来全球技术创新方向。

3）电机 / 电气装置 / 电能、测量领域是近 8 年来全球技术创新的热点领域，生物技术、食品化学、环境技术、热工过程和设备是近年来全球潜在的技术创新热点。在电机 / 电气装置 / 电能领域中，“直接转变化学能为电能的方法或装置，例如电池组”（H01M）是最为重要的技术。在测量领域中，“化学或物理测试或分析材料（不包括生物物质等特殊材料的分析测定）”（G01N，不包括 G01N33）是最为重要的技术。在生物技术领域中，“微生物或酶”相关技术（C12N）是最为重要的技术。在食品化学领域中，“食品、食料或非酒精饮料”及其制备和保存相关技术（A23L）是最为重要的技术。在环境技术领域中，“水、废水、污水或污泥的处理”相关技术（C02F）是最为重要的技术。在热工过程和设备领域中，“空气调节；空气增湿；通风；空气流作为屏蔽的应用”等相关技术（F24F）是最为重要的技术。

4）音像技术、光学是近 8 年来的全球成熟技术领域，这两个领域发明专利公开量位列前十名，但公开量多年出现负增长；纺织和造纸器械、生物材料分析、基础通信程序是近年来全球创新空白技术领域，这 3 个领域的发明专利公开量位列最后十名，且公开量多年出现负增长。

第二章　全球技术创新中的国家表现

本章将基于近 4 年（2012~2015 年）全球数百万件授权发明专利，研究世界主要国家在全球技术创新中的表现。

第一节　全球主要专利来源国技术创新整体情况

本节利用发明专利授权量、每申请人平均发明专利授权量、每授权发明专利平均发明人数、授权发明专利域外专利布局指数等指标对世界主要国家的技术创新情况进行分析，揭示各国的技术创新总体状况。

一、全球发明专利授权态势

如图 2-1 所示，2008~2015 年，全球年发明专利授权量呈持续上升趋势，2014 年达到 118 万件，以 2008~2014 年的年均增长率（6.28%）估算，2015 年预计达到 125 万件，全球发明专利授权增长态势良好。但 2012 年后全球年发明专利授权量增幅放缓。

二、九国的授权发明专利情况

如图 2-2 所示，以 2012~2015 年 4 年的专利授权总量（2 425 923 件）计，九国中，美国发明专利授权量位居第一，4 年总计达到 567 878 件；日本、中国紧随其后，分别为 550 084 件、549 559 件；韩国位列第四，为 295 238 件。德国、俄罗斯、法国、英国、瑞士的 4 年发明专利授权量分别为 96 415 件、82 949 件、60 287 件、28 683 件、9 595 件，远低于美国、日本、中国、韩国。可见，全球授权发明专利主要来源于美国、日本、中国和韩国，4 国发明专利授权总量占全球发明专利授权总量的八成多。

图2-1　2008~2015年全球发明专利授权态势

注：2008~2014年数据来自世界知识产权指标报告。

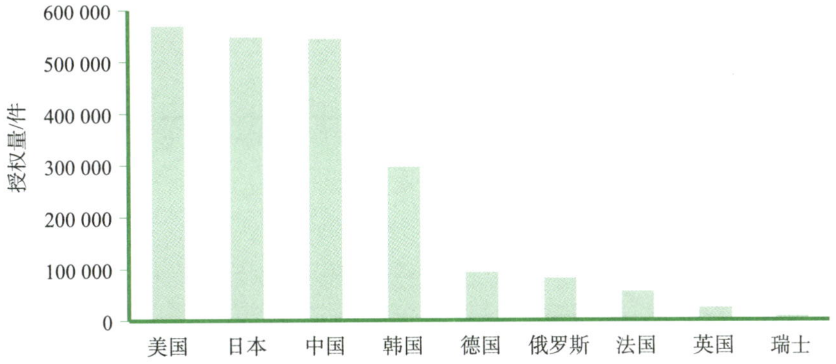

图2-2　2012年至2015年九国授权发明专利数量

三、九国有效竞争者的平均专利集中度

如图 2-3 所示，2012~2015 年，每申请人平均发明专利授权量最高的是日本，达到 8.45 件 / 人，有效竞争者的平均专利集中度远高于其他国家，这意味着日本有效竞争者平均拥有的专利技术最多，在全球市场的竞争中对专利技术的自由运用程度较高，实力雄厚。每申请人平均发明专利授权量位居第二的是俄罗斯，达到 4.89 件 / 人；其后是中国、韩国、法国、德国、瑞士、美国、英国，分别为 4.22 件 / 人、4.01 件 / 人、3.97 件 / 人、3.52 件 / 人、3.27 件 / 人、2.77 件 / 人、2.52 件 / 人。

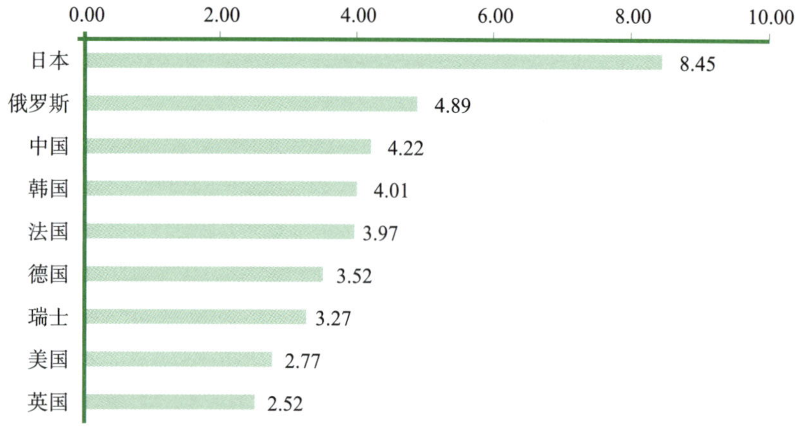

图2-3　2012~2015年九国的每申请人平均发明专利授权量（单位：件/人）

四、九国授权发明专利的平均研究密集程度

如图 2-4 所示，2012~2015 年每授权发明专利平均发明人数最多的是中国，达到 3.80 人次 / 件，体现了较高的专利平均研究密集程度，这与中国由于人力资源成本较低而拥有众多的研发人员的国情相符合，同时，每授权发明专利投入的研发人员数量较多，则授权发明的价值可能较高，俄罗斯、美国、瑞士和日本都拥有较高的每授权发明专利平均发明人数，分别为 3.18 人次 / 件、2.84 人次 / 件、2.73 人次 / 件、2.68 人次 / 件。

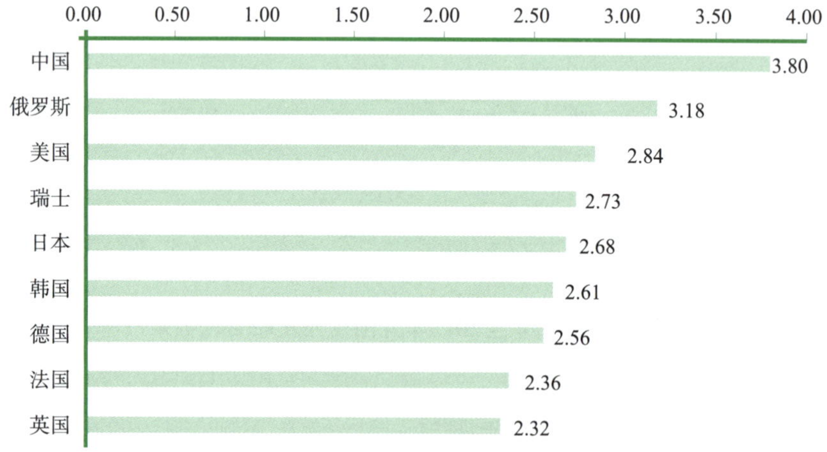

图2-4　2012~2015年九国的每授权发明专利平均发明人数（单位：人次/件）

五、九国每单位有效科技人员的平均有效创新效率

如图 2-5 所示，2012~2015 年，每发明人平均发明专利授权量最多的是韩国，达到 1.50 件 / 人，体现了较高的平均有效创新效率。日本和中国也拥有较高的每发明人平均发明专利授权量，分别为 1.31 件 / 人和 1.18 件 / 人。

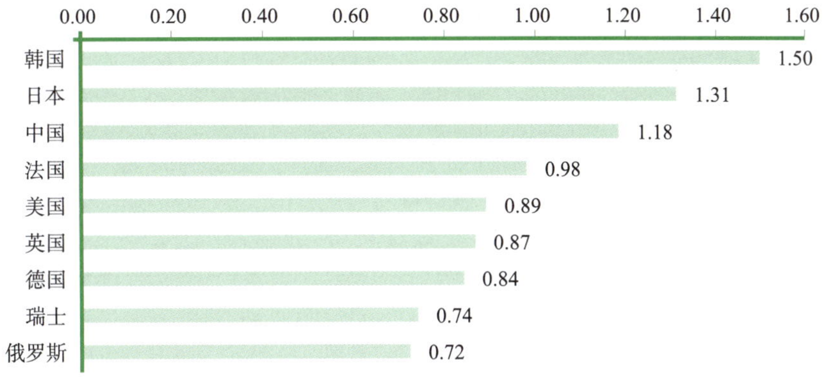

图2-5　2012~2015年九国的每发明人平均发明专利授权量（单位：件/人）

六、九国的域外专利布局份额

一般情况下，专利申请人倾向于首先在本国申请专利，获得专利权保护，因而本国申请和授权的数量将显著影响各国的专利布局。为了更加客观反映全球市场专利布局状况，我们研究了各国在排除本国授权发明后，在域外获得授权发明专利的数量和布局情况。

如表 2-1 和表 2-2 所示，2012~2015 年，九个主要专利来源国中，瑞士、德国、英国、法国的授权发明专利域外专利布局指数较高，均达到 50% 以上，这四个欧洲国家，除在本国申请专利外，还在欧洲专利局申请了大量专利。除去欧洲国家外，日本授权发明专利的域外专利布局指数较高，达到了 39.15%；其后是美国，域外专利布局指数为 30.10%，说明日本和美国比较注重域外专利布局。韩国授权发明专利的域外专利布局指数排在美国之后，达到了 16.96%，也比较注重域外布局。与之相反，中国和俄罗斯主要在本国布局，域外专利布局指数均不足 6%。从近几年域外专利布局指数的变化趋势看，中国的域外专利布局指数基本保持在 5% 左右[①]，在国内专利申请和授权数量均呈现快速增长态势的背景下，表明中国申请人在全球布局专利的数量也是快速增长的，但与其庞大的体量相比，中国在全球市场进行专利布局的意识和能力仍需不断提升。

表2-1　2012~2015年九国的本国和域外专利布局指数

专利来源国	本国专利布局指数/%	域外专利布局指数/%
瑞士	0.44	99.56
德国	20.52	79.48
英国	27.64	72.36
法国	49.57	50.43
日本	60.85	39.15
美国	69.90	30.10
韩国	83.04	16.96
中国	94.29	5.71
俄罗斯	98.00	2.00

① 由于中国公开专利在全球库中收录滞后，造成 2015 年中国的域外专利布局指数偏高，达到 23.57%。

表2-2　2012~2015年九国历年域外专利布局指数

专利来源国	域外专利布局指数/%			
	2012年	2013年	2014年	2015年
美国	36.05	31.63	20.33	22.83
日本	38.81	39.47	43.16	33.60
中国	5.27	4.79	5.46	23.57
韩国	23.14	19.30	14.51	7.82
德国	83.14	81.81	75.85	61.52
俄罗斯	2.59	2.81	1.30	1.05
法国	56.37	51.35	43.18	37.05
英国	76.27	74.65	62.74	64.31
瑞士	99.59	99.81	99.31	99.22

七、九国全球专利布局状况

向世界五大知识产权局申请发明专利并获得授权的情况，可以体现各国在全球进行专利布局的状况。如图 2-6 所示，除本国外，美国在中国市场的专利布局比例较高，达到了 9.10%；除本国外，日本在美国和中国市场的专利布局比例较高，分别达到了 18.61% 和 12.59%；除本国外，韩国在美国市场的专利布局比例较高，达到了 10.03%，其后是在中国市场的专利

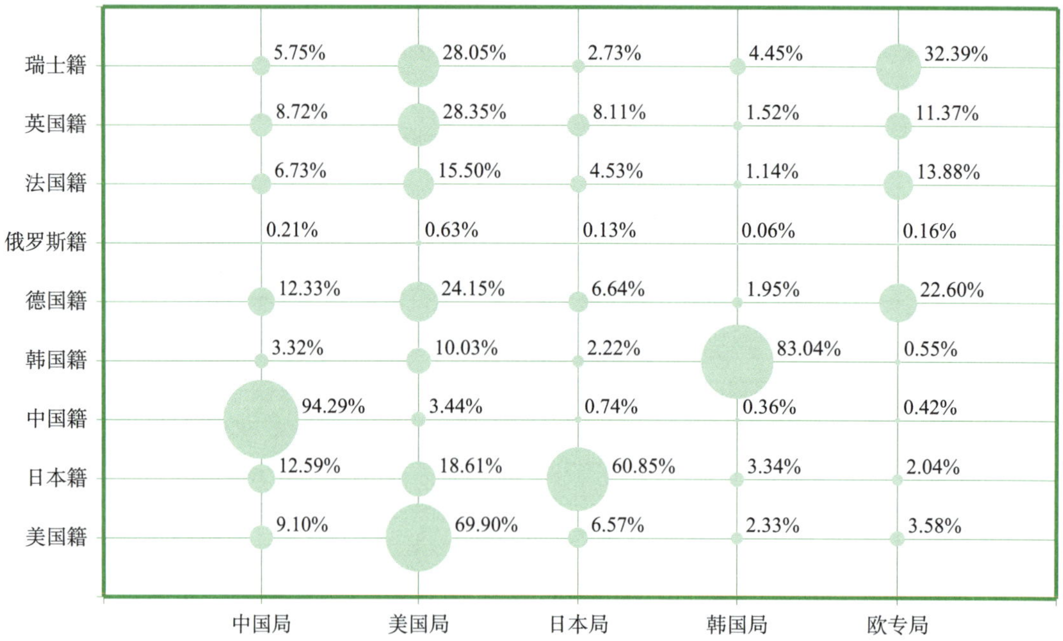

图2-6　2012~2015年九国全球专利布局状况

布局，比例达到了 3.32%；除本国和欧洲市场外，德国、法国、英国、瑞士均在美国市场的布局比例较高，分别达到了 24.15%、15.50%、28.35%、28.05%，在中国市场的布局比例也较高，分别达到了 12.33%、6.73%、8.72%、5.75%；除本国外，中国仅在美国市场的布局比例达到 3.44%，在欧洲、日本和韩国市场的布局比例均不足 1%；俄罗斯在五局的授权份额均较低，仅在美国和中国市场的布局比例达到了 0.63% 和 0.21%，在欧洲、日本和韩国市场的布局比例均不足 0.2%。可见，2012~2015 年，九国在美国和中国市场的专利布局比例均较高，美国和中国是全球专利布局的主要市场，这是由于美国和中国市场容量大、蕴藏巨大商机而备受各国企业关注。从全球专利布局来看，中国虽然对全球发明申请量和授权量贡献较大，但主要在本国范围内进行专利布局，以知识产权助力全球市场开拓的意识和能力还需提高。

八、中、美、日、韩四国的专利技术流动情况

如图 2-7 所示，2012~2015 年，日本籍申请人在美国获得的发明授权专利共计 102 372 件，而美国籍申请人在日本获得的发明授权专利共计 37 320 件。日本籍申请人在中国获得的发明授权专利共计 69 239 件，而中国籍申请人在日本获得的发明授权专利共计 4 059 件。日本籍申请人在韩国获得的发明授权专利共计 18 395 件，而韩国籍申请人在日本获得的发明授权专利共计 6 563 件。可见，与中国、美国和韩国相比，日本在技术流动方面均处于高位势，是最大的专利技术输出国。日本向美、中、韩共输出了 190 006 件发明授权专利，这一数据高于美国向日、中、韩，中国向日、美、韩，韩国向日、美、中输出的专利总和。这与日本一贯重视拓展域外市场、具备很强的研发实力、注重域外市场知识产权保护等多方面因素有关。

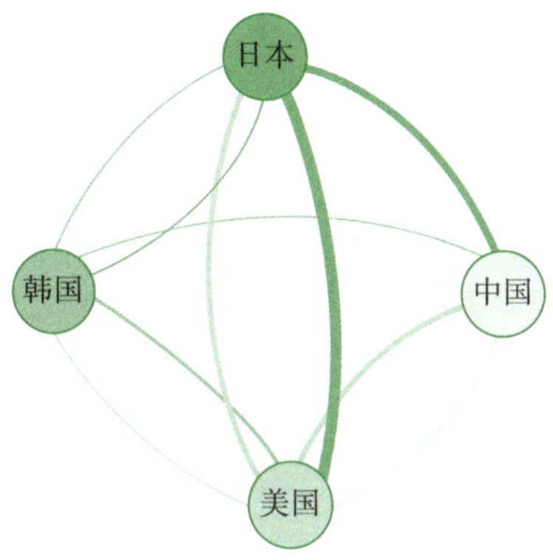

图2-7　2012~2015年四国授权发明专利流向

此外，2012~2015 年，中国籍申请人在美国获得的发明授权专利共计 18 931 件，而美国籍申请人在中国获得的发明授权专利共计 51 653 件。中国籍申请人在韩国获得的发明授权专利共计 1 983 件，而韩国籍申请人在中国获得的发明授权专利共计 9 795 件。可见，与美国、韩国和日本相比，中国在技术流动方面均处于低位势，是最大的专利技术输入国，这在一定程度上反映了中国的技术创新实力与日、美仍存在差距。

第二节　全球主要专利来源国授权发明专利领域分布情况

本节基于 WIPO 公布的 35 个二级技术领域，分领域进一步揭示世界主要国家的技术创新情况。

一、九国授权发明专利的技术领域分布

如表 2-3 所示，2012~2015 年，从 5 个一级技术领域来看，日本在仪器、机械工程和其他领域的发明专利授权均位居第一，美国在电气工程领域的发明专利授权位居第一，中国在化学领域的发明专利授权位居第一。从 35 个二级技术领域来看，中国在 13 个技术领域中的授权发明专利数量位居第一，日本在 12 个技术领域中的授权发明专利数量位居第一，美国在 10 个技术领域中的授权发明专利数量位居第一。可见，中国、日本、美国均在多个技术领域中占据发明专利授权数量优势。

表2-3　2012~2015年九国授权发明专利的技术领域分布　　单位：件

二级技术领域		美国	日本	中国	韩国	德国	俄罗斯	法国	英国	瑞士
Ⅰ 电气工程	电机/电气装置/电能	35 187	74 772	42 740	33 569	10 734	3 167	5 212	2 450	971
	音像技术	33 776	46 935	13 330	16 552	2 284	523	1 589	1 170	221
	电信	38 110	27 235	14 221	10 099	1 698	1 130	1 970	1 305	121
	数字通信	65 961	20 469	30 090	12 155	1 849	503	2 403	2 279	218
	基础通信程序	13 929	8 965	3 391	2 609	970	929	675	437	171
	计算机技术	117 856	53 363	32 158	24 451	3 089	1 639	3 660	2 103	338
	信息技术管理方法	16 329	7 211	1 628	7 623	188	107	274	177	38
	半导体	36 939	52 839	14 927	22 967	3 446	841	2 152	581	133
	合计	287 644	240 960	136 832	112 450	21 157	8 158	15 124	8 613	1 899
Ⅱ 仪器	光学	18 415	58 218	13 357	11 510	2 656	761	1 432	658	137
	测量	34 205	32 623	46 868	19 030	8 735	7 382	4 625	2 077	1 287
	生物材料分析	6 808	2 929	4 451	2 762	770	2 213	604	473	132
	控制	17 283	15 535	13 813	7 448	2 535	1 534	1 484	699	216
	医学技术	45 913	20 431	12 413	11 649	5 877	6 377	2 787	2 257	662
	合计	113 727	121 961	87 770	48 595	18 675	17 526	10 142	5 721	2 286

续表

	二级技术领域	美国	日本	中国	韩国	德国	俄罗斯	法国	英国	瑞士
Ⅲ化学	有机精细化学	15 029	10 795	21 173	4 829	2 941	1 670	3 179	1 052	518
	生物技术	14 544	4 776	16 008	5 591	1 031	1 280	854	650	183
	药品	31 955	8 052	30 696	6 716	2 522	4 509	2 678	2 007	909
	高分子化学/聚合物	11 065	20 219	22 847	5 459	2 780	1 217	1 750	513	297
	食品化学	7 557	4 622	23 167	7 097	516	11 859	600	545	335
	基础材料化学	19 018	19 942	33 741	8 332	3 907	3 771	1 979	1 359	597
	材料/冶金	7 767	22 465	38 705	11 940	3 106	6 072	2 071	686	237
	表面加工技术/涂层	11 220	22 356	14 720	8 012	3 012	1 795	1 667	733	203
	微观结构和纳米技术	2 854	1 779	4 195	1 914	405	1 477	408	121	50
	化学工程	16 129	13 950	26 884	13 568	4 476	3 997	2 574	1 448	438
	环境技术	8 313	11 683	19 253	10 343	2 728	2 154	1 516	646	200
	合计	113 658	111 043	210 378	68 681	21 935	35 195	15 039	7 725	3140
Ⅳ机械工程	装卸	13 931	20 961	16 217	11 008	5 411	892	2 754	1 290	977
	机床	10 806	18 600	29 004	11 980	6 033	3 127	1 953	774	330
	发动机/泵/涡轮机	13 892	21 721	10 103	8 291	7 625	3 928	4 401	1 687	456
	纺织和造纸器械	7 754	22 565	13 729	5 014	2 509	451	947	471	446
	其他专用机械	18 629	22 433	30 110	15 640	5 513	5 697	3 731	1 351	336
	热工过程和设备	5 118	12 057	11 924	9 019	2 377	1 543	1 375	575	191
	机械元件	14 788	22 049	14 684	10 737	9 820	2 848	4 199	1 437	285
	运输	22 448	41 142	14 587	22 065	12 787	4 091	10 384	1 980	189
	合计	95 777	164 460	134 246	83 719	45 400	21 253	25 478	8 337	2 882
Ⅴ其他领域	家具游戏	18 188	25 195	7 211	11 409	2 822	566	1 754	1 574	499
	其他消费品	11 678	10 013	8 290	10 177	2 828	2 221	2 119	1 243	438
	土木工程	19 110	16 307	27 884	22 836	4 467	6 083	3 554	1 857	284
	总计	47 202	50 725	42 800	43 226	9 699	8 844	7 180	4 504	1 188

二、中国专业化优势技术领域分布

如表 2-4 所示，2012~2015 年，中国具有专业化优势的二级技术领域共 16 个，其中属于化学领域的有 10 个，几乎涵盖了全部化学领域；另有 4 个属于机械工程领域、1 个属于仪器领域、1 个属于其他领域。二级技术领域中，材料 / 冶金、食品化学的相对专业化指数较高，分别为 0.23、0.22，是中国国内专业化程度较高的技术领域。

表2-4 2012~2015年中国专业化优势技术领域分布

	二级技术领域	中国RSI
Ⅰ电气工程	电机/电气装置/电能	-0.08
	音像技术	-0.33
	电信	-0.21
	数字通信	-0.03
	基础通信程序	-0.36
	计算机技术	-0.25
	信息技术管理方法	-0.70
	半导体	-0.33
Ⅱ仪器	光学	-0.29
	测量	0.09
	生物材料分析	-0.08
	控制	-0.03
	医学技术	-0.34
Ⅲ化学	有机精细化学	0.14
	生物技术	0.16
	药品	0.13
	高分子化学/聚合物	0.15
	食品化学	0.22
	基础材料化学	0.17
	材料/冶金	0.23
	表面加工技术/涂层	-0.02
	微观结构和纳米技术	0.11
	化学工程	0.11
	环境技术	0.14
Ⅳ机械工程	装卸	-0.06
	机床	0.15
	发动机/泵/涡轮机	-0.25
	纺织和造纸器械	0.02
	其他专用机械	0.07
	热工过程和设备	0.03
	机械元件	-0.13
	运输	-0.33
Ⅴ其他领域	家具游戏	-0.38
	其他消费品	-0.17
	土木工程	0.03

三、日本专业化优势技术领域分布

如表 2-5 所示，2012~2015 年，日本具有专业化优势的二级技术领域共 16 个，其中属于机械工程领域的有 6 个，几乎涵盖了全部机械工程领域；属于电气工程领域的有 5 个，覆盖了电气工程 62.5% 的二级技术领域；另有 2 个属于化学领域、2 个属于仪器领域、1 个属于其他领域。二级技术领域中，光学、纺织和造纸器械、音像技术、半导体的相对专业化指数较高，分别为 0.35、0.24、0.22、0.21，是日本国内专业化程度较高的技术领域。

表2-5　2012~2015年日本专业化优势技术领域分布

	二级技术领域	日本RSI	
Ⅰ电气工程	电机/电气装置/电能		0.17
	音像技术		0.22
	电信		0.07
	数字通信	–0.20	
	基础通信程序		0.06
	计算机技术	–0.03	
	信息技术管理方法	–0.05	
	半导体		0.21
Ⅱ仪器	光学		0.35
	测量	–0.07	
	生物材料分析	–0.26	
	控制		0.02
	医学技术	–0.12	
Ⅲ化学	有机精细化学	–0.15	
	生物技术	–0.37	
	药品	–0.45	
	高分子化学/聚合物		0.10
	食品化学	–0.48	
	基础材料化学	–0.06	
	材料/冶金	0.00	
	表面加工技术/涂层		0.16
	微观结构和纳米技术	–0.26	
	化学工程	–0.18	
	环境技术	–0.08	
Ⅳ机械工程	装卸		0.05
	机床	–0.04	
	发动机/泵/涡轮机		0.09
	纺织和造纸器械		0.24
	其他专用机械	–0.06	
	热工过程和设备		0.03
	机械元件		0.04
	运输		0.12
Ⅴ其他领域	家具游戏		0.16
	其他消费品	–0.09	
	土木工程	–0.20	

四、美国专业化优势技术领域分布

如表 2-6 所示，2012~2015 年，美国具有专业化优势的二级技术领域共 13 个，其中属于电气工程领域的有 7 个，几乎涵盖了全部电气工程领域，尤其是计算机技术、数字通信、信息技术管理方法的相对专业化指数较高，分别为 0.30、0.29、0.29，是美国国内专业化程度较高的技术领域。此外，具有专业化优势的二级技术领域有 3 个属于仪器领域、2 个属于化学领域、1 个属于其他领域。从二级技术领域来看，美国在医学技术、药品和生物相关技术领域方面也有较好的表现。

表2-6　2012~2015年美国专业化优势技术领域分布

	二级技术领域	美国RSI	
Ⅰ电气工程	电机/电气装置/电能	-0.17	
	音像技术		0.06
	电信		0.21
	数字通信		0.29
	基础通信程序		0.24
	计算机技术		0.30
	信息技术管理方法		0.29
	半导体		0.04
Ⅱ仪器	光学	-0.16	
	测量	-0.06	
	生物材料分析		0.09
	控制		0.05
	医学技术		0.22
Ⅲ化学	有机精细化学	-0.02	
	生物技术		0.10
	药品		0.13
	高分子化学/聚合物	-0.18	
	食品化学	-0.28	
	基础材料化学	-0.09	
	材料/冶金	-0.48	
	表面加工技术/涂层	-0.15	
	微观结构和纳米技术	-0.07	
	化学工程	-0.13	
	环境技术	-0.24	
Ⅳ机械工程	装卸	-0.14	
	机床	-0.29	
	发动机/泵/涡轮机	-0.12	
	纺织和造纸器械	-0.24	
	其他专用机械	-0.16	
	热工过程和设备	-0.35	
	机械元件	-0.15	
	运输	-0.16	
Ⅴ其他领域	家具游戏		0.01
	其他消费品	-0.03	
	土木工程	-0.14	

第三节　全球技术创新方向中的国家表现

近 8 年，历年发明专利公开量持续保持正增长的技术领域共计 14 个，这 14 个技术领域引领了全球技术创新的方向。本节将分析 2008~2015 年 14 个全球技术创新方向中的国家表现。在这 14 个技术领域中，专利公开量位列前 10 的技术领域有两个，分别为电机 / 电气装置 / 电能领域和测量领域，是技术创新热点领域；专利公开量排在最后 10 位的技术领域有 4 个，包括生物技术领域、食品化学领域、环境技术领域，以及热工过程和设备领域，公开量分别排在第 28~31 位，这些领域的专利公开量较低，但连续 8 年实现了公开量的正增长，是近年来潜在的技术创新热点领域。本节将展示引领全球技术创新方向的 14 个技术领域，特别是技术创新热点领域和潜在技术创新热点领域中的国家表现。

一、全球技术创新热点领域中的国家表现

1. 电机 / 电气装置 / 电能领域中九国的技术创新情况

如表 2-7 所示，2012~2015 年，电机 / 电气装置 / 电能领域的全球发明专利授权量共计 241 089 件，其中日本的发明专利授权量最高（74 772 件），约占该领域总量的 31.01%，表现出较强的技术创新能力。位居第二位的是中国 42 740 件，其后是美国 35 187 件、韩国 33 569 件、德国 10 734 件、法国 5 212 件、俄罗斯 3 167 件、英国 2 450 件、瑞士 971 件。

表2-7　2012~2015年九国在电机/电气装置/电能领域的技术创新情况

专利来源国	发明专利授权量/件	每申请人平均发明专利授权量/（件/人）	每授权发明专利平均发明人数/（人次/件）
美国	35 187	2.14	2.62
日本	74 772	7.19	2.79
中国	42 740	3.02	3.64
韩国	33 569	3.44	2.75
德国	10 734	2.87	2.46
俄罗斯	3 167	2.40	3.15
法国	5 212	4.06	2.37
英国	2 450	2.32	2.17
瑞士	971	3.51	2.60

在电机 / 电气装置 / 电能领域，日本的每申请人平均发明专利授权量远高于其他国家，达到了 7.19 件 / 人，有效竞争者的平均专利集中度最高；其后是法国 4.06 件 / 人、瑞士 3.51 件 / 人、韩国 3.44 件 / 人、中国 3.02 件 / 人、德国 2.87 件 / 人、俄罗斯 2.40 件 / 人、英国 2.32 件 / 人、美国 2.14 件 / 人。

在电机 / 电气装置 / 电能领域，中国的每授权发明专利平均发明人数最高，达到了 3.64 人次 / 件，每授权发明专利投入的科研人员数量较多，授权发明专利的研究密集程度高；其后是俄罗斯 3.15 人次 / 件、日本 2.79 人次 / 件、韩国 2.75 人次 / 件、美国 2.62 人次 / 件、瑞士 2.60 人

次 / 件、德国 2.46 人次 / 件、法国 2.37 人次 / 件、英国 2.17 人次 / 件。

综合发明专利授权量、每申请人平均发明专利授权量、每授权发明专利平均发明人数的情况，在电机 / 电气装置 / 电能领域，日本的技术创新优势明显。

2. 测量领域中九国的技术创新情况

如表 2-8 所示，2012~2015 年，测量领域的全球发明专利授权量共计 179 544 件，其中，中国的发明专利授权量最高（46 868 件），约占该领域总量的 26.10%，表现出较强的技术创新能力。美国（34 205 件）和日本（32 623 件）分别位列第二和第三，占比分别为 19.05% 和 18.17%。其后是韩国 19 030 件、德国 8 735 件、俄罗斯 7 382 件、法国 4 625 件、英国 2 077 件、瑞士 1 287 件。

表2-8　2012~2015年九国在测量领域的技术创新情况

专利来源国	发明专利授权量/件	每申请人平均发明专利授权量/（件/人）	每授权发明专利平均发明人数/（人次/件）
美国	34 205	1.94	2.68
日本	32 623	5.01	2.53
中国	46 868	3.68	4.58
韩国	19 030	3.59	2.74
德国	8 735	2.60	2.39
俄罗斯	7 382	2.95	3.35
法国	4 625	2.98	2.40
英国	2 077	1.78	2.19
瑞士	1 287	2.66	2.41

在测量领域，日本的每申请人平均发明专利授权量最高，达到了 5.01 件 / 人，有效竞争者的平均专利集中度较高；其后是中国 3.68 件 / 人、韩国 3.59 件 / 人、法国 2.98 件 / 人、俄罗斯 2.95 件 / 人、瑞士 2.66 件 / 人、德国 2.60 件 / 人、美国 1.94 件 / 人、英国 1.78 件 / 人。

在测量领域，中国的每授权发明专利平均发明人数最高，达到了 4.58 人次 / 件，每授权发明专利投入的科研人员数量较多，授权发明专利的研究密集程度高；其后是俄罗斯 3.35 人次 / 件、韩国 2.74 人次 / 件、美国 2.68 人次 / 件、日本 2.53 人次 / 件、瑞士 2.41 人次 / 件、法国 2.40 人次 / 件、德国 2.39 人次 / 件、英国 2.19 人次 / 件。

综合发明专利授权量、每申请人平均发明专利授权量、每授权发明专利平均发明人数的情况，在测量领域，中国和美国的技术创新优势明显。

二、全球潜在技术创新热点领域中的国家表现

1. 生物技术领域中九国的技术创新情况

如表 2-9 所示，2012~2015 年，生物技术的全球发明专利授权量共计 52 751 件，其中中国的发明专利授权量最高（16 008 件），约占该领域总量的 30.35%，表现出较强的技术创新能力。美国（14 544 件）也较高、占比为 27.57%；其后是韩国 5 591 件、日本 4 776 件、俄罗斯 1 280 件、德国 1 031 件、法国 854 件、英国 650 件、瑞士 183 件。

表2-9　2012~2015年九国在生物技术领域的技术创新情况

专利来源国	发明专利授权量/件	每申请人平均发明专利授权量/（件/人）	每授权发明专利平均发明人数/（人次/件）
美国	14 544	2.34	3.19
日本	4 776	2.69	3.45
中国	16 008	3.72	4.96
韩国	5 591	4.81	4.11
德国	1 031	1.62	3.43
俄罗斯	1 280	2.09	4.31
法国	854	2.18	3.24
英国	650	1.53	3.14
瑞士	183	2.00	3.75

在生物技术领域，韩国的每申请人平均发明专利授权量最高，达到了 4.81 件 / 人，有效竞争者的平均专利集中度较高；其后是中国 3.72 件 / 人、日本 2.69 件 / 人、美国 2.34 件 / 人、法国 2.18 件 / 人、俄罗斯 2.09 件 / 人、瑞士 2.00 件 / 人、德国 1.62 件 / 人、英国 1.53 件 / 人。

在生物技术领域，中国的每授权发明专利平均发明人数最高，达到了 4.96 人次 / 件，每授权发明专利投入的科研人员数量较多，授权发明专利的研究密集程度高；其后是俄罗斯 4.31 人次 / 件、韩国 4.11 人次 / 件、瑞士 3.75 人次 / 件、日本 3.45 人次 / 件、德国 3.43 人次 / 件、法国 3.24 人次 / 件、美国 3.19 人次 / 件、英国 3.14 人次 / 件。

综合发明专利授权量、每申请人平均发明专利授权量、每授权发明专利平均发明人数的情况，在生物技术领域，中国和美国的技术创新优势明显。

2. 食品化学领域中九国的技术创新情况

如表 2-10 所示，2012~2015 年，食品化学领域的全球发明专利授权量共计 65 735 件，其中中国的发明专利授权量最高（23 167 件），约占该领域总量的 35.24%，表现出较强的技术创新能力。俄罗斯也较高、达到了 11 859 件，其后是美国 7 557 件、韩国 7 097 件、日本 4 622 件、法国 600 件、英国 545 件、德国 516 件、瑞士 335 件。

表2-10　2012~2015年九国在食品化学领域的技术创新情况

专利来源国	发明专利授权量/件	每申请人平均发明专利授权量/（件/人）	每授权发明专利平均发明人数/（人次/件）
美国	7 557	3.22	2.61
日本	4 622	3.09	3.37
中国	23 167	2.46	3.53
韩国	7 097	1.90	2.88
德国	516	1.70	2.67
俄罗斯	11 859	12.41	1.97
法国	600	1.68	2.43
英国	545	2.38	2.63
瑞士	335	3.48	3.48

在食品化学领域，俄罗斯的每申请人平均发明专利授权量最高，达到了 12.41 件 / 人，有效竞争者的平均专利集中度远高于其他国家；其后是瑞士 3.48 件 / 人、美国 3.22 件 / 人、日本 3.09 件 / 人、中国 2.46 件 / 人、英国 2.38 件 / 人、韩国 1.90 件 / 人、德国 1.70 件 / 人、法国 1.68 件 / 人。

在食品化学领域，中国的每授权发明专利平均发明人数最高，达到了 3.53 人次 / 件，每授权发明专利投入的科研人员数量较多，授权发明专利的研究密集程度高；其后是瑞士 3.48 人次 / 件、日本 3.37 人次 / 件、韩国 2.88 人次 / 件、德国 2.67 人次 / 件、英国 2.63 人次 / 件、美国 2.61 人次 / 件、法国 2.43 人次 / 件、俄罗斯 1.97 人次 / 件。

综合发明专利授权量、每申请人平均发明专利授权量、每授权发明专利平均发明人数的情况，在食品化学领域，中国和俄罗斯的技术创新优势明显。

3. 环境技术领域中九国的技术创新情况

如表 2-11 所示，2012~2015 年，环境技术领域的全球发明专利授权量共计 66 120 件，其中中国的发明专利授权量最高（19 253 件），约占该领域总量的 29.12%，表现出较强的技术创新能力。日本也较高、达到了 11 683 件，其后是韩国 10 343 件、美国 8 313 件、德国 2 728 件、俄罗斯 2 154 件、法国 1 516 件、英国 646 件、瑞士 200 件。

在环境技术领域，日本的每申请人平均发明专利授权量最高，达到了 4.28 件 / 人，有效竞争者的平均专利集中度较高；其后是法国 2.66 件 / 人、德国 2.55 件 / 人、中国 2.49 件 / 人、瑞士 2.46 件 / 人、韩国 2.19 件 / 人、俄罗斯 2.12 件 / 人、美国 1.80 件 / 人、英国 1.68 件 / 人。

在环境技术领域，中国的每授权发明专利平均发明人数最高，达到了 4.26 人次 / 件，每授权发明专利投入的科研人员数量较多，授权发明专利的研究密集程度高；其后是俄罗斯 3.46 人次 / 件、日本 3.09 人次 / 件、美国 2.74 人次 / 件、德国 2.61 人次 / 件、韩国 2.54 人次 / 件、法国 2.44

人次 / 件、英国 2.25 人次 / 件、瑞士 2.24 人次 / 件。

表2-11　2012~2015年九国在环境技术领域的技术创新情况

专利来源国	发明专利授权量/件	每申请人平均发明专利授权量/（件/人）	每授权发明专利平均发明人数/（人次/件）
美国	8 313	1.80	2.74
日本	11 683	4.28	3.09
中国	19 253	2.49	4.26
韩国	10 343	2.19	2.54
德国	2 728	2.55	2.61
俄罗斯	2 154	2.12	3.46
法国	1 516	2.66	2.44
英国	646	1.68	2.25
瑞士	200	2.46	2.24

综合发明专利授权量、每申请人平均发明专利授权量、每授权发明专利平均发明人数的情况，在环境技术领域，中国和日本的技术创新优势明显。

4. 热工过程和设备领域中九国的技术创新情况

如表 2-12 所示，2012~2015 年，热工过程和设备领域的全球发明专利授权量共计 53 035 件，其中日本的发明专利授权量最高（12 057 件），约占该领域总量的 22.73%，表现出较强的技术创新能力。中国也较高、达到了 11 924 件，其后是韩国 9 019 件、美国 5 118 件、德国 2 377 件、俄罗斯 1 543 件、法国 1 375 件、英国 575 件、瑞士 191 件。

表2-12　2012~2015年九国在热工过程和设备领域的技术创新情况

专利来源国	发明专利授权量/件	每申请人平均发明专利授权量/（件/人）	每授权发明专利平均发明人数/（人次/件）
美国	5 118	1.59	2.53
日本	12 057	7.09	2.97
中国	11 924	2.16	3.49
韩国	9 019	2.26	2.12
德国	2 377	2.22	2.49
俄罗斯	1 543	2.10	2.98
法国	1 375	2.34	2.28
英国	575	1.83	2.05
瑞士	191	2.03	2.46

在热工过程和设备领域，日本的每申请人平均发明专利授权量最高，达到了 7.09 件 / 人，有效竞争者的平均专利集中度较高；其后是法国 2.34 件 / 人、韩国 2.26 件 / 人、德国 2.22 件 / 人、中国 2.16 件 / 人、俄罗斯 2.10 件 / 人、瑞士 2.03 件 / 人、英国 1.83 件 / 人、美国 1.59 件 / 人。

在热工过程和设备领域，中国的每授权发明专利平均发明人数最高，达到了 3.49 人次 / 件，每授权发明专利投入的科研人员数量较多，授权发明专利的研究密集程度高；其后是俄罗斯 2.98 人次 / 件、日本 2.97 人次 / 件、美国 2.53 人次 / 件、德国 2.49 人次 / 件、瑞士 2.46 人次 / 件、法国 2.28 人次 / 件、韩国 2.12 人次 / 件、英国 2.05 人次 / 件。

综合发明专利授权量、每申请人平均发明专利授权量、每授权发明专利平均发明人数的情况，在热工过程和设备领域，日本和中国的技术创新优势明显。

三、其他领域全球技术创新方向的技术领域中的国家表现

1. 其他专用机械领域中九国的技术创新情况

如表 2-13 所示，2012~2015 年，其他专用机械领域的全球发明专利授权量共计 122 583 件。其中，中国的发明专利授权量最高（30 110 件），约占该领域总量的 24.56%，表现出较强的技术创新能力。日本也较高、达到了 22 433 件，其后是美国 18 629 件、韩国 15 640 件、俄罗斯 5 697 件、德国 5 513 件、法国 3 731 件、英国 1 351 件、瑞士 336 件。

在其他专用机械领域，日本的每申请人平均发明专利授权量最高，达到了 4.85 件 / 人，有效竞争者的平均专利集中度较高；其后是俄罗斯 3.08 件 / 人、法国 2.56 件 / 人、德国 2.27 件 / 人、中国 2.18 件 / 人、韩国 1.99 件 / 人、美国 1.69 件 / 人、瑞士 1.68 件 / 人、英国 1.66 件 / 人。

表2-13　2012~2015年九国在其他专用机械领域的技术创新情况

专利来源国	发明专利授权量/件	每申请人平均发明专利授权量/（件/人）	每授权发明专利平均发明人数/（人次/件）
美国	18 629	1.69	2.48
日本	22 433	4.85	2.80
中国	30 110	2.18	3.81
韩国	15 640	1.99	2.29
德国	5 513	2.27	2.44
俄罗斯	5 697	3.08	3.38
法国	3 731	2.56	2.24
英国	1 351	1.66	1.98
瑞士	336	1.68	2.24

在其他专用机械领域，中国的每授权发明专利平均发明人数最高，达到了 3.81 人次 / 件，每授权发明专利投入的科研人员数量较多，授权发明专利的研究密集程度高；其后是俄罗斯 3.38

人次 / 件、日本 2.80 人次 / 件、美国 2.48 人次 / 件、德国 2.44 人次 / 件、韩国 2.29 人次 / 件、法国 2.24 人次 / 件、瑞士 2.24 人次 / 件、英国 1.98 人次 / 件。

综合发明专利授权量、每申请人平均发明专利授权量、每授权发明专利平均发明人数的情况，在其他专用机械领域，中国和日本的技术创新优势明显。

2. 基础材料化学领域中九国的技术创新情况

如表 2-14 所示，2012~2015 年，基础材料化学领域的全球发明专利授权量共计 107 660 件，其中中国的发明专利授权量最高（33 741 件），约占该领域总量的 31.34%，表现出较强的技术创新能力。日本也较高、达到了 19 942 件，其后是美国 19 018 件、韩国 8 332 件、德国 3 907 件、俄罗斯 3 771 件、法国 1 979 件、英国 1 359 件、瑞士 597 件。

在基础材料化学领域，日本的每申请人平均发明专利授权量最高，达到了 5.19 件 / 人，有效竞争者的平均专利集中度较高；其后是瑞士 2.98 件 / 人、中国 2.83 件 / 人、德国 2.80 件 / 人、俄罗斯 2.72 件 / 人、法国 2.58 件 / 人、韩国 2.52 件 / 人、美国 2.34 件 / 人、英国 2.31 件 / 人。

在基础材料化学领域，中国的每授权发明专利平均发明人数最高，达到了 4.14 人次 / 件，每授权发明专利投入的科研人员数量较多，授权发明专利的研究密集程度高；其后是德国 3.69 人次 / 件、俄罗斯 3.61 人次 / 件、韩国 3.47 人次 / 件、日本 3.36 人次 / 件、美国 3.35 人次 / 件、瑞士 3.13 人次 / 件、英国 2.92 人次 / 件、法国 2.88 人次 / 件。

综合发明专利授权量、每申请人平均发明专利授权量、每授权发明专利平均发明人数的情况，在基础材料化学领域，中国、日本和美国的技术创新优势明显。

表2-14　2012~2015年九国在基础材料化学领域的技术创新情况

专利来源国	发明专利授权量/件	每申请人平均发明专利授权量/（件/人）	每授权发明专利平均发明人数/（人次/件）
美国	19 018	2.34	3.35
日本	19 942	5.19	3.36
中国	33 741	2.83	4.14
韩国	8 332	2.52	3.47
德国	3 907	2.80	3.69
俄罗斯	3 771	2.72	3.61
法国	1 979	2.58	2.88
英国	1 359	2.31	2.92
瑞士	597	2.98	3.13

3. 土木工程领域中九国的技术创新情况

如表 2-15 所示，2012~2015 年，土木工程领域的全球发明专利授权量共计 121 901 件，其中中国的发明专利授权量最高（27 884 件），约占该领域总量的 22.87%，表现出较强的技术创新能力。韩国也较高、达到了 22 836 件，其后是美国 19 110 件、日本 16 307 件、俄罗斯 6 083 件、德国 4 467 件、法国 3 554 件、英国 1 857 件、瑞士 284 件。

表2-15　2012~2015年九国在土木工程领域的技术创新情况

专利来源国	发明专利授权量/件	每申请人平均发明专利授权量/（件/人）	每授权发明专利平均发明人数/（人次/件）
美国	19 110	1.76	2.26
日本	16 307	4.00	2.50
中国	27 884	2.58	4.28
韩国	22 836	2.15	1.88
德国	4 467	2.20	2.06
俄罗斯	6 083	2.94	3.27
法国	3 554	1.99	1.83
英国	1 857	1.62	1.75
瑞士	284	1.60	1.80

在土木工程领域，日本的每申请人平均发明专利授权量最高，达到了 4.00 件 / 人，有效竞争者的平均专利集中度较高；其后是俄罗斯 2.94 件 / 人、中国 2.58 件 / 人、德国 2.20 件 / 人、韩国 2.15 件 / 人、法国 1.99 件 / 人、美国 1.76 件 / 人、英国 1.62 件 / 人、瑞士 1.60 件 / 人。

在土木工程领域，中国的每授权发明专利平均发明人数最高，达到了 4.28 人次 / 件，每授权发明专利投入的科研人员数量较多，授权发明专利的研究密集程度高；其后是俄罗斯 3.27 人次 / 件、日本 2.50 人次 / 件、美国 2.26 人次 / 件、德国 2.06 人次 / 件、韩国 1.88 人次 / 件、法国 1.83 人次 / 件、瑞士 1.80 人次 / 件、英国 1.75 人次 / 件。

综合发明专利授权量、每申请人平均发明专利授权量、每授权发明专利平均发明人数的情况，在土木工程领域，中国和韩国的技术创新优势明显。

4. 化学工程领域中九国的技术创新情况

如表 2-16 所示，2012~2015 年，化学工程领域的全球发明专利授权量共计 98 862 件，其中中国的发明专利授权量最高（26 884 件），约占该领域总量的 27.19%，表现出较强的技术创新能力。美国也较高、达到了 16 129 件，其后是日本 13 950 件、韩国 13 568 件、德国 4 476 件、俄罗斯 3 997 件、法国 2 574 件、英国 1 448 件、瑞士 438 件。

在化学工程领域，日本的每申请人平均发明专利授权量最高，达到了 3.50 件 / 人，有效竞争者的平均专利集中度较高；其后是中国 2.63 件 / 人、俄罗斯 2.50 件 / 人、法国 2.46 件 / 人、韩国 2.36 件 / 人、德国 2.10 件 / 人、瑞士 1.97 件 / 人、英国 1.84 件 / 人、美国 1.80 件 / 人。

表2-16　2012~2015年九国在化学工程领域的技术创新情况

专利来源国	发明专利授权量/件	每申请人平均发明专利授权量/（件/人）	每授权发明专利平均发明人数/（人次/件）
美国	16 129	1.80	2.87
日本	13 950	3.50	3.10
中国	26 884	2.63	4.12
韩国	13 568	2.36	2.75
德国	4 476	2.10	2.75
俄罗斯	3 997	2.50	3.72
法国	2 574	2.46	2.60
英国	1 448	1.84	2.44
瑞士	438	1.97	2.52

在化学工程领域，中国的每授权发明专利平均发明人数最高，达到了 4.12 人次 / 件，每授权发明专利投入的科研人员数量较多，授权发明专利的研究密集程度高；其后是俄罗斯 3.72 人次 / 件、日本 3.10 人次 / 件、美国 2.87 人次 / 件、韩国 2.75 人次 / 件、德国 2.75 人次 / 件、法国 2.60 人次 / 件、瑞士 2.52 人次 / 件、英国 2.44 人次 / 件。

综合发明专利授权量、每申请人平均发明专利授权量、每授权发明专利平均发明人数的情况，在化学工程领域，中国的技术创新优势明显。

5. 机床领域中九国的技术创新情况

如表 2-17 所示，2012~2015 年，机床领域的全球发明专利授权量共计 96 651 件，其中中国的发明专利授权量最高（29 004 件），约占该领域总量的 30.01%，表现出较强的技术创新能力。日本也较高、达到了 18 600 件，其后是韩国 11 980 件、美国 10 806 件、德国 6 033 件、俄罗斯 3 127 件、法国 1 953 件、英国 774 件、瑞士 330 件。

表2-17　2012~2015年九国在机床领域的技术创新情况

专利来源国	发明专利授权量/件	每申请人平均发明专利授权量/（件/人）	每授权发明专利平均发明人数/（人次/件）
美国	10 806	1.66	2.44
日本	18 600	4.90	2.73
中国	29 004	2.39	3.50
韩国	11 980	2.31	2.16
德国	6 033	2.44	2.22
俄罗斯	3 127	3.22	3.74
法国	1 953	2.70	2.17
英国	774	1.74	1.99
瑞士	330	1.75	2.24

在机床领域，日本的每申请人平均发明专利授权量最高，达到了 4.90 件 / 人，有效竞争者的平均专利集中度较高；其后是俄罗斯 3.22 件 / 人、法国 2.70 件 / 人、德国 2.44 件 / 人、中国 2.39 件 / 人、韩国 2.31 件 / 人、瑞士 1.75 件 / 人、英国 1.74 件 / 人、美国 1.66 件 / 人。

在机床领域，俄罗斯的每授权发明专利平均发明人数最高，达到了 3.74 人次 / 件，每授权发明专利投入的科研人员数量较多，授权发明专利的研究密集程度高；其后是中国 3.50 人次 / 件、日本 2.73 人次 / 件、美国 2.44 人次 / 件、瑞士 2.24 人次 / 件、德国 2.22 人次 / 件、法国 2.17 人次 / 件、韩国 2.16 人次 / 件、英国 1.99 人次 / 件。

综合发明专利授权量、每申请人平均发明专利授权量、每授权发明专利平均发明人数的情况，在机床领域，中国和日本的技术创新优势明显。

6. 材料 / 冶金领域中九国的技术创新情况

如表 2-18 所示，2012~2015 年，材料 / 冶金领域的全球发明专利授权量共计 107 301 件，其中中国的发明专利授权量最高（38 705 件），约占该领域总量的 36.07%，表现出较强的技术创新能力。日本也较高、达到了 22 465 件，其后是韩国 11 940 件、美国 7 767 件、俄罗斯 6 072 件、德国 3 106 件、法国 2 071 件、英国 686 件、瑞士 237 件。

表2-18　2012~2015年九国在材料/冶金领域的技术创新情况

专利来源国	发明专利授权量/件	每申请人平均发明专利授权量/（件/人）	每授权发明专利平均发明人数/（人次/件）
美国	7 767	1.87	3.01
日本	22 465	6.30	3.41
中国	38 705	3.23	4.35
韩国	11 940	3.65	3.09
德国	3 106	2.56	3.04
俄罗斯	6 072	3.75	3.40
法国	2 071	3.03	3.00
英国	686	1.96	2.57
瑞士	237	2.33	2.88

在材料 / 冶金领域，日本的每申请人平均发明专利授权量最高，达到了 6.30 件 / 人，有效竞争者的平均专利集中度较高；其后是俄罗斯 3.75 件 / 人、韩国 3.65 件 / 人、中国 3.23 件 / 人、法国 3.03 件 / 人、德国 2.56 件 / 人、瑞士 2.33 件 / 人、英国 1.96 件 / 人、美国 1.87 件 / 人。

在材料 / 冶金领域，中国的每授权发明专利平均发明人数最高，达到了 4.35 人次 / 件，每授权发明专利投入的科研人员数量较多，授权发明专利的研究密集程度高；其后是日本 3.41 人次 / 件、俄罗斯 3.40 人次 / 件、韩国 3.09 人次 / 件、德国 3.04 人次 / 件、美国 3.01 人次 / 件、法国 3.00 人次 / 件、瑞士 2.88 人次 / 件、英国 2.57 人次 / 件。

综合发明专利授权量、每申请人平均发明专利授权量、每授权发明专利平均发明人数的情况，在材料 / 冶金领域，中国和日本的技术创新优势明显。

7. 有机精细化学领域中九国的技术创新情况

如表 2-19 所示，2012~2015 年，有机精细化学领域的全球发明专利授权量共计 72 599 件，其中中国的发明专利授权量最高（21 173 件），约占该领域总量的 29.16%，表现出较强的技术创新能力。美国（15 029 件）和日本（10 795 件）也较高，占比分别为 20.70% 和 14.87%；其后是韩国 4 829 件、法国 3 179 件、德国 2 941 件、俄罗斯 1 670 件、英国 1 052 件、瑞士 518 件。

表2-19　2012~2015年九国在有机精细化学领域的技术创新情况

专利来源国	发明专利授权量/件	每申请人平均发明专利授权量/（件/人）	每授权发明专利平均发明人数/（人次/件）
美国	15 029	2.34	3.75
日本	10 795	4.30	3.50
中国	21 173	3.29	4.48
韩国	4 829	3.22	4.43
德国	2 941	2.91	4.34
俄罗斯	1 670	2.63	4.28
法国	3 179	4.33	2.84
英国	1 052	2.16	3.41
瑞士	518	2.48	3.58

在有机精细化学领域，法国的每申请人平均发明专利授权量最高，达到了 4.33 件 / 人，有效竞争者的平均专利集中度较高；其后是日本 4.30 件 / 人、中国 3.29 件 / 人、韩国 3.22 件 / 人、德国 2.91 件 / 人、俄罗斯 2.63 件 / 人、瑞士 2.48 件 / 人、美国 2.34 件 / 人、英国 2.16 件 / 人。

在有机精细化学领域，中国的每授权发明专利平均发明人数最高，达到了 4.48 人次 / 件，每授权发明专利投入的科研人员数量较多，授权发明专利的研究密集程度高；其后是韩国 4.43 人次 / 件、德国 4.34 人次 / 件、俄罗斯 4.28 人次 / 件、美国 3.75 人次 / 件、瑞士 3.58 人次 / 件、日本 3.50 人次 / 件、英国 3.41 人次 / 件、法国 2.84 人次 / 件。

综合发明专利授权量、每申请人平均发明专利授权量、每授权发明专利平均发明人数的情况，在有机精细化学领域，中国和美国的技术创新优势明显。

8. 高分子化学 / 聚合物领域中九国的技术创新情况

如表 2-20 所示，2012~2015 年，高分子化学 / 聚合物领域的全球发明专利授权量共计 76 691 件，其中中国的发明专利授权量最高（22 847 件），约占该领域总量的 29.79%，表现出较强的技术创新能力。日本（20 219 件）也较高、占比为 26.36%；其后是美国 11 065 件、韩国 5 459 件、德国 2 780 件、法国 1 750 件、俄罗斯 1 217 件、英国 513 件、瑞士 297 件。

表2-20 2012~2015年九国在高分子化学/聚合物领域的技术创新情况

专利来源国	发明专利授权量/件	每申请人平均发明专利授权量/（件/人）	每授权发明专利平均发明人数/（人次/件）
美国	11 065	2.64	3.41
日本	20 219	6.61	3.16
中国	22 847	3.13	4.14
韩国	5 459	3.70	3.93
德国	2 780	3.03	3.77
俄罗斯	1 217	2.20	4.37
法国	1 750	3.78	3.03
英国	513	1.85	2.96
瑞士	297	2.51	3.09

在高分子化学 / 聚合物领域，日本的每申请人平均发明专利授权量最高，达到了 6.61 件 / 人，有效竞争者的平均专利集中度较高；其后是法国 3.78 件 / 人、韩国 3.70 件 / 人、中国 3.13 件 / 人、德国 3.03 件 / 人、美国 2.64 件 / 人、瑞士 2.51 件 / 人、俄罗斯 2.20 件 / 人、英国 1.85 件 / 人。

在高分子化学 / 聚合物领域，俄罗斯的每授权发明专利平均发明人数最高，达到了 4.37 人次 / 件，每授权发明专利投入的科研人员数量较多，授权发明专利的研究密集程度高；其后是中国 4.14 人次 / 件、韩国 3.93 人次 / 件、德国 3.77 人次 / 件、美国 3.41 人次 / 件、日本 3.16 人次 / 件、瑞士 3.09 人次 / 件、法国 3.03 人次 / 件、英国 2.96 人次 / 件。

综合发明专利授权量、每申请人平均发明专利授权量、每授权发明专利平均发明人数的情况，在高分子化学 / 聚合物领域，中国和日本的的技术创新优势明显。

第四节 本章小结

1）2008~2015 年，全球发明专利授权量持续上升，增长态势良好，但 2012 年后增幅放缓。2012~2015 年，全球授权发明专利主要来源于美国、日本、中国、韩国，日本有效竞争者的平均专利集中度远高于其他国家，中国的授权发明专利的平均研究密集程度较高，韩国每单位有效科技人员的平均有效创新效率较高。

2）2012~2015 年，日本和美国域外专利布局份额较高，在技术流动方面日本处于高位势，中国则处于低位势。美国和中国是全球专利布局的主要市场。

3）2012~2015 年，中国、日本、美国的发明专利授权均在多个技术领域中位居第一。中国具有本国专业化优势的二级技术领域主要隶属于化学领域，材料 / 冶金、食品化学等二级技术领域在本国的专业化优势最为明显。日本具有本国专业化优势的二级技术领域主要隶属于机械工程和电器工程领域，光学、纺织和造纸器械、音像技术、半导体等二级技术领域在本国的专业化优势最为明显。美国具有本国专业化优势的二级技术领域主要隶属于电气工程，计算机技术、数字通信、信息技术管理方法等二级技术领域在本国的专业化优势最为明显。

4）在引领全球技术创新方向的14个技术领域中，中国在测量、其他专用机械、基础材料化学、土木工程、化学工程、机床、材料 / 冶金、有机精细化学、高分子化学 / 聚合物、生物技术、食品化学、环境技术、热工过程和设备13个领域的技术创新优势明显。日本在电机 / 电气装置 / 电能、其他专用机械、基础材料化学、机床、材料 / 冶金、高分子化学 / 聚合物、环境技术、热工过程和设备8个领域的技术创新优势明显。美国在测量、基础材料化学、有机精细化学、生物技术领域中的技术创新优势明显。

第三章　全球技术创新活动的主要竞争者

本章将基于近 4 年（2012~2015 年）全球数百万件授权发明专利，揭示在创新活动中表现突出的主要竞争者，尤其是全球技术创新方向和创新热点的主要竞争者。根据第一章的研究结果，全球技术创新热点领域及潜在创新热点领域包括电机 / 电气装置 / 电能、测量、生物技术、食品化学、环境技术、热工过程和设备。

第一节　全球主要竞争者整体情况

本节从竞争者国籍、类型、技术创新特点、技术领域布局等方面揭示全球主要竞争者的整体情况。

一、全球授权发明专利十强竞争者国籍和类型分布情况

如表 3-1 所示，2012~2015 年全球授权发明专利排名前十的竞争者主要来自美国和日本，其中，日本占据六个席位，美国占据两个席位，其余两个席位分别被俄罗斯和韩国占据。六个日本竞争者、两个美国竞争者和一个韩国竞争者均为企业竞争者，一个俄罗斯竞争者为个人。十强席位中并无中国竞争者入围。

如表 3-2 所示，2012~2015 年全球授权发明专利排名前十的中国竞争者中，企业占据六席，高校占据四席。其中，华为是全球授权发明专利排名最靠前的中国竞争者，全球排名第十二，授权发明专利数量与排名第十的本田汽车差距不大；其后是中石化，全球排名第十七；之后依次为鸿海精密、浙江大学、台湾半导体、清华大学、国家电网、哈尔滨工业大学、东南大学、友达光电，全球排名均在二十名之后。

表3-1　2012~2015年全球授权发明专利排名前十竞争者

排名	竞争者	国籍	类型	授权量/件
1	佳能（CANON KK）	日本	企业	15 445
2	国际商业机器公司（IBM）	美国	企业	12 855
3	东芝（TOSHIBA CORP）	日本	企业	11 921
4	丰田汽车（TOYOTA MOTOR CORP）	日本	企业	10 567
5	KVASENKOV OLEG IVANOVICH	俄罗斯	个人	10 393
6	高通（QUALCOMM INC）	美国	企业	10 390
7	三菱电机（MITSUBISHI ELECTRIC CORP）	日本	企业	10 352
8	松下（PANASONIC CORP）	日本	企业	9 877
9	三星电子（SAMSUNG ELECTRONICS CO LTD）	韩国	企业	8 314
10	本田汽车（HONDA MOTOR CO LTD）	日本	企业	7 785

表3-2　2012~2015年全球授权发明专利排名前十中国[①]竞争者

全球排名	中国竞争者	类型	授权量/件
12	华为（HUAWEI TECH CO LTD）	企业	7 235
17	中石化（CHINA PETROLEUM & CHEMICAL）	企业	6 162
24	鸿海精密（HON HAI PREC IND CO LTD）	企业	5 164
27	浙江大学（UNIV ZHEJIANG）	高校	4 549
30	台湾半导体（TAIWAN SEMICONDUCTOR MFG）	企业	4 390
40	清华大学（UNIV TSINGHUA）	高校	3 505
44	国家电网（STATE GRID CORP CHINA）	企业	3 273
46	哈尔滨工业大学（HARBIN INST OF TECHNOLOGY）	高校	3 213
50	东南大学（UNIV SOUTHEAST）	高校	2 952
54	友达光电（AU OPTRONICS CORP）	企业	2 858

二、全球授权发明专利十强竞争者的技术创新情况

如表 3-3 所示，从授权发明专利数量来看，佳能排名第一，达到 15 445 件，是位列第十的本田汽车的近 2 倍；其后是国际商业机器公司 12 855 件、东芝 11 921 件、丰田汽车 10 567 件、KVASENKOV OLEG IVANOVICH 10 393 件、高通 10 390 件、三菱电机 10 352 件、松下 98 77 件、三星电子 8 314 件、本田汽车 7 785 件。

从研发人员规模来看，两个美国竞争者国际商业机器公司和高通以及韩国竞争者三星电子的发明人总数分别为 14 434 人、14 434 人、12 351 人，远高于其他竞争者，表明三家企业拥有庞大的科研人员规模，具有较强的科研实力；其后是佳能 6 790 人、松下 6 546 人、东芝 6 224 人、

① 含香港特别行政区、澳门特别行政区和台湾地区。

本田汽车 5 907 人、丰田汽车 5 280 人、三菱电机 4 985 人、KVASENKOV OLEG IVANOVICH 116 人。可见，入围全球授权发明专利前十的竞争者，除个人竞争者 KVASENKOV OLEG IVANOVICH 外，普遍拥有较多的科研人员。

从研发效率来看，国际商业机器公司的每发明人平均发明专利授权量最高，为 3.43 件 / 人；其后是三星电子 3.30 件 / 人、东芝 3.09 件 / 人、高通 2.98 件 / 人、松下 2.97 件 / 人、三菱电机 2.87 件 / 人、本田汽车 2.81 件 / 人、丰田汽车 2.61 件 / 人、佳能 2.29 件 / 人、KVASENKOV OLEG IVANOVICH 1.28 件 / 人。可见，企业竞争者的每发明人平均发明专利授权量较高，平均有效创新效率较高，个人竞争者的平均有效创新效率较低。

从专利的研究密集程度来看，个人竞争者 KVASENKOV OLEG IVANOVICH 的每授权发明专利平均发明人数远远高于其他企业竞争者，高达 89.59 人次 / 件，该数据远高于俄罗斯每授权发明专利平均发明人数 3.18 人次 / 件（见图 2-4），表明其每件授权发明专利平均投入的科研人员数量较多，研究密集程度较高；其后是佳能 1.37 人次 / 件、丰田汽车 1.03 人次 / 件、三菱电机 0.97 人次 / 件、东芝 0.94 人次 / 件、国际商业机器公司 0.87 人次 / 件、松下 0.82 人次 / 件、本田汽车 0.75 人次 / 件、高通 0.70 人次 / 件、三星电子 0.65 人次 / 件。

综合发明专利授权量、发明人总数、每发明人平均发明专利授权量、每授权发明专利平均发明人数的情况，佳能和国际商业机器公司的技术创新优势明显。

表3-3　2012~2015年全球授权发明专利排名前十竞争者的技术创新情况

竞争者	授权量/件	发明人总数/人	每发明人平均发明专利授权量/（件/人）	每授权发明专利平均发明人数/（人次/件）
佳能	15 445	6 790	2.29	1.37
国际商业机器公司	12 855	14 434	3.43	0.87
东芝	11 921	6 224	3.09	0.94
丰田汽车	10 567	5 280	2.61	1.03
KVASENKOV OLEG IVANOVICH	10 393	116	1.28	89.59
高通	10 390	14 434	2.98	0.70
三菱电机	10 352	4 985	2.87	0.97
松下	9 877	6 546	2.97	0.82
三星电子	8 314	12 351	3.30	0.65
本田汽车	7 785	5 907	2.81	0.75

三、十强竞争者授权发明专利领域分布情况

1. 佳能授权发明专利领域分布情况

如图 3-1 所示，2012~2015 年，佳能的发明专利授权总量为 15 445 件，其中，授权发明

专利前十位的技术领域为光学 6 060 件、音像技术 3 435 件、计算机技术 3 250 件、纺织和造纸器械 2 186 件、电信 1 799 件、半导体 1 088 件、医学技术 932 件、装卸 721 件、测量 686 件、电机 / 电气装置 / 电能 661 件。佳能的授权发明专利主要分布在光学、音像技术、计算机技术领域，发明专利授权量均占佳能授权总量的二成以上，其中光学领域最为突出，占比高达近四成。

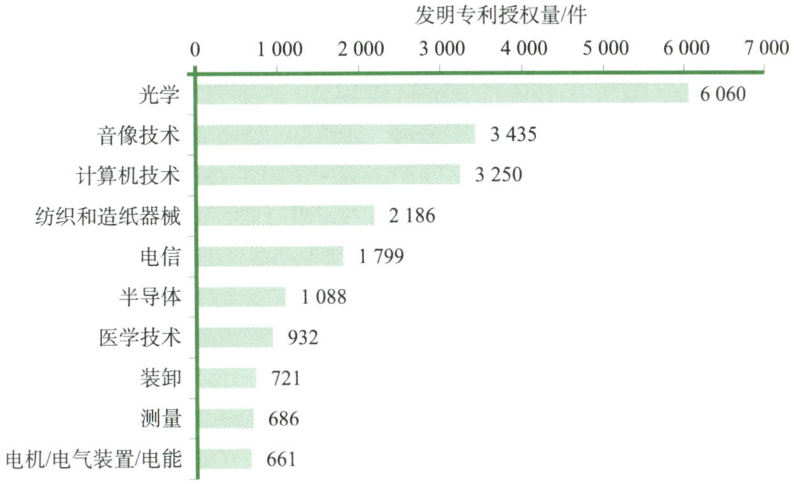

图3-1　2012~2015年佳能授权发明专利的领域分布

2. 国际商业机器公司授权发明专利领域分布情况

如图 3-2 所示，2012~2015 年，国际商业机器公司的发明专利授权总量为 12 855 件，其中，授权发明专利前十位的技术领域为计算机技术 8 064 件、半导体 2 412 件、数字通信 1 923 件、音像技术 763 件、信息技术管理方法 527 件、测量 412 件、电信 345 件、基础通信程序 308 件、控制 297 件、电机 / 电气装置 / 电能 215 件。国际商业机器公司的授权发明专利主要分布在计算机技术领域，发明专利授权量占国际商业机器公司授权总量的六成多。

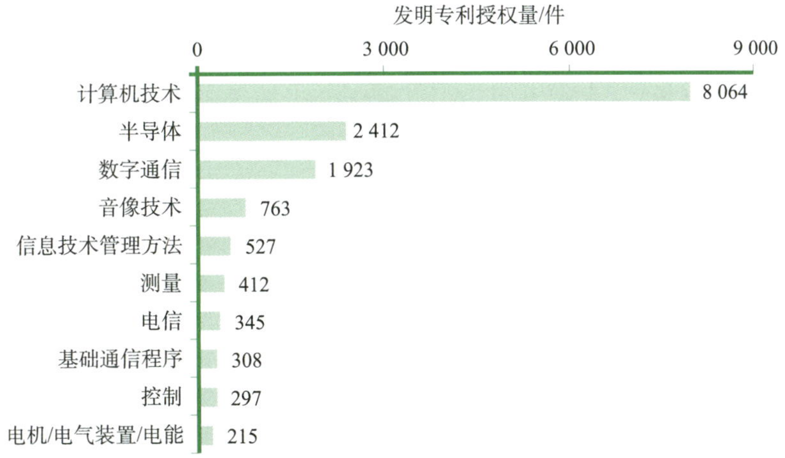

图3-2　2012~2015年国际商业机器公司授权发明专利的领域分布

3. 东芝授权发明专利领域分布情况

如图 3-3 所示，2012~2015 年，东芝的发明专利授权总量为 11 921 件，其中，授权发明专利前十位的技术领域为半导体 2 866 件、计算机技术 2 611 件、电机 / 电气装置 / 电能 1 435 件、音像技术 1 206 件、光学 772 件、数字通信 700 件、电信 648 件、测量 527 件、医学技术 525 件、发动机 / 泵 / 涡轮机 414 件。东芝的授权发明专利主要分布在半导体、计算机技术领域，发明专利授权量均占东芝授权总量的二成以上。

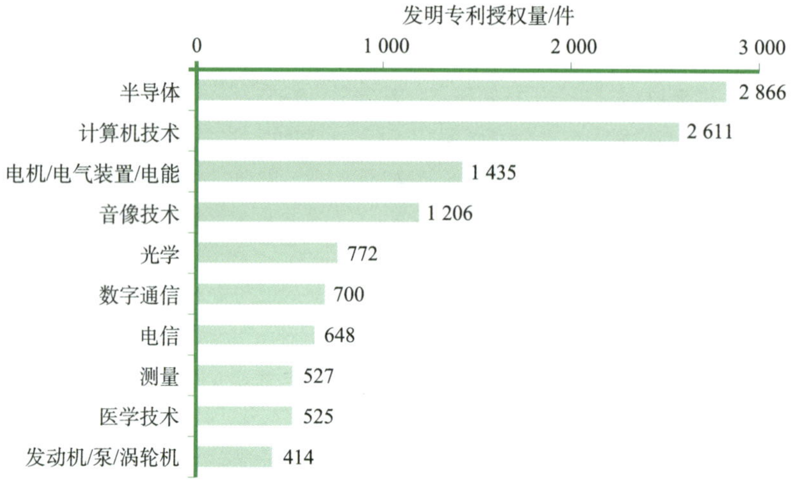

图3-3　2012~2015年东芝授权发明专利的领域分布

4. 丰田汽车授权发明专利领域分布情况

如图 3-4 所示，2012~2015 年，丰田汽车的发明专利授权总量为 10 567 件，其中，授权发明专利前十位的技术领域为运输 3 784 件、电机 / 电气装置 / 电能 2 969 件、发动机 / 泵 / 涡轮机 2 095 件、机械元件 1 030 件、环境技术 712 件、测量 678 件、控制 526 件、半导体 368 件、材料 / 冶金 305 件、化学工程 281 件。丰田汽车的授权发明专利主要分布在运输、电机 / 电气装置 /

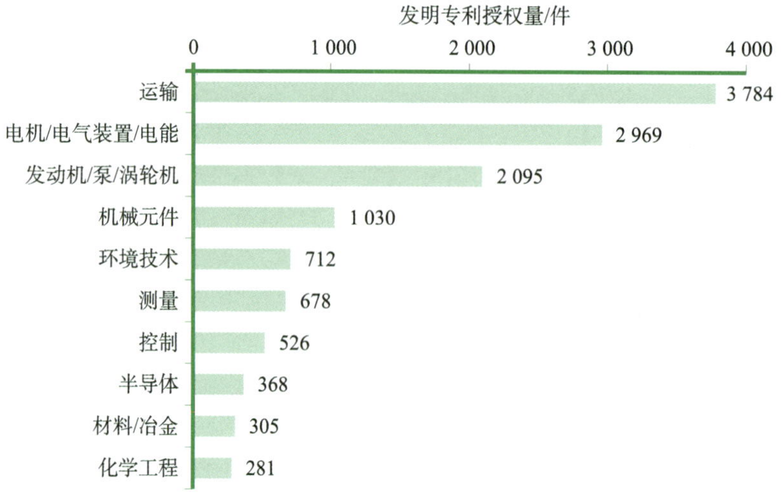

图3-4　2012~2015年丰田汽车授权发明专利的领域分布

电能、发动机 / 泵 / 涡轮机领域，发明专利授权量均占丰田汽车授权总量的近二成以上。

5. KVASENKOV OLEG IVANOVICH 授权发明专利领域分布情况

如图 3-5 所示，2012~2015 年，个人竞争者 KVASENKOV OLEG IVANOVICH 的发明专利授权总量为 10 393 件，其中，KVASENKOV OLEG IVANOVICH 仅在食品化学、其他消费品、其他专用机械、装卸、热工过程和设备五个领域进行布局。KVASENKOV OLEG IVANOVICH 的授权发明专利主要分布在食品化学领域，发明专利授权量占 KVASENKOV OLEG IVANOVICH 授权总量的近 85%。

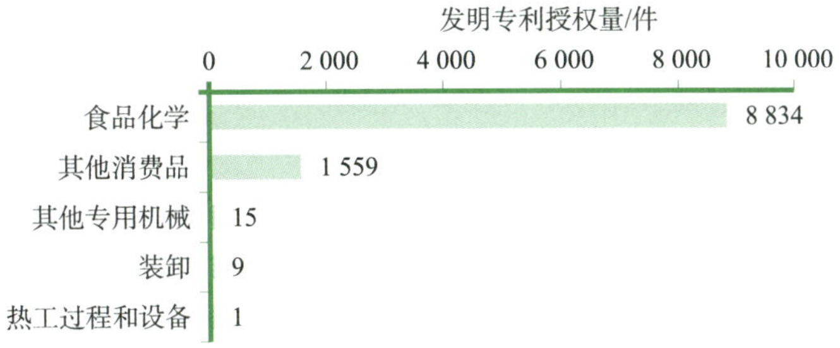

图3-5　2012~2015年KVASENKOV OLEG IVANOVICH授权发明专利的领域分布

6. 高通授权发明专利领域分布情况

如图 3-6 所示，2012~2015 年，高通的发明专利授权总量为 10 390 件，其中，授权发明专利前十位的技术领域为数字通信 6 336 件、电信 2 473 件、计算机技术 1 794 件、基础通信程序 791 件、音像技术 733 件、测量 555 件、半导体 280 件、电机 / 电气装置 / 电能 214 件、信息技术管理方法 104 件、控制 101 件。高通的授权发明专利布局侧重于数字通信、电信、计算机技术领域，特别是数字通信领域，其发明专利授权量占高通授权总量的六成。

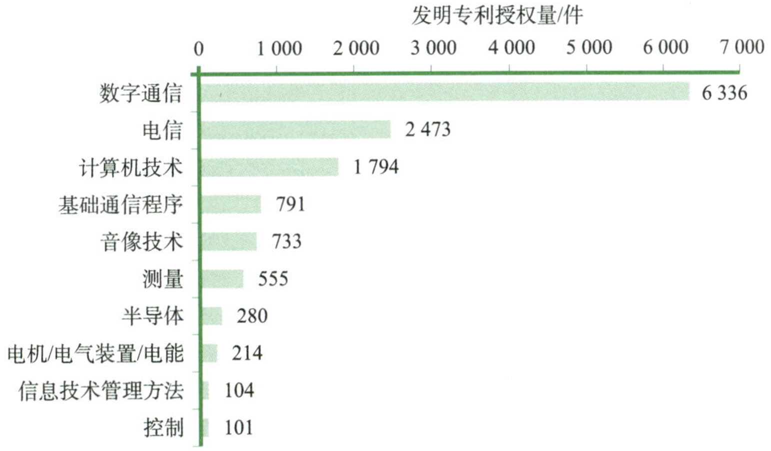

图3-6　2012~2015年高通授权发明专利的领域分布

7. 三菱电机授权发明专利领域分布情况

如图 3-7 所示，2012~2015 年，三菱电机的发明专利授权总量为 10 352 件，其中，授权发明专利前十位的技术领域为电机 / 电气装置 / 电能 2 751 件、热工过程和设备 1 404 件、半导体 977 件、音像技术 816 件、测量 805 件、计算机技术 709 件、控制 680 件、发动机 / 泵 / 涡轮机 642 件、电信 615 件、数字通信 610 件。三菱电机的授权发明专利布局侧重于电机 / 电气装置 / 电能、热工过程和设备领域，特别是电机 / 电气装置 / 电能领域，其发明专利授权量占三菱电机授权总量的 26.6%。

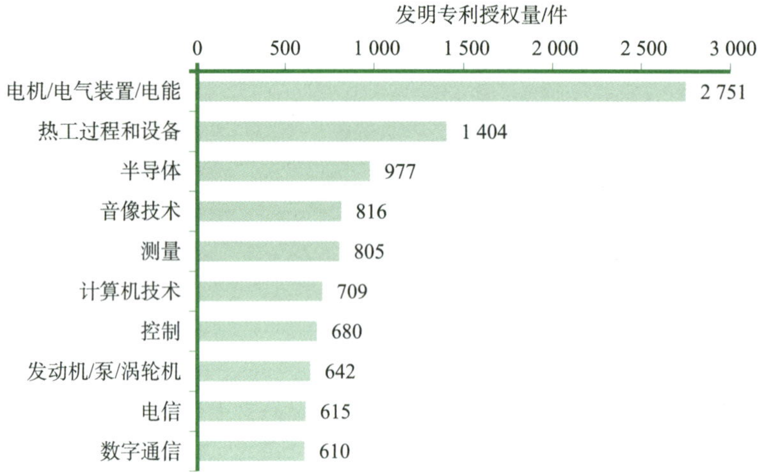

图3-7　2012~2015年三菱电机授权发明专利的领域分布

8. 松下授权发明专利领域分布情况

如图 3-8 所示，2012~2015 年，松下的发明专利授权总量为 9 877 件，其中，授权发明专利前十位的技术领域为电机 / 电气装置 / 电能 2 717 件、音像技术 1 867 件、半导体 1 299 件、电信 939 件、计算机技术 870 件、数字通信 739 件、光学 650 件、热工过程和设备 570 件、测量 471 件、其他消费品 408 件。松下的授权发明专利主要分布在电机 / 电气装置 / 电能、音像技术、半导体领域，发明专利授权量均占松下授权总量的 13% 以上，尤其是电机 / 电气装置 / 电能领域，占比达 27.5%。

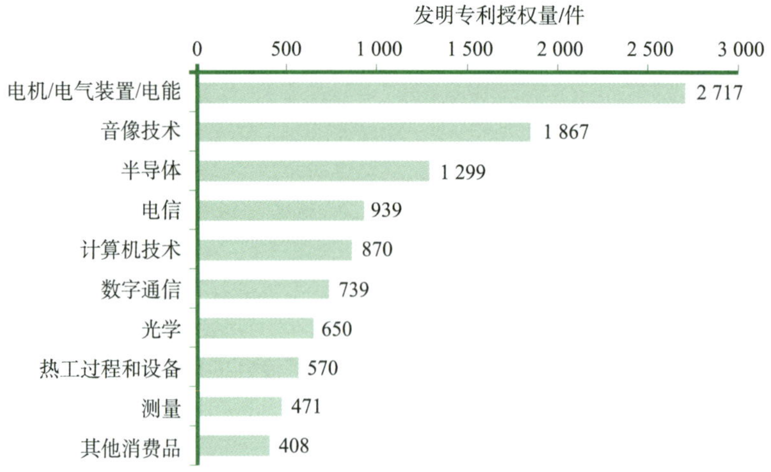

图3-8　2012~2015年松下授权发明专利的领域分布

9. 三星电子授权发明专利领域分布情况

如图 3-9 所示，2012~2015 年，三星电子的发明专利授权总量为 8 314 件，其中，授权发明专利前十位的技术领域为计算机技术 2 102 件、数字通信 1 796 件、音像技术 1 740 件、半导体 1 334 件、电信 1 275 件、光学 747 件、电机 / 电气装置 / 电能 496 件、基础通信程序 357 件、测量 300 件、医学技术 222 件。三星电子的授权发明专利布局侧重于计算机技术、数字通信、音像技术、半导体、电信领域，发明专利授权量均占三星电子授权总量的 15% 以上。

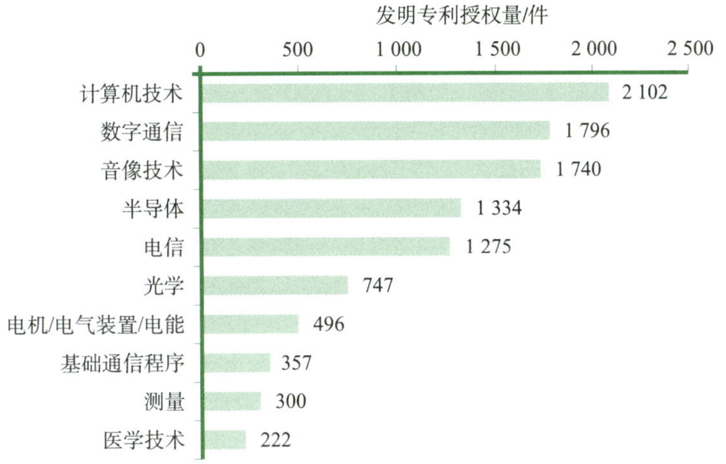

图3-9　2012~2015年三星电子授权发明专利的领域分布

10. 本田汽车授权发明专利领域分布情况

如图 3-10 所示，2012~2015 年，本田汽车的发明专利授权总量为 7 785 件，其中，授权发明专利前十位的技术领域为运输 4 093 件、发动机 / 泵 / 涡轮机 1 200 件、电机 / 电气装置 / 电能 1 144 件、机械元件 1 081 件、机床 378 件、测量 368 件、控制 366 件、计算机技术 274 件、环境技术 204 件、装卸 137 件。本田汽车的授权发明专利布局侧重于运输、发动机 / 泵 / 涡轮机、电机 / 电气装置 / 电能、机械元件领域，发明专利授权量均占本田汽车授权总量的 13% 以上，特别是运输领域，占比高达 52.5%。

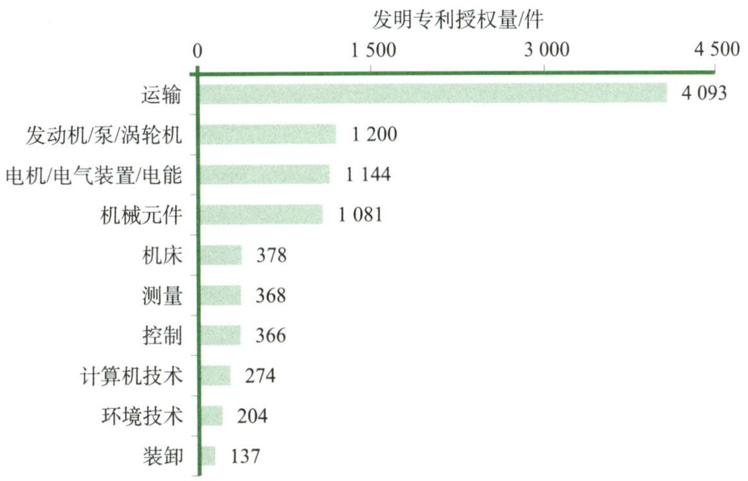

图3-10　2012~2015年本田汽车授权发明专利的领域分布

第二节　二级技术领域全球主要竞争者

本节以 2012~2015 年全球授权发明专利为依据，统计出分领域全球主要竞争者，如表 3-4 至表 3-8 所示。

表3-4　2012~2015年电气工程领域全球十强竞争者

技术领域	十强竞争者	发明专利授权量/件	技术领域	十强竞争者	发明专利授权量/件
电机/电气装置/电能	丰田汽车 （TOYOTA MOTOR CORP）	2 969	音像技术	佳能 （CANON KK）	3 435
	三菱电机 （MITSUBISHI ELECTRIC CORP）	2 751		索尼 （SONY CORP）	2 862
	松下 （PANASONIC CORP）	2 717		松下 （PANASONIC CORP）	1 867
	LG化学 （LG CHEMICAL LTD）	2 276		三星电子 （SAMSUNG ELECTRONICS CO LTD）	1 740
	矢崎 （YAZAKI CORP）	1 989		夏普 （SHARP KK）	1 323
	电装株式会社 （DENSO CORP）	1 725		东芝 （TOSHIBA CORP）	1 206
	三星电机 （SAMSUNG ELECTRO MECH）	1 436		半导体能源研究所株式会社 （SEMICONDUCTOR ENERGY LAB）	1 066
	鸿海精密 （HON HAI PREC IND CO LTD）	1 390		LG显示 （LG DISPLAY CO LTD）	1 018
	国家电网 （STATE GRID CORP CHINA）	1 308		富士胶片 （FUJIFILM CORP）	981
	西门子 （SIEMENS AG）	1 284		鸿海精密 （HON HAI PREC IND CO LTD）	959
电信	高通 （QUALCOMM INC）	2 473	数字通信	高通 （QUALCOMM INC）	6 336
	佳能 （CANON KK）	1 799		华为 （HUAWEI TECH CO LTD）	4 748
	LG电子 （LG ELECTRONICS INC）	1 576		艾利森电话 （ERICSSON TELEFON AB L M）	3 099
	华为 （HUAWEI TECH CO LTD）	1 372		LG电子 （LG ELECTRONICS INC）	2 475
	富士通 （FUJITSU LTD）	1 278		中兴 （ZTE CORP）	2 030
	三星电子 （SAMSUNG ELECTRONICS CO LTD）	1 275		国际商业机器公司 （IBM）	1 923
	京瓷办公信息系统株式会社 （KYOCERA DOCUMENT SOLUTIONS INC）	1 221		阿尔卡特朗讯 （ALCATEL LUCENT）	1 869
	艾利森电话 （ERICSSON TELEFON AB L M）	1 039		三星电子 （SAMSUNG ELECTRONICS CO LTD）	1 796
	松下 （PANASONIC CORP）	939		富士通 （FUJITSU LTD）	1 789
	理光 （RICOH CO LTD）	888		NTT都科摩 （NTT DOCOMO INC）	1 352

续表

技术领域	十强竞争者	发明专利授权量/件	技术领域	十强竞争者	发明专利授权量/件
基础通信程序	高通（QUALCOMM INC）	791	计算机技术	国际商业机器公司（IBM）	8 064
	富士通（FUJITSU LTD）	438		佳能（CANON KK）	3 250
	马维尔（MARVELL INT LTD）	390		谷歌（GOOGLE INC）	2 694
	爱普生（SEIKO EPSON CORP）	371		富士通（FUJITSU LTD）	2 536
	三星电子（SAMSUNG ELECTRONICS CO LTD）	357		苹果（APPLE INC）	2 461
	瑞萨电子（RENESAS ELECTRONICS CORP）	315		微软（MICROSOFT CORP）	2 345
	松下（PANASONIC CORP）	313		三星电子（SAMSUNG ELECTRONICS CO LTD）	2 102
	村田制作所（MURATA MANUFACTURING CO）	313		高通（QUALCOMM INC）	1 794
	国际商业机器公司（IBM）	308		英特尔（INTEL CORP）	1 771
	半导体能源研究所株式会社（SEMICONDUCTOR ENERGY LAB）	302		索尼（SONY CORP）	1 691
信息技术管理方法	国际商业机器公司（IBM）	527	半导体	半导体能源研究所株式会社（SEMICONDUCTOR ENERGY LAB）	3 092
	谷歌（GOOGLE INC）	394		东芝（TOSHIBA CORP）	2 866
	雅虎日本（YAHOO JAPAN CORP）	335		台湾半导体（TAIWAN SEMICONDUCTOR MFG）	2 630
	乐天（RAKUTEN INC）	291		国际商业机器公司（IBM）	2 412
	东芝泰格（TOSHIBA TEC KK）	270		东京电子（TOKYO ELECTRON LTD）	2 168
	新游网络（NEOWIZ GAMES CORP）	232		三星电子（SAMSUNG ELECTRONICS CO LTD）	1 334
	富士通（FUJITSU LTD）	212		松下（PANASONIC CORP）	1 299
	日本电信电话（NIPPON TELEGRAPH & TELEPHONE）	198		格罗方德半导体公司（GLOBALFOUNDRIES INC）	1 245
	微软（MICROSOFT CORP）	194		三星显示（SAMSUNG DISPLAY CO LTD）	1 172
	日立（HITACHI LTD）	184		瑞萨电子（RENESAS ELECTRONICS CORP）	1 089

表3-5　2012~2015年仪器领域全球十强竞争者

技术领域	十强竞争者	发明专利授权量/件	技术领域	十强竞争者	发明专利授权量/件
光学	佳能（CANON KK）	6 060	测量	电装株式会社（DENSO CORP）	1 122
	京瓷办公信息系统株式会社（KYOCERA DOCUMENT SOLUTIONS INC）	2 444		西门子（SIEMENS AG）	885
	理光（RICOH CO LTD）	2 437		爱普生（SEIKO EPSON CORP）	842
	富士胶片（FUJIFILM CORP）	2 202		三菱电机（MITSUBISHI ELECTRIC CORP）	805
	夏普（SHARP KK）	1 874		国家电网（STATE GRID CORP CHINA）	791
	富士施乐（FUJI XEROX CO LTD）	1 639		浙江大学（UNIV ZHEJIANG）	753
	尼康（NIPPON KOGAKU KK）	1 455		佳能（CANON KK）	686
	京东方（BOE TECHNOLOGY GROUP CO LTD）	1 395		北京航空航天大学（UNIV BEIHANG）	685
	爱普生（SEIKO EPSON CORP）	1 241		东南大学（UNIV SOUTHEAST）	654
	友达光电（AU OPTRONICS CORP）	1 142		哈尔滨工业大学（HARBIN INST OF TECHNOLOGY）	650
生物材料分析	霍夫曼·拉罗奇有限公司（HOFFMANN LA ROCHE）	145	控制	三菱电机（MITSUBISHI ELECTRIC CORP）	680
	希森美康（SYSMEX CORP）	108		东芝泰格（TOSHIBA TEC KK）	567
	首尔大学校产学协力团（SNU R&DB FOUNDATION）	83		电装株式会社（DENSO CORP）	537
	济南大学（UNIV JINAN）	83		丰田汽车（TOYOTA MOTOR CORP）	526
	韩国科学技术研究院（KOREA INST SCI & TECH）	82		冲电气（OKI ELECTRIC IND CO LTD）	446
	韩国科学技术院（KOREA ADVANCED INST SCI & TECH）	81		本田汽车（HONDA MOTOR CO LTD）	366
	高丽大学校产学协力团（UNIV KOREA RES & BUS FOUND）	81		IGT公司（IGT RENO NEV）	326
	加利福尼亚大学（UNIV CALIFORNIA）	80		西门子（SIEMENS AG）	309
	延世大学校产学协力团（UNIV YONSEI IACF）	69		国际商业机器公司（IBM）	297
	健泰科生物（GENENTECH INC）	66		谷歌（GOOGLE INC）	278
医学技术	科维蒂恩（COVIDIEN LP）	1 316	医学技术	西门子（SIEMENS AG）	646
	富士胶片（FUJIFILM CORP）	1 314		塞诺菲-安万特德国有限公司（SANOFI AVENTIS DEUTSCHLAND）	562
	佳能（CANON KK）	932		奥林巴斯（OLYMPUS CORP）	560
	奥林巴斯医疗（OLYMPUS MEDICAL SYSTEMS CORP）	884		东芝（TOSHIBA CORP）	525
	皇家飞利浦电子股份有限公司（KONINKL PHILIPS ELECTRONICS NV）	867		尤妮佳股份有限公司（UNICHARM CORP）	521

表3-6　2012~2015年化学领域全球十强竞争者

技术领域	十强竞争者	发明专利授权量/件	技术领域	十强竞争者	发明专利授权量/件
有机精细化学	中石化（CHINA PETROLEUM & CHEMICAL）	1 750	生物技术	孟山都（MONSANTO TECHNOLOGY LLC）	527
	欧莱雅（OREAL）	1 116		先锋国际良种公司（PIONEER HI BRED INT）	507
	巴斯福（BASF SE）	817		江南大学（UNIV JIANGNAN）	420
	高露洁-棕榄公司（COLGATE PALMOLIVE CO）	522		韩国农村振兴厅（REPUBLIC KOREA MAN RURAL DEV）	339
	花王（KAO CORP）	506		浙江大学（UNIV ZHEJIANG）	265
	住友化学（SUMITOMO CHEMICAL CO）	318		中国农业大学（UNIV CHINA AGRICULTURAL）	264
	环球油品（UOP LLC）	314		华中农业大学（UNIV HUAZHONG AGRICULTURAL）	246
	浙江大学（UNIV ZHEJIANG）	308		辛根塔（SYNGENTA PARTICIPATIONS AG）	244
	LG化学（LG CHEMICAL LTD）	289		韩国生命工学研究院（KOREA RES INST OF BIOSCIENCE）	204
	拜耳知识产权有限责任公司（BAYER IP GMBH）	265		南京农业大学（UNIV NANJING AGRICULTURAL）	186
药品	诺华（NOVARTIS AG）	1 030	高分子化学/聚合物	中石化（CHINA PETROLEUM & CHEMICAL）	1 006
	霍夫曼·拉罗奇有限公司（HOFFMANN LA ROCHE）	866		巴斯福（BASF SE）	950
	赛诺菲（SANOFI SA）	442		LG化学（LG CHEMICAL LTD）	867
	贝林格尔·英格海姆国际有限公司（BOEHRINGER INGELHEIM INT）	416		信越化学（SHINETSU CHEMICAL CO）	744
	詹森药业有限公司（JANSSEN PHARMACEUTICA NV）	409		陶氏环球技术有限责任公司（DOW GLOBAL TECHNOLOGIES LLC）	617
	伊莱利利（LILLY CO ELI）	361		普利司通（BRIDGESTONE CORP）	551
	布里斯托尔-迈尔斯斯奎布公司（SQUIBB BRISTOL MYERS CO）	344		富士胶片（FUJIFILM CORP）	483
	阿勒根（ALLERGAN INC）	328		住友橡胶工业株式会社（SUMITOMO RUBBER IND）	483
	默克·夏普-道姆公司（MERCK SHARP & DOHME）	320		第一毛织株式会社（CHEIL IND INC）	446
	健泰科生物（GENENTECH INC）	292		北欧化工公司（BOREALIS AG）	443

续表

技术领域	十强竞争者	发明专利授权量/件	技术领域	十强竞争者	发明专利授权量/件
食品化学	KVASENKOV OLEG IVANOVICH	8 834	基础材料化学	中石化（CHINA PETROLEUM & CHEMICAL）	2 123
	AKHMEDOV MAGOMED EHMINOVICH	945		巴斯福（BASF SE）	872
	孟山都（MONSANTO TECHNOLOGY LLC）	651		富士胶片（FUJIFILM CORP）	654
	先锋国际良种公司（PIONEER HI BRED INT）	598		ZAKHAROV JURIJ VASIL EVICH	601
	雀巢（NESTEC SA）	374		日东电工（NITTO DENKO CORP）	559
	辛根塔（SYNGENTA PARTICIPATIONS AG）	283		大日本油墨化学工业株式会社（DAINIPPON INK & CHEMICALS）	492
	韩国农村振兴厅（REPUBLIC KOREA MAN RURAL DEV）	254		LG化学（LG CHEMICAL LTD）	489
	韩国食品研究院（KOREA FOOD RES INST）	239		住友化学（SUMITOMO CHEMICAL CO）	474
	江南大学（UNIV JIANGNAN）	236		陶氏益农公司（DOW AGROSCIENCES LLC）	467
	浙江大学（UNIV ZHEJIANG）	217		浦项（POSCO）	431
材料/冶金	浦项（POSCO）	2 447	表面加工技术/涂层	东京电子（TOKYO ELECTRON LTD）	659
	杰富意钢铁（JFE STEEL CORP）	1 781		浦项（POSCO）	619
	SHCHEPOCHKINA JULIJA ALEKSEEVNA	1 338		大日本印刷（DAINIPPON PRINTING CO LTD）	616
	新日铁住金株式会社（NIPPON STEEL & SUMITOMO METAL CORP）	1 179		杰富意钢铁（JFE STEEL CORP）	565
	现代制铁（HYUNDAI STEEL CO）	995		日东电工（NITTO DENKO CORP）	464
	神户制钢（KOBE STEEL LTD）	796		吉坤日矿日石金属株式会社（JX NIPPON MINING & METALS CORP）	458
	吉坤日矿日石金属株式会社（JX NIPPON MINING & METALS CORP）	510		富士胶片（FUJIFILM CORP）	387
	中石化（CHINA PETROLEUM & CHEMICAL）	472		新日铁住金株式会社（NIPPON STEEL & SUMITOMO METAL CORP）	336
	中南大学（UNIV CENTRAL SOUTH）	436		三菱树脂（MITSUBISHI PLASTICS INC）	324
	住友金属矿山株式会社（SUMITOMO METAL MINING CO）	427		SAKHAROV KONSTANTIN SERGEEVICH	314

续表

技术领域	十强竞争者	发明专利授权量/件	技术领域	十强竞争者	发明专利授权量/件
微观结构和纳米技术	国际商业机器公司（IBM）	162	化学工程	中石化（CHINA PETROLEUM & CHEMICAL）	1 948
	法国原子能委员会（COMMISSARIAT ENERGIE ATOMIQUE）	153		巴斯福（BASF SE）	350
	韩国科学技术院（KOREA ADVANCED INST SCI & TECH）	142		浙江大学（UNIV ZHEJIANG）	319
	东南大学（UNIV SOUTHEAST）	117		韩国能源技术研究院（KOREA ENERGY RESEARCH INST）	295
	清华大学（UNIV TSINGHUA）	112		LG化学（LG CHEMICAL LTD）	275
	鸿海精密（HON HAI PREC IND CO LTD）	110		环球油品（UOP LLC）	271
	博世（BOSCH GMBH ROBERT）	101		东京电子（TOKYO ELECTRON LTD）	258
	浙江大学（UNIV ZHEJIANG）	90		浦项（POSCO）	256
	爱普生（SEIKO EPSON CORP）	87		江苏大学（UNIV JIANGSU）	247
	陕西科技大学（UNIV SHAANXI SCIENCE & TECH）	84		南京大学（UNIV NANJING）	223
环境技术	丰田汽车（TOYOTA MOTOR CORP）	712	环境技术	北京科技大学（UNIV BEIJING TECHNOLOGY）	283
	中石化（CHINA PETROLEUM & CHEMICAL）	491		KOCHETOV OLEG SAVEL EVICH	273
	现代汽车（HYUNDAI MOTOR CO LTD）	344		浙江大学（UNIV ZHEJIANG）	258
	三菱重工（MITSUBISHI HEAVY IND LTD）	318		富士胶片（FUJIFILM CORP）	254
	阿尔斯通科技（ALSTOM TECHNOLOGY LTD）	283		南京大学（UNIV NANJING）	234

表3-7　2012~2015年机械工程领域全球十强竞争者

技术领域	十强竞争者	发明专利授权量/件	技术领域	十强竞争者	发明专利授权量/件
装卸	佳能（CANON KK）	721	机床	浦项（POSCO）	1 243
	三菱电机（MITSUBISHI ELECTRIC CORP）	602		现代制铁（HYUNDAI STEEL CO）	795
	三星重工业株式会社（SAMSUNG HEAVY IND）	579		杰富意钢铁（JFE STEEL CORP）	748
	吉野工业所（YOSHINO KOGYOSHO CO LTD）	572		新日铁住金株式会社（NIPPON STEEL & SUMITOMO METAL CORP）	580
	东芝电梯（TOSHIBA ELEVATOR CO LTD）	506		牧田株式会社（MAKITA CORP）	510
	京瓷办公信息系统株式会社（KYOCERA DOCUMENT SOLUTIONS INC）	502		神户制钢（KOBE STEEL LTD）	474
	爱普生（SEIKO EPSON CORP）	497		博世（BOSCH GMBH ROBERT）	378
	日立（HITACHI LTD）	478		本田汽车（HONDA MOTOR CO LTD）	378
	中联重科（ZOOMLION HEAVY IND SCI & TECH）	435		宝山钢铁（BAOSHAN IRON & STEEL）	293
	兄弟株式会社（BROTHER IND LTD）	415		三菱综合材料株式会社（MITSUBISHI MATERIALS CORP）	286
发动机/泵/涡轮机	丰田汽车（TOYOTA MOTOR CORP）	2 095	纺织和造纸器械	爱普生（SEIKO EPSON CORP）	3 315
	三菱重工（MITSUBISHI HEAVY IND LTD）	1 480		佳能（CANON KK）	2 186
	电装株式会社（DENSO CORP）	1 243		兄弟株式会社（BROTHER IND LTD）	1 353
	通用电气（GEN ELECTRIC）	1 206		理光（RICOH CO LTD）	1 301
	本田汽车（HONDA MOTOR CO LTD）	1 200		富士胶片（FUJIFILM CORP）	955
	西门子（SIEMENS AG）	1 101		京瓷办公信息系统株式会社（KYOCERA DOCUMENT SOLUTIONS INC）	771
	斯奈克玛（SNECMA）	1 035		施乐（XEROX CORP）	498
	博世（BOSCH GMBH ROBERT）	899		富士施乐（FUJI XEROX CO LTD）	464
	现代汽车（HYUNDAI MOTOR CO LTD）	873		东华大学（UNIV DONGHUA）	417
	福特全球技术公司（FORD GLOBAL TECH LLC）	644		惠普（HEWLETT PACKARD DEVELOPMENT CO）	405

续表

技术领域	十强竞争者	发明专利授权量/件	技术领域	十强竞争者	发明专利授权量/件
其他专用机械	井关农机株式会社（ISEKI AGRICULT MACH）	465	热工过程和设备	三菱电机（MITSUBISHI ELECTRIC CORP）	1 404
	三星钻石（MITSUBOSHI DIAMOND IND CO LTD）	449		大金工业（DAIKIN IND LTD）	1 163
	久保田株式会社（KUBOTA KK）	439		松下（PANASONIC CORP）	570
	普利司通（BRIDGESTONE CORP）	438		林内株式会社（RINNAI KK）	496
	LG化学（LG CHEMICAL LTD）	364		LG电子（LG ELECTRONICS INC）	495
	东丽（TORAY INDUSTRIES）	355		珠海格力电器（ZHUHAI GREE ELEC APPLIANCES）	431
	富士胶片（FUJIFILM CORP）	354		浦项（POSCO）	422
	住友橡胶工业株式会社（SUMITOMO RUBBER IND）	339		三菱重工（MITSUBISHI HEAVY IND LTD）	330
	康宁（CORNING INC）	300		夏普（SHARP KK）	325
	国防科学研究所（AGENCY DEFENSE DEV）	293		日立空调（HITACHI APPLIANCES INC）	298
机械元件	本田汽车（HONDA MOTOR CO LTD）	1 081	运输	本田汽车（HONDA MOTOR CO LTD）	4 093
	现代汽车（HYUNDAI MOTOR CO LTD）	1 038		丰田汽车（TOYOTA MOTOR CORP）	3 784
	丰田汽车（TOYOTA MOTOR CORP）	1 030		现代汽车（HYUNDAI MOTOR CO LTD）	3 473
	通用环球（GM GLOBAL TECH OPERATIONS INC）	692		三星重工业株式会社（SAMSUNG HEAVY IND）	2 208
	日本精工株式会社（NSK LTD）	645		标致雪铁龙（PEUGEOT CITROEN AUTOMOBILES SA）	1 747
	SKF公司（SKF AB）	596		电装株式会社（DENSO CORP）	1 596
	三星重工业株式会社（SAMSUNG HEAVY IND）	565		普利司通（BRIDGESTONE CORP）	1 235
	博世（BOSCH GMBH ROBERT）	527		通用环球（GM GLOBAL TECH OPERATIONS INC）	1 171
	NTN株式会社（NTN TOYO BEARING CO LTD）	511		尼桑（NISSAN MOTOR）	1 161
	ZF腓德烈斯哈芬股份公司（ZAHNRADFABRIK FRIEDRICHSHAFEN）	497		福特全球技术公司（FORD GLOBAL TECH LLC）	1 112

表3-8　2012~2015年其他领域全球十强竞争者

技术领域	十强竞争者	发明专利授权量/件	技术领域	十强竞争者	发明专利授权量/件
家具游戏	京乐产业株式会社（KYORAKU SANGYO KK）	2 708	其他消费品	KVASENKOV OLEG IVANOVICH	1 559
	三共株式会社（SANKYO CO）	2 562		LG电子（LG ELECTRONICS INC）	783
	三洋制品（SANYO PRODUCT CO LTD）	1 616		高露洁-棕榄公司（COLGATE PALMOLIVE CO）	484
	环球娱乐株式会社（UNIVERSAL ENTERTAINMENT CORP）	1 010		YKK株式会社（YKK CORP）	433
	萨米公司（SAMMY CORP）	1 005		雅马哈（YAMAHA CORP）	429
	NEWGIN CO LTD	857		松下（PANASONIC CORP）	408
	索菲亚（SOPHIA CO LTD）	813		博世和西门子家用器具（BSH BOSCH SIEMENS HAUSGERAETE）	383
	科乐美数码娱乐株式会社（KONAMI DIGITAL ENTERTAINMENT）	797		日立空调（HITACHI APPLIANCES INC）	308
	FUJISHOJI CO LTD	788		欧莱雅（OREAL）	291
	株式会社大都技研（DAITO GIKEN KK）	687		合肥美的冰箱（HEFEI MIDEA REFRIGERATOR CO）	253
土木工程	哈里伯顿能源服务公司（HALLIBURTON ENERGY SERVICES INC）	1 054	土木工程	中国矿业大学（UNIV CHINA MINING）	460
	TATNEFT IM V D SHASHINA AOOT	735		三星重工业株式会社（SAMSUNG HEAVY IND）	444
	小松制作所（KOMATSU MFG CO LTD）	728		韩国建筑技术研究院（KOREA INST CONSTRUCTION TECH）	377
	贝克休斯公司（BAKER HUGHES INC）	593		东陶机器株式会社（TOTO LTD）	339
	日立建机（HITACHI CONSTRUCTION MACHINERY）	471		中国石油天然气（PETROCHINA CO LTD）	317

一、同时入围 5 个以上二级技术领域前十强的全球竞争者

如表3-4至表3-8所示，35个二级技术领域的全球十强竞争者共涉及191名申请人。如图3-11所示，同时入围5个以上二级技术领域前十强的竞争者有16个，包括富士胶片、佳能、浙江大学、松下、国际商业机器公司、浦项、爱普生、三星电子、中石化、LG化学、丰田汽车、三菱电机、富士通、电装株式会社、本田汽车、西门子。其中富士胶片作为综合性影像、信息、文件处理类产品及服务的制造和供应商之一，其入围了音像技术、光学、医学技术、高分子化学/聚合物、基础材料化学、表面加工技术/涂层、环境技术、纺织和造纸器械、其他专用机械9个二级技术领域。佳能作为一家全球领先的生产影像与信息产品的综合集团，其入围了音像技术、

电信、计算机技术、光学、测量、医学技术、装卸、纺织和造纸器械 8 个二级技术领域。浙江大学、松下、国际商业机器公司分别入围了 7 个二级技术领域。同时入围 5 个以上二级技术领域前十强的 16 个竞争者中，中国竞争者占据 2 个名额，分别为浙江大学和中石化，其分别入围了 7 个二级技术领域、6 个二级技术领域，体现出浙江大学和中石化具有较强的技术创新能力。

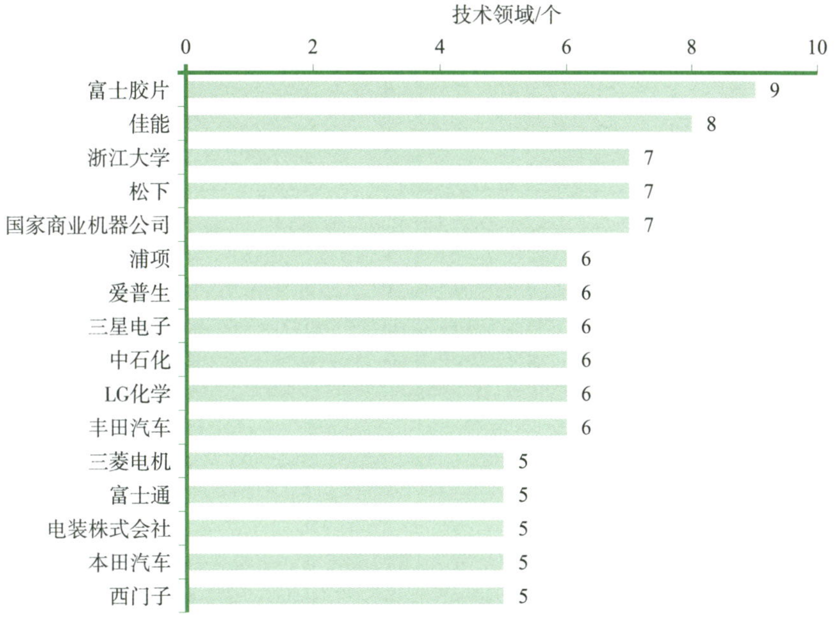

图3-11　同时入围5个以上二级技术领域前十强的全球竞争者

二、二级技术领域全球主要竞争者国籍分布情况

如表 3-9 所示，2012~2015 年 35 个二级技术领域的全球 350 位次十强竞争者中，日本竞争者占比优势明显，其后是韩国、美国、中国。其中，日本竞争者总计 157 位次，共入围 32 个二级技术领域，仅在生物技术、药品、食品化学领域未入围前十名；韩国竞争者总计 50 位次，入围了 28 个二级技术领域；美国竞争者总计 49 位次，入围了 24 个二级技术领域；中国竞争者总计 48 位次，入围了 23 个二级技术领域。

日本竞争者在家具游戏、光学、装卸、表面加工技术 / 涂层等 13 个二级技术领域的竞争优势明显，在这些技术领域日本竞争者占据了前十位中超过半数的席位，特别是家具游戏领域，排名前十的竞争者全为日本竞争者，表明日本竞争者在家具游戏领域的实力很强。此外，日本竞争者在电机 / 电气装置 / 电能、材料 / 冶金、半导体、电信、运输 5 个技术领域也表现出很强的竞争优势，占据了前十位中的半数席位。从整体来看，日本竞争者在机械工程领域和仪器领域优势明显，在化学领域无优势。

韩国竞争者在生物材料分析领域表现出较强的竞争优势，其占据了前十位中半数席位。其次是化学工程领域，韩国竞争者在该领域占据了前十位中的三个席位。美国竞争者在计算机技术领域和药品领域表现出较强的竞争优势，在该两个技术领域美国竞争者分别占据了前十位中六席、半数席位。中国竞争者在生物技术、微观结构和纳米技术、测量领域表现出较强的竞争优势，在该三个领域占据了前十位中的半数席位。

表3-9　2012~2015年分领域全球主要竞争者国籍分布　　单位：个

二级技术领域		日本	韩国	美国	中国	德国	俄罗斯	瑞士	法国	瑞典	荷兰	比利时	奥地利
Ⅰ电气工程	电机/电气装置/电能	5	2	0	2	1	0	0	0	0	0	0	0
	音像技术	7	2	0	1	0	0	0	0	0	0	0	0
	电信	5	2	1	1	0	0	0	0	1	0	0	0
	数字通信	2	2	2	2	0	0	0	1	1	0	0	0
	基础通信程序	6	1	3	0	0	0	0	0	0	0	0	0
	计算机技术	3	1	6	0	0	0	0	0	0	0	0	0
	信息技术管理方法	6	1	3	0	0	0	0	0	0	0	0	0
	半导体	5	2	2	1	0	0	0	0	0	0	0	0
Ⅱ仪器	光学	8	0	0	2	0	0	0	0	0	0	0	0
	测量	4	0	0	5	1	0	0	0	0	0	0	0
	生物材料分析	1	5	2	1	0	0	1	0	0	0	0	0
	控制	6	0	3	0	1	0	0	0	0	0	0	0
	医学技术	6	0	1	0	2	0	0	0	0	1	0	0
Ⅲ化学	有机精细化学	2	1	2	2	2	0	0	1	0	0	0	0
	生物技术	0	2	2	5	0	0	1	0	0	0	0	0
	药品	0	0	5	0	2	0	2	0	0	0	1	0
	高分子化学/聚合物	4	2	1	1	1	0	0	0	0	0	0	1
	食品化学	0	2	2	2	0	2	2	0	0	0	0	0
	基础材料化学	4	2	1	1	1	1	0	0	0	0	0	0
	材料/冶金	5	2	0	2	0	1	0	0	0	0	0	0
	表面加工技术/涂层	8	1	0	0	0	1	0	0	0	0	0	0
	微观结构和纳米技术	1	1	1	5	1	0	0	1	0	0	0	0
	化学工程	1	3	1	4	1	0	0	0	0	0	0	0
	环境技术	3	1	0	4	0	1	1	0	0	0	0	0
Ⅳ机械工程	装卸	8	1	0	1	0	0	0	0	0	0	0	0
	机床	6	2	0	1	1	0	0	0	0	0	0	0
	发动机/泵/涡轮机	4	1	2	0	2	0	0	1	0	0	0	0
	纺织和造纸器械	7	0	2	1	0	0	0	0	0	0	0	0
	其他专用机械	7	2	1	0	0	0	0	0	0	0	0	0
	热工过程和设备	7	2	0	1	0	0	0	0	0	0	0	0
	机械元件	4	2	1	0	2	0	0	0	1	0	0	0
	运输	5	2	2	0	0	0	0	1	0	0	0	0
Ⅴ其他领域	家具游戏	10	0	0	0	0	0	0	0	0	0	0	0
	其他消费品	4	1	1	1	1	1	0	1	0	0	0	0
	土木工程	3	2	2	2	0	1	0	0	0	0	0	0
总计		157	50	49	48	19	8	7	6	3	1	1	1

三、二级技术领域全球主要竞争者类型分布情况

如表 3-10 所示，2012~2015 年 35 个二级技术领域的全球 350 位次十强竞争者中，企业竞争者涉及 301 位次，其中 20 个技术领域授权发明专利排名前十的竞争者均为企业，企业竞争者处

表3-10　2012~2015年分领域全球主要竞争者类型分布

二级技术领域		企业	高校	科研机构	其他（含个人）
Ⅰ电气工程	电机/电气装置/电能	10	0	0	0
	音像技术	10	0	0	0
	电信	10	0	0	0
	数字通信	10	0	0	0
	基础通信程序	10	0	0	0
	计算机技术	10	0	0	0
	信息技术管理方法	10	0	0	0
	半导体	10	0	0	0
Ⅱ仪器	光学	10	0	0	0
	测量	6	4	0	0
	生物材料分析	3	6	1	0
	控制	10	0	0	0
	医学技术	10	0	0	0
Ⅲ化学	有机精细化学	9	1	0	0
	生物技术	3	5	1	1
	药品	10	0	0	0
	高分子化学/聚合物	10	0	0	0
	食品化学	4	2	1	3
	基础材料化学	9	0	0	1
	材料/冶金	8	1	0	1
	表面加工技术/涂层	9	0	0	1
	微观结构和纳米技术	4	5	0	1
	化学工程	6	3	1	0
	环境技术	6	3	0	1
Ⅳ机械工程	装卸	10	0	0	0
	机床	10	0	0	0
	发动机/泵/涡轮机	10	0	0	0
	纺织和造纸器械	9	1	0	0
	其他专用机械	9	0	1	0
	热工过程和设备	10	0	0	0
	机械元件	10	0	0	0
	运输	10	0	0	0
Ⅴ其他领域	家具游戏	10	0	0	0
	其他消费品	9	0	0	1
	土木工程	7	1	1	1
总计		301	32	6	11

于绝对领先位置，在大多数领域凸显出其作为创新主体的优势。高校竞争者涉及32位次，高校在生物材料分析、微观结构和纳米技术、生物技术领域具有优势，在这3个技术领域高校竞争者占据了前十位中的半数席位以上。科研机构竞争者涉及6位次，其在生物材料分析、生物技术、化学工程、食品化学、土木工程、其他专用机械6个技术领域分别占据前十位中的一个席位。其他竞争者涉及11位次，其在食品化学领域占据前十位中的三个席位，表明其他竞争者在食品化学领域的竞争优势较强。

四、全球技术创新方向十强竞争者技术创新情况

本部分将分析2012~2015年14个全球技术创新方向中十强竞争者的技术创新状况。如前所述，在全球技术创新方向中，电机/电气装置/电能领域和测量领域是全球技术创新热点领域，生物技术领域、食品化学领域、环境技术领域，以及热工过程和设备领域是全球潜在技术创新热点领域。本部分将分别展示在全球技术创新热点领域、全球潜在技术创新热点领域和其他全球技术创新方向中十强竞争者的技术创新状况。

1. 全球技术创新热点领域中十强竞争者技术创新情况

（1）电机/电气装置/电能领域十强竞争者技术创新情况

如表3-11所示，从授权发明专利数量来看，三个日本竞争者丰田汽车、三菱电机、松下位列前三位，分别达到2 969件、2 751件、2 717件，是位列第十的西门子的2倍多；其后是LG化学2 276件、矢崎1 989件、电装株式会社1 725件、三星电机1 436件、鸿海精密1 390件、国家电网1 308件、西门子1 284件。整体来看，在电机/电气装置/电能领域，日本竞争者的技术创新能力较强。

表3-11　2012~2015年电机/电气装置/电能领域全球十强竞争者技术创新情况

竞争者	授权量/件	发明人总数/人	每发明人平均发明专利授权量/（件/人）	每授权发明专利平均发明人数/（人次/件）
丰田汽车	2 969	1 560	0.94	2.56
三菱电机	2 751	1 455	0.86	2.92
松下	2 717	2 061	0.67	3.14
LG化学	2 276	1 949	1.14	4.21
矢崎	1 989	719	1.46	2.19
电装株式会社	1 725	700	0.83	2.36
三星电机	1 436	1 212	1.09	3.63
鸿海精密	1 390	1 053	1.32	2.39
国家电网	1 308	5 818	0.22	6.98
西门子	1 284	1 881	0.68	2.59

从研发人员规模来看，中国竞争者国家电网的发明人总数达到 5 818 人，远远高于其他竞争者，拥有庞大的科研人员规模；其后是松下 2 061 人、LG 化学 1 949 人、西门子 1 881 人、丰田汽车 1 560 人、三菱电机 1 455 人、三星电机 1 212 人、鸿海精密 1 053 人、矢崎 719 人、电装株式会社 700 人。可见，入围电机 / 电气装置 / 电能领域授权发明专利前十的竞争者，除两个日本竞争者矢崎和电装株式会社外，均拥有上千的科研人员。

从研发效率来看，矢崎、鸿海精密、LG 化学、三星电机的每发明人平均发明专利授权量均高于 1 件 / 人，分别为 1.46 件 / 人、1.32 件 / 人、1.14 件 / 人、1.09 件 / 人，他们的平均有效创新效率较高；其他竞争者的每授权发明专利平均发明人数均低于 1 件 / 人，国家电网的每授权发明专利平均发明人数最低，仅为 0.22 件 / 人。

从专利的研究密集程度来看，国家电网的每授权发明专利平均发明人数达到了 6.98 人次 / 件，远远高于其他竞争者，该数据高于中国每授权发明专利平均发明人数 3.80 人次 / 件（见图 2-4），表明国家电网每件授权发明专利平均投入的科研人员数量较多，研究密集程度较高；两个韩国竞争者 LG 化学和三星电机分别位列第二、第三位，每发明人平均发明专利授权量分别为 4.21 人次 / 件、3.63 人次 / 件，均高于韩国每授权发明专利平均发明人数 2.61 人次 / 件（见图 2-4）。其后是松下 3.14 人次 / 件、三菱电机 2.92 人次 / 件、西门子 2.59 人次 / 件、丰田汽车 2.56 人次 / 件、鸿海精密 2.39 人次 / 件、电装株式会社 2.36 人次 / 件、矢崎 2.19 人次 / 件。

（2）测量领域十强竞争者技术创新情况

如表 3-12 所示，从授权发明专利数量来看，电装株式会社排名第一，达到 1 122 件，是位列第十的哈尔滨工业大学的近 2 倍；其余竞争者的发明专利授权量均不足 900 件，依次为西门子 885 件、爱普生 842 件、三菱电机 805 件、国家电网 791 件、浙江大学 753 件、佳能 686 件、北京航空航天大学 685 件、东南大学 654 件、哈尔滨工业大学 650 件。

表3-12　2012~2015年测量领域全球十强竞争者技术创新情况

竞争者	授权量/件	发明人总数/人	每发明人平均发明专利授权量/（件/人）	每授权发明专利平均发明人数/（人次/件）
电装株式会社	1 122	523	0.69	2.41
西门子	885	1 075	0.82	2.30
爱普生	842	366	1.14	1.78
三菱电机	805	585	0.55	3.15
国家电网	791	3 510	0.23	6.89
浙江大学	753	2 327	0.32	5.92
佳能	686	543	0.84	2.18
北京航空航天大学	685	1 406	0.49	4.40
东南大学	654	975	0.67	3.60
哈尔滨工业大学	650	1 367	0.48	4.67

从研发人员规模来看，中国竞争者国家电网的发明人总数达到 3 510 人，远高于其他竞争者，其拥有庞大的科研人员规模；其后是浙江大学 2 327 人、北京航空航天大学 1 406 人、哈尔滨工业大学 1 367 人、西门子 1 075 人、东南大学 975 人、三菱电机 585 人、佳能 543 人、电装株式会社 523 人、爱普生 366 人。可见，入围测量领域授权发明专利前十的竞争者，中国竞争者的科研人员规模普遍较大。

从研发效率来看，爱普生的每发明人平均发明专利授权量高于 1 件 / 人，为 1.14 件 / 人，平均有效创新效率较高；其余竞争者的每发明人平均发明专利授权量均不足 1 件 / 人，分别为佳能 0.84 件 / 人、西门子 0.82 件 / 人、电装株式会社 0.69 件 / 人、东南大学 0.67 件 / 人、三菱电机 0.55 件 / 人、北京航空航天大学 0.49 件 / 人、哈尔滨工业大学 0.48 件 / 人、浙江大学 0.32 件 / 人、国家电网 0.23 件 / 人。可见，入围测量领域授权发明专利前十的竞争者，外国竞争者平均有效创新效率较高，中国竞争者平均有效创新效率较低。

从专利的研究密集程度来看，国家电网的每授权发明专利平均发明人数达到了 6.89 人次 / 件，远高于其他竞争者，该数据高于中国每授权发明专利平均发明人数 3.80 人次 / 件（见图 2-4），表明国家电网每件授权发明专利平均投入的科研人员数量较多，研究密集程度较高；其后是浙江大学 5.92 人次 / 件、哈尔滨工业大学 4.67 人次 / 件、北京航空航天大学 4.40 人次 / 件、东南大学 3.60 人次 / 件、三菱电机 3.15 人次 / 件、电装株式会社 2.41 人次 / 件、西门子 2.30 人次 / 件、佳能 2.18 人次 / 件、爱普生 1.78 人次 / 件。可见，入围测量领域授权发明专利前十的竞争者，中国竞争者每件授权发明专利平均投入的科研人员数量较多，研究密集程度较高，而外国竞争者每件授权发明专利平均投入的科研人员数量相对较少，研究密集程度相对较低。

2. 全球潜在技术创新热点领域中十强竞争者技术创新情况

（1）生物技术领域十强竞争者技术创新情况

如表 3-13 所示，从授权发明专利数量来看，两个美国竞争者孟山都和先锋国际良种公司的发明专利授权量分列前两位，分别为 527 件、507 件；其后是江南大学 420 件、韩国农村振兴厅 339 件、浙江大学 265 件、中国农业大学 264 件、华中农业大学 246 件、辛根塔 244 件、韩国生命工学研究院 204 件、南京农业大学 186 件。可见，入围生物技术领域授权发明专利前十的竞争者，其授权发明专利数量差距不大，技术创新能力相差不大。

从研发人员规模来看，浙江大学的发明人总数达到 1 183 人，远高于其他竞争者，其拥有庞大的科研人员规模；其余竞争者发明人总数均不超过 800 人，依次为韩国农村振兴厅 734 人、中国农业大学 729 人、华中农业大学 660 人、江南大学 638 人、南京农业大学 539 人、韩国生命工学研究院 477 人、孟山都 397 人、先锋国际良种公司 376 人、辛根塔 187 人。可见，高校竞争者的科研人员规模普遍较大。

从研发效率来看，先锋国际良种公司、孟山都、辛根塔的每发明人平均发明专利授权量均高于 1 件 / 人，分别为 1.35 件 / 人、1.32 件 / 人、1.30 件 / 人，他们的平均有效创新效率较高；

其余竞争者的每发明人平均发明专利授权量均不足1件/人，分别为江南大学0.66件/人、韩国农村振兴厅0.46件/人、韩国生命工学研究院0.43件/人、华中农业大学0.37件/人、中国农业大学0.36件/人、南京农业大学0.35件/人、浙江大学0.22件/人。可见，高校竞争者的平均有效创新效率较低。

表3-13 2012~2015年生物技术领域全球十强竞争者技术创新情况

竞争者	授权量/件	发明人总数/人	每发明人平均发明专利授权量/（件/人）	每授权发明专利平均发明人数/（人次/件）
孟山都	527	397	1.32	2.69
先锋国际良种公司	507	376	1.35	2.58
江南大学	420	638	0.66	5.07
韩国农村振兴厅	339	734	0.46	6.26
浙江大学	265	1 183	0.22	8.85
中国农业大学	264	729	0.36	5.73
华中农业大学	246	660	0.37	5.08
辛根塔	244	187	1.30	1.89
韩国生命工学研究院	204	477	0.43	5.04
南京农业大学	186	539	0.35	5.72

从专利的研究密集程度来看，浙江大学的每授权发明专利平均发明人数达到了8.85人次/件，远高于其他竞争者，该数据远高于中国每授权发明专利平均发明人数3.80人次/件（见图2-4），表明浙江大学每件授权发明专利平均投入的科研人员数量较多，研究密集程度较高；其后是韩国农村振兴厅6.26人次/件、中国农业大学5.73人次/件、南京农业大学5.72人次/件、华中农业大学5.08人次/件、江南大学5.07人次/件、韩国生命工学研究院5.04人次/件、孟山都2.69人次/件、先锋国际良种公司2.58人次/件、辛根塔1.89人次/件。可见，高校竞争者每件授权发明专利平均投入的科研人员数量较多，研究密集程度较高。

（2）食品化学领域十强竞争者技术创新情况

如表3-14所示，从授权发明专利数量来看，俄罗斯个人竞争者KVASENKOV OLEG IVANOVICH排名第一，高达8834件，远远高于其他竞争者，是位列第十的浙江大学的40倍多；其后是另一俄罗斯个人竞争者AKHMEDOV MAGOMED EHMINOVICH，为945件；之后分别为孟山都651件、先锋国际良种公司598件、雀巢374件、辛根塔283件、韩国农村振兴厅254件、韩国食品研究院239件、江南大学236件、浙江大学217件。

从研发人员规模来看，浙江大学的发明人总数为955人，科研人员规模较大；其后是韩国农村振兴厅715人、雀巢658人、江南大学483人、韩国食品研究院348人、孟山都336人、先锋国际良种公司333人、辛根塔169人、KVASENKOV OLEG IVANOVICH 111人、AKHMEDOV MAGOMED EHMINOVICH 43人。可见，入围食品化学领域授权发明专利前十的竞争者，两个俄罗斯个人竞争者的科研人员规模较小。

从研发效率来看，两个俄罗斯个人竞争者 KVASENKOV OLEG IVANOVICH、AKHMEDOV MAGOMED EHMINOVICH 的每发明人平均发明专利授权量高达 79.59 件 / 人、21.98 件 / 人，远远高于其他竞争者，两个个人竞争者的平均有效创新效率高。其余竞争者的每发明人平均发明专利授权量均不足 2 件 / 人，分别为孟山都 1.93 件 / 人、先锋国际良种公司 1.80 件 / 人、辛根塔 1.67 件 / 人、韩国食品研究院 0.69 件 / 人、雀巢 0.57 件 / 人、江南大学 0.49 件 / 人、韩国农村振兴厅 0.36 件 / 人、浙江大学 0.23 件 / 人。

表3-14　2012~2015年食品化学领域全球十强竞争者技术创新情况

竞争者	授权量/件	发明人总数/人	每发明人平均发明专利授权量/（件/人）	每授权发明专利平均发明人数/（人次/件）
KVASENKOV OLEG IVANOVICH	8 834	111	79.59	1.32
AKHMEDOV MAGOMED EHMINOVICH	945	43	21.98	3.48
孟山都	651	336	1.93	2.43
先锋国际良种公司	598	333	1.80	2.42
雀巢	374	658	0.57	3.67
辛根塔	283	169	1.67	1.76
韩国农村振兴厅	254	715	0.36	7.17
韩国食品研究院	239	348	0.69	6.12
江南大学	236	483	0.49	5.12
浙江大学	217	955	0.23	8.40

从专利的研究密集程度来看，浙江大学的每授权发明专利平均发明人数达到了 8.40 人次 / 件，远高于其他竞争者，该数据远高于中国每授权发明专利平均发明人数 3.80 人次 / 件（见图 2-4），表明浙江大学每件授权发明专利平均投入的科研人员数量较多，研究密集程度较高；其后是韩国农村振兴厅 7.17 人次 / 件、韩国食品研究院 6.12 人次 / 件、江南大学 5.12 人次 / 件、雀巢 3.67 人次 / 件、AKHMEDOV MAGOMED EHMINOVICH 3.48 人次 / 件、孟山都 2.43 人次 / 件、先锋国际良种公司 2.42 人次 / 件、辛根塔 1.76 人次 / 件、KVASENKOV OLEG IVANOVICH 1.32 人次 / 件。

（3）环境技术领域十强竞争者技术创新情况

如表 3-15 所示，从授权发明专利数量来看，丰田汽车排名第一，为 712 件；其余竞争者的发明专利授权量均不足 500 件，分别为中石化 491 件、现代汽车 344 件、三菱重工 318 件、阿尔斯通科技 283 件、北京科技大学 283 件、KOCHETOV OLEG SAVEL EVICH 273 件、浙江大学 258 件、富士胶片 254 件、南京大学 234 件。可见，入围环境技术领域授权发明专利前十的竞争者，其授权发明专利数量差异不大。

表3-15　2012~2015年环境技术领域全球十强竞争者技术创新情况

竞争者	授权量/件	发明人总数/人	每发明人平均发明专利授权量/（件/人）	每授权发明专利平均发明人数/（人次/件）
丰田汽车	712	213	0.63	2.87
中石化	491	899	0.55	5.02
现代汽车	344	317	1.05	2.21
三菱重工	318	307	0.66	4.32
阿尔斯通科技	283	246	1.14	2.21
北京科技大学	283	408	0.69	6.83
KOCHETOV OLEG SAVEL EVICH	273	29	9.41	2.70
浙江大学	258	1 152	0.22	8.75
富士胶片	254	104	0.99	2.73
南京大学	234	1 050	0.22	8.45

从研发人员规模来看，两个中国高校竞争者浙江大学和南京大学的发明人数量均超过千人，分别为 1 152 人、1 050 人，高于其他竞争者，两所高校的科研人员规模较大；其余竞争者的发明人数量均不足 900 人，分别为中石化 899 人、北京科技大学 408 人、现代汽车 317 人、三菱重工 307 人、阿尔斯通科技 246 人、丰田汽车 213 人、富士胶片 104 人、KOCHETOV OLEG SAVEL EVICH 29 人。可见，入围环境技术领域授权发明专利前十的竞争者，中国竞争者较外国竞争者的科研人员规模较大。

从研发效率来看，俄罗斯个人竞争者 KOCHETOV OLEG SAVEL EVICH 的每发明人平均发明专利授权量高达 9.41 件 / 人，远远高于其他竞争者，平均有效创新效率较高；其后为阿尔斯通科技 1.14 件 / 人、现代汽车 1.05 件 / 人、富士胶片 0.99 件 / 人、北京科技大学 0.69 件 / 人、三菱重工 0.66 件 / 人、丰田汽车 0.63 件 / 人、中石化 0.55 件 / 人、浙江大学 0.22 件 / 人、南京大学 0.22 件 / 人。

从专利的研究密集程度来看，三个高校竞争者浙江大学、南京大学、北京科技大学的每授权发明专利平均发明人数分别达 8.75 人次 / 件、8.45 人次 / 件、6.83 人次 / 件，高于其他竞争者，该数据远高于中国每授权发明专利平均发明人数 3.80 人次 / 件（见图 2-4），表明三个高校竞争者每件授权发明专利平均投入的科研人员数量较多，研究密集程度较高；其后为中石化 5.02 人次 / 件、三菱重工 4.32 人次 / 件、丰田汽车 2.87 人次 / 件、富士胶片 2.73 人次 / 件、KOCHETOV OLEG SAVEL EVICH 2.70 人次 / 件、阿尔斯通科技 2.21 人次 / 件、现代汽车 2.21 人次 / 件。可见，入围环境技术领域授权发明专利前十的竞争者，每件授权发明专利平均投入的科研人员数量均较多，研究密集程度均较高，高校优势更为明显。

（4）热工过程和设备领域十强竞争者技术创新情况

热工过程和设备领域授权发明专利排名前十的竞争者中，日本竞争者占据七个席位。如表

3-16 所示，从授权发明专利数量来看，两个日本竞争者三菱电机和大金工业位列前两位，分别达 1 404 件、1 163 件；其余竞争者的发明专利授权量均不足 600 件，依次为松下 570 件、林内株式会社 496 件、LG 电子 495 件、珠海格力电器 431 件、浦项 422 件、三菱重工 330 件、夏普 325 件、日立空调 298 件。

表3-16　2012~2015年热工过程和设备领域全球十强竞争者技术创新情况

竞争者	授权量/件	发明人总数/人	每发明人平均发明专利授权量/（件/人）	每授权发明专利平均发明人数/（人次/件）
三菱电机	1 404	669	0.71	3.46
大金工业	1 163	529	1.14	2.94
松下	570	394	0.44	4.09
林内株式会社	496	176	1.27	1.89
LG电子	495	713	0.68	3.10
珠海格力电器	431	693	0.62	4.51
浦项	422	655	0.64	2.67
三菱重工	330	257	0.53	3.58
夏普	325	164	0.76	2.17
日立空调	298	203	0.45	3.98

从研发人员规模来看，LG 电子的发明人总数为 713 人，科研人员规模相对较大；其后为珠海格力电器 693 人、三菱电机 669 人、浦项 655 人、大金工业 529 人、松下 394 人、三菱重工 257 人、日立空调 203 人、林内株式会社 176 人、夏普 164 人。可见，入围热工过程和设备授权发明专利前十的竞争者，科研人员规模均不足千人，尤其是两个日本竞争者林内株式会社和夏普，科研人员均不足 200 人。

从研发效率来看，日本竞争者林内株式会社、大金工业的每发明人平均发明专利授权量超过 1 件 / 人，分别为 1.27 件 / 人、1.14 件 / 人，两个竞争者的平均有效创新效率较高；其余竞争者的每发明人平均发明专利授权量均不足 0.8 件 / 人，分别为夏普 0.76 件 / 人、三菱电机 0.71 件 / 人、LG 电子 0.68 件 / 人、浦项 0.64 件 / 人、珠海格力电器 0.62 件 / 人、三菱重工 0.53 件 / 人、日立空调 0.45 件 / 人、松下 0.44 件 / 人。

从专利的研究密集程度来看，中国竞争者珠海格力电器的每授权发明专利平均发明人数高于其他竞争者，为 4.51 人次 / 件，该数据高于中国每授权发明专利平均发明人数 3.80 人次 / 件（见图 2-4），表明珠海格力电器每件授权发明专利平均投入的科研人员数量较多，研究密集程度较高；其后为松下 4.09 人次 / 件、日立空调 3.98 人次 / 件、三菱重工 3.58 人次 / 件、三菱电机 3.46 人次 / 件、LG 电子 3.1 人次 / 件、大金工业 2.94 人次 / 件、浦项 2.67 人次 / 件、夏普 2.17 人次 / 件、林内株式会社 1.89 人次 / 件。

五、其他全球技术创新方向中十强竞争者的技术创新情况

（1）有机精细化学领域十强竞争者技术创新情况

如表 3-17 所示，从授权发明专利数量来看，中石化排名第一，高达 1 750 件，是位列第十的拜耳知识产权有限责任公司的 6 倍多；其后是欧莱雅，达 1 116 件；其余竞争者的授权发明专利数量均不足 900 件，依次为巴斯福 817 件、高露洁 - 棕榄公司 522 件、花王 506 件、住友化学 318 件、环球油品 314 件、浙江大学 308 件、LG 化学 289 件、拜耳知识产权有限责任公司 265 件。

表3-17 2012~2015年有机精细化学领域全球十强竞争者技术创新情况

竞争者	授权量/件	发明人总数/人	每发明人平均发明专利授权量/（件/人）	每授权发明S专利平均发明人数/（人次/件）
中石化	1 750	1 851	0.94	5.08
欧莱雅	1 116	671	1.66	2.32
巴斯福	817	1 781	0.45	5.37
高露洁-棕榄公司	522	506	1.03	4.10
花王	506	385	0.55	2.86
住友化学	318	292	0.75	2.56
环球油品	314	259	1.20	3.36
浙江大学	308	1 224	0.25	8.62
LG化学	289	478	0.59	5.32
拜耳知识产权有限责任公司	265	524	0.51	5.93

从研发人员规模来看，中石化、巴斯福、浙江大学的发明人总数分别为 1 851 人、1 781 人、1 224 人，分列前三位，三个竞争者均拥有庞大的科研人员规模；其后是欧莱雅 671 人、拜耳知识产权有限责任公司 524 人、高露洁 - 棕榄公司 506 人、LG 化学 478 人、花王 385 人、住友化学 292 人、环球油品 259 人。可见，入围有机精细化学领域授权发明专利前十的竞争者，除排列前三位的竞争者拥有较多的科研人员外，其他竞争者的科研人员规模均相对较小。

从研发效率来看，欧莱雅、环球油品、高露洁 - 棕榄公司的每发明人平均发明专利授权量均高于 1 件 / 人，分别为 1.66 件 / 人、1.20 件 / 人、1.03 件 / 人，三家外国企业的平均有效创新效率较高；其后是中石化 0.94 件 / 人、住友化学 0.75 件 / 人、LG 化学 0.59 件 / 人、花王 0.55 件 / 人、拜耳知识产权有限责任公司 0.51 件 / 人、巴斯福 0.45 件 / 人、浙江大学 0.25 件 / 人。

从专利的研究密集程度来看，十强中唯一的高校竞争者浙江大学的每授权发明专利平均发明人数达到了 8.62 人次 / 件，远高于其他竞争者，该数据远高于中国每授权发明专利平均发明人数 3.80 人次 / 件（见图 2-4），表明浙江大学每件授权发明专利平均投入的科研人员数量较多，

研究密集程度较高；其后是拜耳知识产权有限责任公司 5.93 人次 / 件、巴斯福 5.37 人次 / 件、LG 化学 5.32 人次 / 件、中石化 5.08 人次 / 件、高露洁 - 棕榄公司 4.10 人次 / 件、环球油品 3.36 人次 / 件、花王 2.86 人次 / 件、住友化学 2.56 人次 / 件、欧莱雅 2.32 人次 / 件。

（2）高分子化学 / 聚合物领域十强竞争者技术创新情况

如表 3-18 所示，从授权发明专利数量来看，中石化排名第一，为 1 006 件，是位列第十的北欧化工公司的 2 倍多；其后是巴斯福，为 950 件；LG 化学位列第三，为 867 件；之后分别是信越化学 744 件、陶氏环球技术有限责任公司 617 件、普利司通 551 件、富士胶片 483 件、住友橡胶工业株式会社 483 件、第一毛织株式会社 446 件、北欧化工公司 443 件。

表3-18　2012~2015年高分子化学/聚合物领域全球十强竞争者技术创新情况

竞争者	授权量/件	发明人总数/人	每发明人平均发明专利授权量/（件/人）	每授权发明专利平均发明人数/（人次/件）
中石化	1 006	1 591	0.63	7.10
巴斯福	950	1 772	0.53	4.31
LG化学	867	1 062	0.80	4.74
信越化学	744	345	1.33	2.77
陶氏环球技术有限责任公司	617	1 117	0.51	4.07
普利司通	551	323	1.15	2.39
富士胶片	483	302	0.66	3.34
住友橡胶工业株式会社	483	122	1.48	2.07
第一毛织株式会社	446	687	0.64	4.81
北欧化工公司	443	465	0.95	3.99

从研发人员规模来看，巴斯福和中石化的发明人总数分别达到 1 772 人、1 591 人，远高于其他竞争者，两家公司均拥有庞大的科研人员规模；其后是陶氏环球技术有限责任公司 1 117 人、LG 化学 1 062 人、第一毛织株式会社 687 人、北欧化工公司 465 人、信越化学 345 人、普利司通 323 人、富士胶片 302 人、住友橡胶工业株式会社 122 人。可见，入围高分子化学 / 聚合物领域授权发明专利前十的竞争者，科研人员规模差异较大，如巴斯福发明人总数高达 1 772 人，住友橡胶工业株式会社发明人仅有 122 人。

从研发效率来看，三家日本竞争者住友橡胶工业株式会社、信越化学、普利司通的每发明人平均发明专利授权量均高于 1 件 / 人，分别为 1.48 件 / 人、1.33 件 / 人、1.15 件 / 人，平均有效创新效率较高；其余竞争者的每发明人平均发明专利授权量均不足 1 件 / 人，分别为北欧化工公司 0.95 件 / 人、LG 化学 0.80 件 / 人、富士胶片 0.66 件 / 人、第一毛织株式会社 0.64 件 / 人、中石化 0.63 件 / 人、巴斯福 0.53 件 / 人、陶氏环球技术有限责任公司 0.51 件 / 人。

从专利的研究密集程度来看，中石化的每授权发明专利平均发明人数达到了 7.10 人次 / 件，远高于其他竞争者，该数据远高于中国每授权发明专利平均发明人数 3.80 人次 / 件（见图 2-4），表明中石化每件授权发明专利平均投入的科研人员数量较多，研究密集程度较高；其后是第一毛织株式会社 4.81 人次 / 件、LG 化学 4.74 人次 / 件、巴斯福 4.31 人次 / 件、陶氏环球技术有限责任公司 4.07 人次 / 件、北欧化工公司 3.99 人次 / 件、富士胶片 3.34 人次 / 件、信越化学 2.77 人次 / 件、普利司通 2.39 人次 / 件、住友橡胶工业株式会社 2.07 人次 / 件。

（3）基础材料化学领域十强竞争者技术创新情况

如表 3-19 所示，从授权发明专利数量来看，十强中唯一的中国竞争者中石化排名第一，高达 2 123 件，是位列第十的浦项的近 5 倍；其余竞争者的发明专利授权量均不足 900 件，依次为巴斯福 872 件、富士胶片 654 件、ZAKHAROV JURIJ VASIL EVICH 601 件、日东电工 559 件、大日本油墨化学工业株式会社 492 件、LG 化学 489 件、住友化学 474 件、陶氏益农公司 467 件、浦项 431 件。

表3-19　2012~2015年基础材料化学领域全球十强竞争者技术创新情况

竞争者	授权量/件	发明人总数/人	每发明人平均发明专利授权量/（件/人）	每授权发明专利平均发明人数/（人次/件）
中石化	2 123	2 475	0.86	5.74
巴斯福	872	1 840	0.47	5.04
富士胶片	654	356	0.85	2.81
ZAKHAROV JURIJ VASIL EVICH	601	1	601.00	1.00
日东电工	559	523	0.68	3.95
大日本油墨化学工业株式会社	492	275	1.26	3.39
LG化学	489	663	0.72	4.90
住友化学	474	287	1.23	2.23
陶氏益农公司	467	654	0.70	5.25
浦项	431	588	0.73	2.79

从研发人员规模来看，中石化的发明人总数为 2 475 人，拥有庞大的科研人员规模；其后是巴斯福，发明人总数为 1 840 人；其余竞争者的发明人总数均不足 700 件，依次为 LG 化学 663 人、陶氏益农公司 654 人、浦项 588 人、日东电工 523 人、富士胶片 356 人、住友化学 287 人、大日本油墨化学工业株式会社 275 人、ZAKHAROV JURIJ VASIL EVICH 1 人。可见，俄罗斯个人竞争者的科研人员规模较小。

从研发效率来看，俄罗斯个人竞争者 ZAKHAROV JURIJ VASIL EVICH 的每发明人平均发明专利授权量高达 601 件 / 人，远远高于其他竞争者，平均有效创新效率高；其后是大日本油墨化学工业株式会社 1.26 件 / 人、住友化学 1.23 件 / 人、中石化 0.86 件 / 人、富士胶片 0.85 件 / 人、浦项 0.73 件 / 人、LG 化学 0.72 件 / 人、陶氏益农公司 0.70 件 / 人、日东电工 0.68 件 / 人、巴斯福 0.47 件 / 人。

从专利的研究密集程度来看，中石化、陶氏益农公司、巴斯福的每授权发明专利平均发明人数均超过 5 人次 / 件，分别为 5.74 人次 / 件、5.25 人次 / 件、5.04 人次 / 件，分列前三位，三家公司每件授权发明专利平均投入的科研人员数量较多,研究密集程度较高；其后是 LG 化学 4.90 人次 / 件、日东电工 3.95 人次 / 件、大日本油墨化学工业株式会社 3.39 人次 / 件、富士胶片 2.81 人次 / 件、浦项 2.79 人次 / 件、住友化学 2.23 人次 / 件、ZAKHAROV JURIJ VASIL EVICH 1.00 人次 / 件。

（4）材料 / 冶金领域十强竞争者技术创新情况

如表 3-20 所示，从授权发明专利数量来看，韩国竞争者浦项排名第一，达 2 447 件，是位列第十的住友金属矿山株式会社的 5 倍多；其后是日本竞争者杰富意钢铁，为 1 781 件；俄罗斯个人竞争者 SHCHEPOCHKINA JULIJA ALEKSEEVNA 位列第三，达到 1 338 件；之后分别是新日铁住金株式会社 1 179 件、现代制铁 995 件、神户制钢 796 件、吉坤日矿日石金属株式会社 510 件、中石化 472 件、中南大学 436 件、住友金属矿山株式会社 427 件。

表3-20　2012~2015年材料/冶金领域全球十强竞争者技术创新情况

竞争者	授权量/件	发明人总数/人	每发明人平均发明专利授权量/（件/人）	每授权发明专利平均发明人数/（人次/件）
浦项	2 447	2 376	1.03	3.01
杰富意钢铁	1 781	833	1.16	3.68
SHCHEPOCHKINA JULIJA ALEKSEEVNA	1 338	12	111.50	1.02
新日铁住金株式会社	1 179	924	0.77	4.28
现代制铁	995	544	1.83	2.69
神户制钢	796	412	0.92	3.21
吉坤日矿日石金属株式会社	510	168	2.05	1.98
中石化	472	856	0.55	5.28
中南大学	436	1 130	0.39	5.95
住友金属矿山株式会社	427	206	1.06	3.29

从研发人员规模来看，浦项的发明人总数为 2 376 人，远高于其他竞争者，其拥有庞大的科研人员规模；其后是中南大学 1 130 人、新日铁住金株式会社 924 人、中石化 856 人、杰富意钢铁 833 人、现代制铁 544 人、神户制钢 412 人、住友金属矿山株式会社 206 人、吉坤日矿日石金属株式会社 168 人、SHCHEPOCHKINA JULIJA ALEKSEEVNA 12 人。可见，入围材料 / 冶金领域授权发明专利前十的竞争者，科研人员规模差异较为悬殊，最高的达 2 376 人，最少的仅为 12 人。

从研发效率来看，俄罗斯个人竞争者 SHCHEPOCHKINA JULIJA ALEKSEEVNA 的每发明人平均发明专利授权量高达 111.5 件 / 人，远远高于其他竞争者，平均有效创新效率高；其后是吉坤日矿日石金属株式会社 2.05 件 / 人、现代制铁 1.83 件 / 人、杰富意钢铁 1.16 件 / 人、住友金属矿山株式会社 1.06 件 / 人、浦项 1.03 件 / 人、神户制钢 0.92 件 / 人、新日铁住金株式会社 0.77 件 / 人、中石化 0.55 件 / 人、中南大学 0.39 件 / 人。可见，两个中国竞争者中石化和中南大学的平均有效创新效率较低。

从专利的研究密集程度来看，中南大学和中石化的每授权发明专利平均发明人数均超过 5 人次 / 件，分别为 5.95 人次 / 件、5.28 人次 / 件，分列前两位，该数据高于中国每授权发明专利平均发明人数 3.80 人次 / 件（见图 2-4），表明中南大学和中石化每件授权发明专利平均投入的科研人员数量较多，研究密集程度较高；其后是新日铁住金株式会社 4.28 人次 / 件、杰富意钢铁 3.68 人次 / 件、住友金属矿山株式会社 3.29 人次 / 件、神户制钢 3.21 人次 / 件、浦项 3.01 人次 / 件、现代制铁 2.69 人次 / 件、吉坤日矿日石金属株式会社 1.98 人次 / 件、SHCHEPOCHKINA JULIJA ALEKSEEVNA 1.02 人次 / 件。

（5）化学工程领域十强竞争者技术创新情况

如表 3-21 所示，从授权发明专利数量来看，中石化排名第一，高达 1 948 件，是位列第十的南京大学的近 9 倍；其余竞争者均不足 400 件，分别为巴斯福 350 件、浙江大学 319 件、韩国能源技术研究院 295 件、LG 化学 275 件、环球油品 271 件、东京电子 258 件、浦项 256 件、江苏大学 247 件、南京大学 223 件。

表3-21 2012~2015年化学工程领域全球十强竞争者技术创新情况

竞争者	授权量/件	发明人总数/人	每发明人平均发明专利授权量/（件/人）	每授权发明专利平均发明人数/（人次/件）
中石化	1 948	2 075	0.94	5.30
巴斯福	350	961	0.36	5.03
浙江大学	319	1 423	0.22	7.97
韩国能源技术研究院	295	514	0.57	5.84
LG化学	275	438	0.63	4.77
环球油品	271	338	0.79	3.10
东京电子	258	329	0.49	3.42
浦项	256	551	0.46	3.62
江苏大学	247	634	0.39	5.80
南京大学	223	1 158	0.19	8.55

从研发人员规模来看，中石化的发明人总数为 2 075 人，远高于其他竞争者，其拥有庞大的科研人员规模；两个高校竞争者浙江大学、南京大学的发明人总数分别为 1 423 人、1 158 人，分列第二位、第三位；其余竞争者的发明人总数均不足千人，分别为巴斯福 961 人、江苏

大学 634 人、浦项 551 人、韩国能源技术研究院 514 人、LG 化学 438 人、环球油品 338 人、东京电子 329 人。

从研发效率来看，十强竞争者的每发明人平均发明专利授权量均不足 1 件 / 人，其中中石化的每发明人平均发明专利授权量为 0.94 件 / 人，平均有效创新效率较高；其后为环球油品 0.79 件 / 人、LG 化学 0.63 件 / 人、韩国能源技术研究院 0.57 件 / 人、东京电子 0.49 件 / 人、浦项 0.46 件 / 人、江苏大学 0.39 件 / 人、巴斯福 0.36 件 / 人、浙江大学 0.22 件 / 人、南京大学 0.19 件 / 人。

从专利的研究密集程度来看，两个高校竞争者南京大学和浙江大学的每授权发明专利平均发明人数分别达 8.55 人次 / 件、7.97 人次 / 件，远高于其他竞争者，该数据远高于中国每授权发明专利平均发明人数 3.80 人次 / 件（见图 2-4），表明南京大学和浙江大学每件授权发明专利平均投入的科研人员数量较多，研究密集程度较高；其后为韩国能源技术研究院 5.84 人次 / 件、江苏大学 5.80 人次 / 件、中石化 5.30 人次 / 件、巴斯福 5.03 人次 / 件、LG 化学 4.77 人次 / 件、浦项 3.62 人次 / 件、东京电子 3.42 人次 / 件、环球油品 3.10 人次 / 件。可见，入围化学工程领域授权发明专利前十的竞争者，其每件授权发明专利平均投入的科研人员数量均较多，研究密集程度均较高，而高校和科研机构优势更为显著。

（6）机床领域十强竞争者技术创新情况

如表 3-22 所示，从授权发明专利数量来看，韩国竞争者浦项排名第一，为 1 243 件，是位列第十的三菱综合材料株式会社的 4 倍多；其余竞争者的发明专利授权量均不足 800 件，依次为现代制铁 795 件、杰富意钢铁 748 件、新日铁住金株式会社 580 件、牧田株式会社 510 件、神户制钢 474 件、博世 378 件、本田汽车 378 件、宝山钢铁 293 件、三菱综合材料株式会社 286 件。

表3-22　2012~2015年机床领域全球十强竞争者技术创新情况

竞争者	授权量/件	发明人总数/人	每发明人平均发明专利授权量/（件/人）	每授权发明专利平均发明人数/（人次/件）
浦项	1 243	1 230	1.01	2.52
现代制铁	795	449	1.77	2.67
杰富意钢铁	748	467	0.68	3.57
新日铁住金株式会社	580	555	0.68	3.85
牧田株式会社	510	297	1.06	2.23
神户制钢	474	285	0.75	3.27
博世	378	516	0.73	2.34
本田汽车	378	442	0.44	3.05
宝山钢铁	293	613	0.48	4.05
三菱综合材料株式会社	286	156	0.56	2.92

从研发人员规模来看，浦项的发明人数量超过千人，达 1 230 人，其科研人员规模较大；其

余竞争者的发明人总数均不足 700 人，分别为宝山钢铁 613 人、新日铁住金株式会社 555 人、博世 516 人、杰富意钢铁 467 人、现代制铁 449 人、本田汽车 442 人、牧田株式会社 297 人、神户制钢 285 人、三菱综合材料株式会社 156 人。可见，入围机床领域授权发明专利前十的竞争者，科研人员规模差异较大。

从研发效率来看，现代制铁、牧田株式会社、浦项的每发明人平均发明专利授权量均高于 1 件 / 人，为 1.77 件 / 人、1.06 件 / 人、1.01 件 / 人，高于其他竞争者，三个竞争者的平均有效创新效率较高；其余竞争者的每发明人平均发明专利授权量均不足 0.8 件 / 人，分别为神户制钢 0.75 件 / 人、博世 0.73 件 / 人、新日铁住金株式会社 0.68 件 / 人、杰富意钢铁 0.68 件 / 人、三菱综合材料株式会社 0.56 件 / 人、宝山钢铁 0.48 件 / 人、本田汽车 0.44 件 / 人。

从专利的研究密集程度来看，中国竞争者宝山钢铁的每授权发明专利平均发明人数为 4.05 人次 / 件，该数据高于中国每授权发明专利平均发明人数 3.80 人次 / 件（见图 2-4），表明宝山钢铁每件授权发明专利平均投入的科研人员数量较多，研究密集程度较高；其后为新日铁住金株式会社 3.85 人次 / 件、杰富意钢铁 3.57 人次 / 件、神户制钢 3.27 人次 / 件、本田汽车 3.05 人次 / 件、三菱综合材料株式会社 2.92 人次 / 件、现代制铁 2.67 人次 / 件、浦项 2.52 人次 / 件、博世 2.34 人次 / 件、牧田株式会社 2.23 人次 / 件。可见，入围机床领域授权发明专利前十的竞争者，其每件授权发明专利平均投入的科研人员数量均较多，研究密集程度均较高。

（7）其他专用机械领域十强竞争者技术创新情况

其他专用机械领域授权发明专利排名前十的竞争者中，日本竞争者占据七个席位。如表 3-23 所示，从授权发明专利数量来看，前四席位均被日本竞争者占据，分别为井关农机株式会社 465 件、三星钻石 449 件、久保田株式会社 439 件、普利司通 438 件；其后为 LG 化学 364 件、东丽 355 件、富士胶片 354 件、住友橡胶工业株式会社 339 件、康宁 300 件、国防科学研究所 293 件。可见，入围其他专用机械领域授权发明专利前十的竞争者，授权发明专利数量差异不大，整体来看日本竞争者的技术创新优势明显。

从研发人员规模来看，两个韩国竞争者 LG 化学、国防科学研究所以及一个美国竞争者康宁的发明人总数占据前三位，分别为 714 人、572 人、516 人，三家公司的科研人员规模较大；其余七个日本竞争者的发明人总数均不超 350 人，依次为东丽 348 人、富士胶片 256 人、久保田株式会社 246 人、井关农机株式会社 229 人、普利司通 216 人、三星钻石 121 人、住友橡胶工业株式会社 100 人。可见，入围其他专用机械领域授权发明专利前十的竞争者，日本竞争者的科研人员规模较小。

从研发效率来看，日本竞争者三星钻石、住友橡胶工业株式会社的每发明人平均发明专利授权量超过 1 件 / 人，分别为 2.35 件 / 人、1.17 件 / 人，两个竞争者的平均有效创新效率较高；其余竞争者的每发明人平均发明专利授权量均不足 0.9 件 / 人，分别为普利司通 0.83 件 / 人、东丽 0.68 件 / 人、富士胶片 0.62 件 / 人、井关农机株式会社 0.55 件 / 人、康宁 0.51 件 / 人、国防科学研究所 0.51 件 / 人、LG 化学 0.5 件 / 人、久保田株式会社 0.36 件 / 人。

表3-23　2012~2015年其他专用机械领域全球十强竞争者技术创新情况

竞争者	授权量/件	发明人总数/人	每发明人平均发明专利授权量/（件/人）	每授权发明专利平均发明人数/（人次/件）
井关农机株式会社	465	229	0.55	4.96
三星钻石	449	121	2.35	2.19
久保田株式会社	439	246	0.36	5.79
普利司通	438	216	0.83	1.99
LG化学	364	714	0.50	4.64
东丽	355	348	0.68	3.70
富士胶片	354	256	0.62	2.53
住友橡胶工业株式会社	339	100	1.17	1.50
康宁	300	516	0.51	3.21
国防科学研究所	293	572	0.51	3.28

从专利的研究密集程度来看，两个日本竞争者久保田株式会社、井关农机株式会社以及一个韩国竞争者 LG 化学的每授权发明专利平均发明人数位列前三，分别为 5.79 人次 / 件、4.96 人次 / 件、4.64 人次 / 件，表明三个公司每件授权发明专利平均投入的科研人员数量较多，研究密集程度较高，该数据均高于日本、韩国每授权发明专利平均发明人数 2.68 人次 / 件、2.61 人次 / 件（见图 2-4），表明三个公司的研究密集程度均高于本国平均水平；其余依次为东丽 3.70 人次 / 件、国防科学研究所 3.28 人次 / 件、康宁 3.21 人次 / 件、富士胶片 2.53 人次 / 件、三星钻石 2.19 人次 / 件、普利司通 1.99 人次 / 件、住友橡胶工业株式会社 1.50 人次 / 件。

（8）土木工程领域十强竞争者技术创新情况

如表 3-24 所示，从授权发明专利数量来看，美国竞争者哈里伯顿能源服务公司排名第一，为 1 054 件，是位列第十的中国石油天然气的 3 倍多；其余竞争者的发明专利授权量均不足 800 件，依次为 TATNEFT IM V D SHASHINA AOOT 735 件、小松制作所 728 件、贝克休斯公司 593 件、日立建机 471 件、中国矿业大学 460 件、三星重工业株式会社 444 件、韩国建筑技术研究院 377 件、东陶机器株式会社 339 件、中国石油天然气 317 件。

从研发人员规模来看，中国竞争者中国石油天然气的发明人总数达 1 579 人，其拥有较大的科研人员规模；其后为中国矿业大学 1 093 人、哈里伯顿能源服务公司 1 062 人、贝克休斯公司 822 人、TATNEFT IM V D SHASHINA AOOT 602 人、三星重工业株式会社 540 人、小松制作所 478 人、韩国建筑技术研究院 342 人、日立建机 269 人、东陶机器株式会社 183 人。可见，入围土木工程领域授权发明专利前十的竞争者，科研人员规模差异较大，科研人员最多的达 1 579 人，最少的不足 200 人。

表3-24　2012~2015年土木工程领域全球十强竞争者技术创新情况

竞争者	授权量/件	发明人总数/人	每发明人平均发明专利授权量/（件/人）	每授权发明专利平均发明人数/（人次/件）
哈里伯顿能源服务公司	1 054	1 062	0.99	2.57
TATNEFT IM V D SHASHINA AOOT	735	602	1.22	5.06
小松制作所	728	478	1.21	2.64
贝克休斯公司	593	822	0.72	2.68
日立建机	471	269	0.55	3.24
中国矿业大学	460	1 093	0.42	5.45
三星重工业株式会社	444	540	0.82	2.68
韩国建筑技术研究院	377	342	1.10	3.85
东陶机器株式会社	339	183	0.55	4.34
中国石油天然气	317	1 579	0.20	7.80

从研发效率来看，TATNEFT IM V D SHASHINA AOOT、小松制作所、韩国建筑技术研究院的每发明人平均发明专利授权量超过 1 件 / 人，分别为 1.22 件 / 人、1.21 件 / 人、1.10 件 / 人，三个竞争者的平均有效创新效率较高；其余竞争者的每发明人平均发明专利授权量均不足 1 件 / 人，分别为哈里伯顿能源服务公司 0.99 件 / 人、三星重工业株式会社 0.82 件 / 人、贝克休斯公司 0.72 件 / 人、日立建机 0.55 件 / 人、东陶机器株式会社 0.55 件 / 人、中国矿业大学 0.42 件 / 人、中国石油天然气 0.20 件 / 人。可见，入围土木工程领域授权发明专利前十的竞争者，中国竞争者的平均有效创新效率较低。

从专利的研究密集程度来看，中国石油天然气的每授权发明专利平均发明人数高于其他竞争者，达 7.80 人次 / 件，该数据远高于中国每授权发明专利平均发明人数 3.80 人次 / 件（见图 2-4），表明中国石油天然气每件授权发明专利平均投入的科研人员数量较多，研究密集程度较高；其后为中国矿业大学 5.45 人次 / 件、TATNEFT IM V D SHASHINA AOOT 5.06 人次 / 件、东陶机器株式会社 4.34 人次 / 件、韩国建筑技术研究院 3.85 人次 / 件、日立建机 3.24 人次 / 件、三星重工业株式会社 2.68 人次 / 件、贝克休斯公司 2.68 人次 / 件、小松制作所 2.64 人次 / 件、哈里伯顿能源服务公司 2.57 人次 / 件。

第三节　本章小结

1）全球竞争者中，日本竞争者实力雄厚，华为和中石化是中国籍最强竞争者，全球排名第十二位和第十七位；20 个技术领域授权发明专利排名前十的竞争者均为企业，佳能和国际商业机器公司的技术创新优势明显。

2）佳能的授权发明专利主要分布在光学、音像技术、计算机技术领域；国际商业机器公司的授权发明专利主要分布在计算机技术领域；东芝的授权发明专利主要分布在半导体、计算机技术领域；丰田汽车的授权发明专利主要分布在运输、电机 / 电气装置 / 电能、发动机 / 泵 / 涡轮机领域；KVASENKOV OLEG IVANOVICH 的授权发明专利主要分布在食品化学领域；高通的授权发明专利主要分布在数字通信领域；三菱电机的授权发明专利主要分布在电机 / 电气装置 / 电能领域；松下的授权发明专利主要分布在电机 / 电气装置 / 电能、音像技术、半导体领域；三星电子的授权发明专利主要分布在计算机技术、数字通信、音像技术领域；本田汽车的授权发明专利主要分布在运输领域。

3）35 个二级技术领域中，富士胶片等 16 家竞争者同时入围 5 个以上技术领域前十强，其中中国竞争者占据 2 个名额；富士胶片入围了音像技术、光学、医学技术等 9 个技术领域；佳能入围了音像技术、电信、计算机技术等 8 个技术领域；中国竞争者浙江大学和中石化分别入围了 7 个和 6 个技术领域。

4）35 个二级技术领域中，日本竞争者竞争实力强，其在机械工程领域和仪器领域优势明显，中国竞争者在生物技术、微观结构和纳米技术、测量领域表现出较强的竞争优势。

5）近年全球技术创新方向和创新热点领域中，电机 / 电气装置 / 电能、有机精细化学、食品化学、基础材料化学、材料 / 冶金、化学工程、热工过程和设备 7 个技术领域各十强竞争者的授权发明专利差距明显；食品化学、其他专用机械、热工过程和设备 3 个技术领域各十强竞争者的研发人员规模相对较小，发明人总数均不足千人；化学工程领域十强竞争者的平均有效创新效率较低，每发明人平均发明专利授权量不足 1 件 / 人；化学工程领域十强竞争者每件授权发明专利平均投入的科研人员数量较多，研究密集程度均较高，每授权发明专利平均发明人数均高于 3 人次 / 件。

第二篇　国内技术创新活动研究

本篇着眼于国内，研究2008~2015年我国专利创新活动。其中第四章和第五章以2008~2015年在中国公开和授权的发明专利作为研究基础，分析国内技术创新活动的方向和趋势，研究在华授权发明专利的国家布局情况；第六章和第七章以2012~2015年在中国授权的发明专利作为研究基础，研究全球主要国家和国内各省区市在国内技术创新活动中的表现，并识别各技术领域的主要竞争者，进一步分析主要竞争者的技术创新情况。

第四章　国内技术创新方向和创新热点

本章基于在中国公开的数百万件发明专利文献，分析 2008~2015 年国内整体和各领域的发明专利公开量变化趋势，识别国内技术创新方向、创新热点，并基于 2012~2015 年国内发明专利授权文献识别重点技术。

第一节　国内技术创新活动整体情况

本节分析 2008~2015 年中国发明专利的整体公开态势。

一、2008~2015 年国内发明专利公开态势

如图 4-1 所示，2008~2015 年，在中国公开的发明专利呈快速增长态势，2008 年公开量为

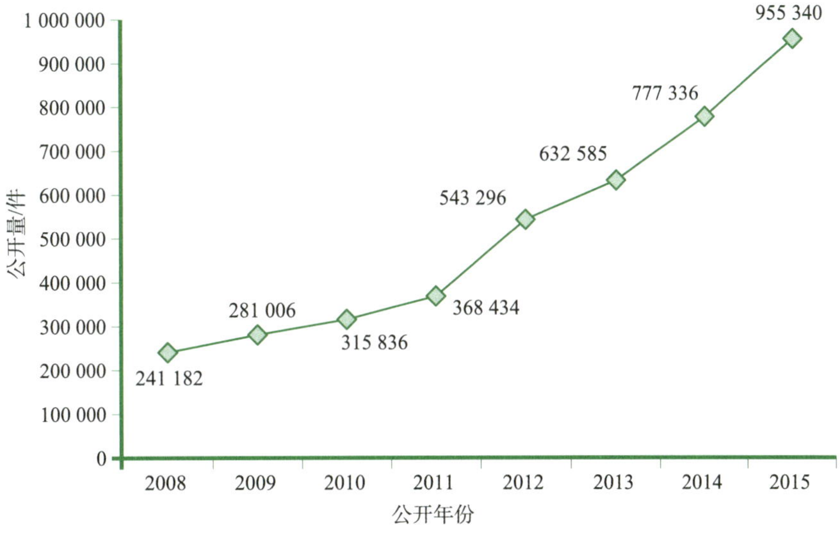

图4-1　2008~2015年国内发明专利申请公开态势

241 182 件，到 2015 年公开量已突破 95 万件，年均增长率达到 20.97%。从各年发明专利公开量变化趋势来看，2011 年是一个拐点，2011 年之前，发明专利年度公开量稳步增长，2012 年开始，发明专利年度公开量增长幅度进一步增大。

二、2008~2015 年国内公开发明专利的一级技术领域分布

如图 4-2 所示，2008~2015 年，在中国公开的发明专利总量为 4 115 015 件，5 个一级技术领域中，化学领域的发明专利公开量最高，达到 1 409 863 件（占比 34.26%），反映出化学领域的技术创新活力最强。其后是电气工程领域、机械工程领域、仪器领域、其他领域。

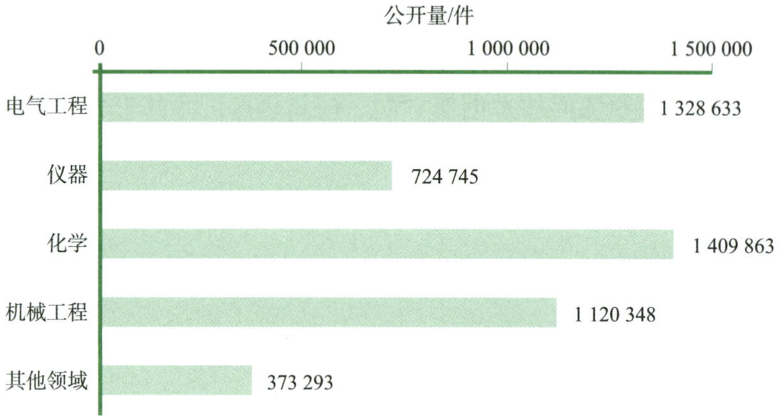

图4-2　2008~2015年国内公开发明专利技术领域分布

2008~2015 年，各技术领域在中国公开的发明专利年均增长率如表 4-1 所示，有 3 个技术领域的年均增长率超过 20%。其中，机械工程领域的年均增长率最高，达到 21.87%，其后是其他领域和化学领域，仪器领域和电气工程领域位列最后两位。如表 4-2 所示，从各技术领域公开量历年增长率来看，5 个技术领域的发明专利公开量在近 8 年均保持持续增长态势。

表4-1　2008~2015年中国发明专利公开量年均增长率

一级技术领域	年均增长率
电气工程	14.63%
仪器	16.64%
化学	20.57%
机械工程	21.87%
其他领域	21.42%

表4-2 2008~2015年国内发明专利公开态势

一级技术领域	公开量/件								
	2008	2009	2010	2011	2012	2013	2014	2015	变化趋势
电气工程	99 133	109 688	116 090	134 418	177 652	197 030	233 260	261 362	
仪器	50 152	59 171	60 250	67 629	98 620	107 978	127 638	153 307	
化学	84 366	99 931	111 621	126 344	183 175	210 170	264 718	329 538	
机械工程	62 718	74 712	83 630	99 019	153 371	175 244	208 456	263 198	
其他领域	21 556	23 739	27 237	31 418	49 119	58 628	71 602	89 994	

第二节 国内技术创新方向及创新热点

本节基于2008~2015年在中国公开的发明专利文献，分析各技术领域的创新活力，揭示国内专利技术创新方向和创新热点。

一、2008~2015年国内公开发明专利的二级技术领域分布

如图4-3所示，2008~2015年，电机/电气装置/电能领域在中国公开的发明专利总量达到401 949件，在35个二级技术领域中位列第一；其次为计算机技术领域，发明专利公开总量达到379 861件。如表4-3所示，发明专利公开量位列前十名的技术领域中，属于电气工程领域的有4个，属于化学领域的有3个，属于机械工程领域的有2个，属于仪器领域的有1个。

表4-3 2008~2015年国内发明专利公开量领域前十名

一级技术领域	二级技术领域	发明专利公开量/件
电气工程	电机/电气装置/电能	401 949
电气工程	计算机技术	379 861
仪器	测量	316 490
电气工程	数字通信	284 256
化学	药品	250 656
化学	基础材料化学	245 385
机械工程	其他专用机械	235 530
化学	材料/冶金	215 438
机械工程	机床	209 571
电气工程	音像技术	207 857

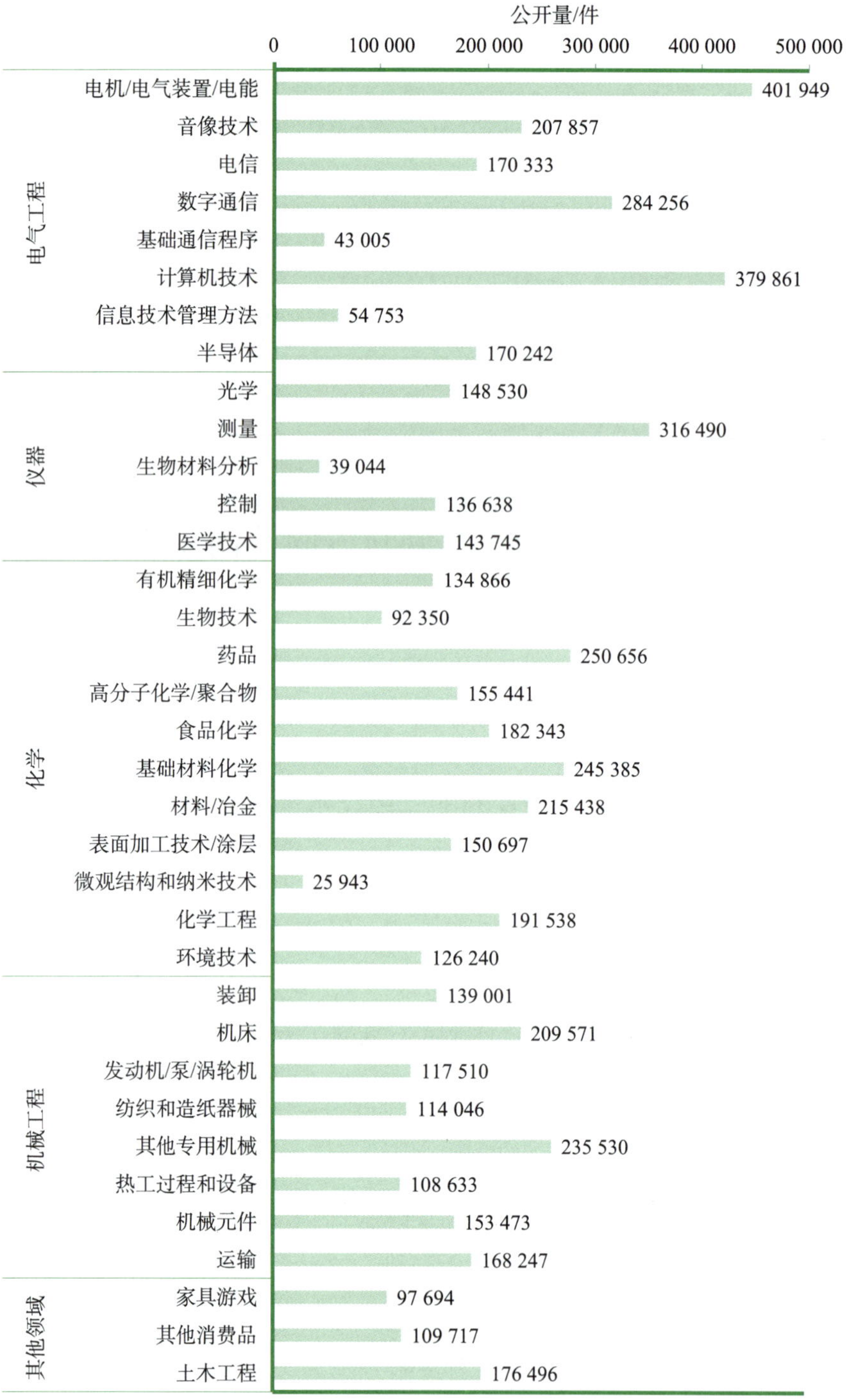

图4-3　2008~2015年国内公开发明专利领域分布

二、2008~2015 年国内技术创新方向

如表 4-4 所示，2008~2015 年在中国公开的发明专利数量持续 8 年保持正增长的二级技术领域共计 25 个，成为近年来国内的技术创新方向。25 个技术领域中，机械工程和其他领域的所有二级技术领域均包括在内。此外，隶属于电气工程领域的有 4 个：电机 / 电气装置 / 电能、数字

表4-4　2008~2015年国内各领域发明专利公开量年增长率

一级技术领域	二级技术领域	2008年增长率	2009年增长率	2010年增长率	2011年增长率	2012年增长率	2013年增长率	2014年增长率	2015年增长率	年增长率趋势
电气工程	电机/电气装置/电能	11.37%	26.14%	12.66%	16.64%	42.00%	9.69%	18.37%	10.64%	
	音像技术	-2.07%	2.44%	-3.48%	0.69%	24.56%	-2.73%	10.61%	6.17%	
	电信	13.35%	-1.99%	-7.69%	0.89%	15.53%	2.04%	5.16%	3.78%	
	数字通信	24.82%	1.65%	1.53%	12.80%	15.29%	7.59%	14.36%	2.08%	
	基础通信程序	-4.13%	14.41%	-8.01%	2.53%	23.75%	-0.32%	8.75%	-2.22%	
	计算机技术	10.29%	9.47%	4.10%	15.16%	29.91%	19.03%	19.58%	12.39%	
	信息技术管理办法	7.78%	11.42%	6.31%	7.71%	51.01%	22.10%	41.02%	35.54%	
	半导体	6.88%	3.16%	-1.90%	24.84%	28.67%	-1.98%	8.06%	-5.44%	
仪器	光学	1.73%	5.37%	-10.03%	11.95%	28.24%	-3.69%	6.30%	4.95%	
	测量	18.66%	25.63%	8.56%	13.85%	54.57%	11.21%	17.92%	17.42%	
	生物材料分析	10.40%	15.65%	-10.24%	6.82%	34.48%	-1.02%	15.66%	18.93%	
	控制	22.42%	17.98%	2.88%	2.77%	46.35%	17.54%	24.00%	28.87%	
	医学技术	7.26%	21.16%	-3.17%	16.30%	42.33%	8.55%	21.67%	24.43%	
化学	有机精细化学	10.16%	18.91%	8.72%	13.03%	43.83%	7.80%	9.53%	19.46%	
	生物技术	23.70%	27.31%	19.92%	22.07%	19.81%	8.29%	12.39%	22.74%	
	药品	-2.65%	6.30%	0.29%	6.57%	25.92%	16.87%	28.22%	25.32%	
	高分子化学/聚合物	13.10%	17.16%	5.11%	12.81%	58.95%	11.20%	21.34%	17.80%	
	食品化学	14.78%	20.86%	18.10%	15.77%	47.97%	29.60%	50.49%	29.72%	
	基础材料化学	13.26%	17.92%	8.80%	11.32%	42.87%	14.12%	27.16%	27.28%	
	材料/冶金	25.59%	20.84%	13.41%	10.30%	46.79%	8.69%	19.14%	15.06%	
	表面加工技术/涂层	17.75%	20.57%	-5.04%	16.95%	41.79%	-0.68%	10.53%	10.73%	
	微观结构和纳米技术	11.75%	16.20%	25.55%	30.83%	53.85%	-8.51%	11.23%	0.97%	
	化学工程	18.16%	14.94%	9.04%	13.14%	41.42%	13.09%	18.36%	23.91%	
	环境技术	22.63%	23.61%	16.90%	15.89%	47.02%	6.14%	23.25%	31.64%	
机械工程	装卸	13.56%	17.81%	8.39%	19.32%	58.51%	19.22%	22.25%	28.77%	
	机床	18.19%	28.62%	20.25%	23.99%	55.03%	13.66%	17.21%	29.00%	
	发动机/泵/涡轮机	13.71%	23.44%	5.88%	20.77%	39.36%	8.60%	3.56%	15.40%	
	纺织和造纸器械	7.32%	0.56%	5.74%	15.48%	49.72%	7.62%	11.46%	13.92%	
	其他专用机械	18.65%	13.97%	10.16%	17.42%	54.35%	13.57%	24.54%	33.31%	
	热工过程和设备	7.56%	23.03%	14.49%	10.18%	42.75%	5.67%	20.43%	28.23%	
	机械元件	19.27%	19.68%	6.38%	18.70%	51.35%	12.68%	12.47%	18.05%	
	运输	19.06%	25.19%	0.82%	16.02%	58.03%	13.20%	21.33%	17.88%	
其他领域	家具游戏	13.71%	13.23%	8.18%	20.87%	49.77%	20.63%	23.70%	21.12%	
	其他消费品	6.16%	8.92%	7.66%	14.98%	48.34%	18.90%	27.27%	26.29%	
	土木工程	19.23%	7.80%	22.41%	11.72%	62.67%	17.69%	17.45%	27.02%	

通信、计算机技术、信息技术管理方法；隶属于仪器领域的有 2 个：测量、控制；隶属于化学领域的有 8 个：有机精细化学、生物技术、高分子化学 / 聚合物、食品化学、基础材料化学、材料 / 冶金、化学工程、环境技术。

三、2008~2015 年国内技术创新热点领域

如表 4-4 和表 4-5 所示，2008~2015 年，发明专利公开量持续保持正增长的 25 个技术领域中，有 8 个技术领域发明专利公开量位居前十名，即电机 / 电气装置 / 电能、计算机技术、测量、数字通信、基础材料化学、其他专用机械、材料 / 冶金、机床，这 8 个领域是国内近年来技术创新的热点领域。其中隶属于电气工程领域的有 3 个，隶属于化学和机械工程领域的各有 2 个，隶属于仪器领域的有 1 个。

表4-5　2008~2015年国内技术创新热点领域

国内技术创新热点	公开量/件	公开量排名	所属一级技术领域
电机/电气装置/电能	401 949	1	电气工程
计算机技术	379 861	2	电气工程
测量	316 490	3	仪器
数字通信	284 256	4	电气工程
基础材料化学	245 385	6	化学
其他专用机械	235 530	7	机械工程
材料/冶金	215 438	8	化学
机床	209 571	9	机械工程

四、2008~2015 年国内潜在技术创新热点领域

如图 4-3 和表 4-6 所示，2008~2015 年发明专利公开量持续保持正增长的 25 个技术领域中，有 7 个技术领域的发明专利公开量位列最后十名，即发动机 / 泵 / 涡轮机、纺织和造纸器械、其他消费品、热工过程和设备、家具游戏、生物技术、信息技术管理方法。这 7 个领域的发明专

表4-6　2008~2015年国内潜在技术创新热点领域

国内潜在技术创新热点	公开量/件	公开量排名	所属一级技术领域
发动机/泵/涡轮机	117 510	26	机械工程
纺织和造纸器械	114 046	27	机械工程
其他消费品	109 717	28	其他领域
热工过程和设备	108 633	29	机械工程
家具游戏	97 694	30	其他领域
生物技术	92 350	31	化学
信息技术管理办法	54 753	32	电气工程

利公开量虽然较低，但连续 8 年实现了发明专利公开量的正增长，是中国国内近年来潜在的技术创新热点领域。

第三节　国内技术创新热点和潜在技术创新热点领域的重点技术

本节基于 2012~2015 年在中国授权的发明专利文献识别国内技术创新热点和潜在创新热点领域中的重点技术。

一、国内技术创新热点领域中的重点技术

如图 4-3 和表 4-7 所示，在创新热点领域中，发明专利授权量比较集中的具体技术领域体现了对科技发展影响较大的重点技术。在电机 / 电气装置 / 电能领域中，发明专利授权量最高的

表4-7　2008~2015年国内创新热点领域中的重点技术分析

创新热点领域	重点技术分类号	重点技术内容	发明专利授权量/件
电机/电气装置/电能	H01M	直接转变化学能为电能的方法或装置，例如电池组	14 328
	H02J	用来供电或配电的电路装置或电路系统；电能存储系统	10 319
	F21V	照明装置及其一般应用的零部件	7 983
	H01R	线路连接器、集电器	7 389
	H05B	电热；其他类目不包含的电照明	7 246
计算机技术	G06F	电数字数据处理	41 855
	G06K	数据识别；数据呈现（显现、显示）；记录载体；记录载体的处理	7 912
	G06T	一般的图像数据处理或产生	7 899
	G11C	静态存储器	3 673
	G10L	语音分析或合成；语音识别；语音或声音处理；语音或音频编码或解码	2 624
测量	G01N，不包括G01N33	化学或物理测试或分析材料，不包括生物物质等特殊材料的分析测定	28 625
	G01R，不包括G01R31/38	测量电变量；测量磁变量；不包括火花塞的测试	12 658
	G01B	长度、厚度或类似线性尺寸的计量；角度的计量；面积的计量；不规则的表面或轮廓的计量	6 801
	G01M	机器或结构部件的静或动平衡的测试；未列入其他类组的结构部件或设备的测试	5 896
	G01S	波的传播性质相关的探测测量及卫星定位	5 604

续表

创新热点领域	重点技术分类号	重点技术内容	发明专利授权量/件
数字通信	H04L	数据信息的传输，例如电报通信	43 075
	H04W	无线通信网络	25 475
	H04Q7	通过无线电链路或感应链路连接用户的选择装置	4 413
	H04N21	可选的内容分发, 例如交互式电视，VOD [视频点播]	3 496
基础材料化学	C09D	涂料组合物；填充浆料；化学涂料或油墨的去除剂；油墨；改正液；木材着色剂；用于着色或印刷的浆料或固体；原料为此的应用	10 497
	C09K	特定应用材料	10 456
	A01N	人体，动植物体或其局部的保存；杀生剂	9 378
	C09J	黏合剂；一般非机械方面的黏合方法；其他类目不包括的黏合方法；黏合剂材料的应用	5 886
	C10G	烃油裂化；液态烃混合物的制备；从油页岩，油矿或油气中回收烃油；含烃类为主的混合物的精制；石脑油的重整；地蜡	5 379
其他专用机械	B29C	塑料的成型或连接；塑性状态物质的一般成型；已成型产品的后处理	13 022
	C08J	加工；配料的一般工艺过程；特殊后处理	8 585
	A01G	园艺；蔬菜、花卉、稻、果树、葡萄、啤酒花或海菜的栽培；林业；浇水	7 631
	A01K	畜牧业；禽类、鱼类、昆虫的管理；捕鱼；饲养或养殖其他类不包括的动物；动物的新品种	4 712
	B29B	成型材料的准备或预处理；制作颗粒或预型件；塑料或包含塑料的废料的其他成分的回收	2 610
材料/冶金	C04B	石灰；氧化镁；矿渣；水泥；其组合物；人造石；陶瓷；耐火材料；天然石的处理	15 540
	C01B	非金属元素;其化合物	10 245
	C22C	合金	9 325
	C21D	改变黑色金属的物理结构；黑色或有色金属或合金热处理用的一般设备；通过脱碳、回火或其他处理使金属具有韧性	4 949
	C01G	金属化合物(不包括碱金属化合物，铍、镁、铝、钙、锶、钡、镭、钍的化合物，或稀土金属化合物)	4 132
机床	B23K	钎焊或脱焊；焊接；用钎焊或焊接方法包覆或镀敷；局部加热切割，如火焰切割；用激光束加工	8 781
	B21D	金属板或管、棒或型材的基本无切削加工或处理；冲压	4 841
	B23P	金属的其他加工；组合加工；万能机床	4 459
	B23Q	机床的零件、部件或附件；以特殊零件或部件的结构为特征的通用机床；金属加工机床的组合或联合	4 083
	B24B	用于磨削或抛光的机床、装置或工艺；磨具磨损表面的修整或调节；磨削、抛光或研磨剂的进料	3 288

技术涉及“直接转变化学能为电能的方法或装置，例如电池组”（H01M），其发明专利授权量达到 14 328 件，是该领域中最为重要的技术。在计算机技术领域中，电数字数据处理相关技术（G06F）的发明专利授权量最高，达到 41 855 件，是该领域中最为重要的技术。在测量领域中，发明专利授权量最高的技术涉及“化学或物理测试或分析材料（不包括生物物质等特殊材料的分析测定）”（G01N，不包括 G01N33），其发明专利授权量达到 28 625 件，是该领域中最为重要的技术。在数字通信领域中，数据信息的传输相关技术（H04L）的发明专利授权量最高，达到 43 075 件，是该领域中最为重要的技术。在基础材料化学领域中，涂料、油墨、颜料等相关技术（C09D）的发明专利授权量最高，达到 10 497 件，是该领域中最为重要的技术。在其他专用机械领域中，塑料的成型或连接及相关技术（B29C）的发明专利授权量最高，达到 13 022 件，是该领域中最为重要的技术。在材料 / 冶金领域中，石灰、氧化镁、矿渣、水泥、人造石、陶瓷、耐火材料、天然石的处理及相关技术（C04B）的发明专利授权量最高，达到 15 540 件，是该领域中最为重要的技术。在机床领域中，钎焊或脱焊、焊接、局部加热切割、用激光束加工及相关技术（B23K）的发明专利授权量最高，达到 8 781 件，是该领域中最为重要的技术。

二、国内潜在技术创新热点领域中的重点技术

如图 4-3 和表 4-8 所示，在潜在创新热点领域中，发明专利授权量比较集中的具体技术领域是重点技术。在发动机 / 泵 / 涡轮机中，燃烧发动机的控制技术（F02D）的发明专利授权量最高，达到 3 370 件，是该领域中最为重要的技术。在纺织和造纸器械领域中，打字机、选择性印刷机构、排版错误的修正技术（B41J）的发明专利授权量最高，达到 4 339 件；其次是对纤维、纱、线、织物、羽毛或相关纤维制品进行特殊处理技术（D06M），发明专利授权量达到 3 513 件，

表4-8　2008~2015年国内潜在创新热点领域中的重点技术分析

潜在创新热点领域	重点技术分类号	重点技术内容	发明专利授权量/件
发动机/泵/涡轮机	F02D	燃烧发动机的控制	3 370
	F02M	一般燃烧发动机可燃混合物的供给或其组成部分	2 901
	F03D	风力发动机	2 877
	F04B	液体变容式机械；泵	2 780
	F04D	非变容式泵	2 689
纺织和造纸器械	B41J	打字机；选择性印刷机构；排版错误的修正	4 339
	D06M	对纤维、纱、线、织物、羽毛或由这些材料制成的纤维制品进行特殊处理	3 513
	D01F	制作人造长丝、线、纤维、鬃或带子的化学特征；专用于生产碳纤维的设备	2 750
	D21H	纸浆组合物；制备；纸的浸渍或涂布；成品纸的加工；其他类不包括的纸	2 171
	D01D	制作人造长丝、线、纤维、鬃或带子的机械方法或设备	1 987

续表

潜在创新热点领域	重点技术分类号	重点技术内容	发明专利授权量/件
其他消费品	F25D	冷柜；冷藏室；冰箱；其他小类未列入的冷却或冷冻装置	2 266
	D06F	纺织品的洗涤、干燥、熨烫、压平或折叠	2 074
	A24B	吸烟或嚼烟的制造或制备；烟草；鼻烟	1 597
	A43B	鞋类的特征；鞋类的部件	1 020
	B44C	产生装饰效果的工艺；镶嵌制品；镶木制品；裱糊	926
热工过程和设备	F24F	空气调节；空气增湿；通风；空气流作为屏蔽的应用	4 031
	F25B	制冷机，制冷设备或系统；加热和制冷的联合系统；热泵系统	3 566
	F24J	不包含在其他类目中的热量产生和利用	1 988
	F27D	一种以上的炉通用的炉、窑、烘烤炉或蒸馏炉的零部件或附件	1 909
	F28F	通用热交换或传热设备的零部件	1 620
家具游戏	A47J	厨房用具；咖啡磨；香料磨；饮料制备装备	2 875
	A63B	体育锻炼、体操、游泳、爬山或击剑用的器械；球类；训练器械	1 799
	A47L	家庭的洗涤或清扫；一般吸尘器	1 686
	A47G	家庭用具或餐桌用具	1 341
	A47B	桌子；写字台；办公家具；柜橱；抽屉；家具的一般零件	1 149
生物技术	C12N	微生物或酶；其组合物；繁殖、保藏或维持微生物；变异或遗传工程；培养基	17 078
	C12R	使用微生物的方法	9 162
	C12Q	包括酶或微生物的测定或检测方法；其所用组合物或试纸；这种组合物的制备方法；在微生物学方法或酶学方法中的条件反应控制	7 995
	C12P	发酵或使用酶的方法合成目标化合物或组合物或从外消旋混合物中分离旋光异构体	6 190
	C07K	肽	4 673
信息技术管理方法	G06Q	专门适用于行政、商业、金融、管理、监督或预测目的的数据处理系统或方法	2 640
	G06F17/60	行政管理、商业、经营、监督或预测目的的数字计算设备或数据处理设备或数据处理方法	62

均为该领域中较为重要的技术。在其他消费品领域中，冷柜、冷藏室、冰箱、相关冷却或冷冻装置（F25D）的发明专利授权量最高，达到 2 266 件，是该领域中最为重要的技术。在热工过程和设备领域中，空气调节、空气增湿、通风、空气流作为屏蔽的应用等相关技术（F24F）的发明专利授权量最高，达到 4 031 件，是该领域中最为重要的技术。在家具游戏领域中，厨房用具、咖啡磨、香料磨、饮料制备装备（A47J）的发明专利授权量最高，达到 2 875 件；其次是体育锻炼、体操、游泳、爬山或击剑器械、球类、训练器械（A63B），发明专利授权量达到 1 799 件，均为该领域中较为重要的技术。在生物技术领域中，微生物或酶相关技术（C12N）发明专利授

权量最大，达到 17 078 件，是该领域中最为重要的技术。在信息技术管理方法领域中，专门适用于行政、商业、金融、管理、监督或预测目的的数据处理系统或方法（G06Q）的发明专利授权量最高，达到 2 640 件，是该领域中最为重要的技术。

第四节　本章小结

1）2008~2015 年，在中国公开的发明专利公开量呈快速增长态势。近 8 年，机械工程等各一级技术领域发明专利公开量均呈增长态势，化学领域的发明专利公开量最高，机械工程领域的年均增长率最高。

2）2008~2015 年，在二级技术领域中，电机 / 电气装置 / 电能发明专利公开总量位列第一，计算机技术领域紧随其后。25 个技术领域为近年来国内的技术创新方向，机械工程和其他领域的所有二级技术领域均包括在内。此外，隶属于电气工程领域的有 4 个：电机 / 电气装置 / 电能、数字通信、计算机技术、信息技术管理方法；隶属于仪器领域的有 2 个：测量、控制；隶属于化学领域的有 8 个：有机精细化学、生物技术、高分子化学 / 聚合物、食品化学、基础材料化学、材料 / 冶金、化学工程、环境技术。

3）2008~2015 年，在二级技术领域中，电机 / 电气装置 / 电能、计算机技术、测量、数字通信、基础材料化学、其他专用机械、材料 / 冶金、机床这 8 个领域是近年来国内技术创新的热点领域，各领域重点技术突出。发动机 / 泵 / 涡轮机、纺织和造纸器械、其他消费品、热工过程和设备、家具游戏、生物技术、信息技术管理方法这 7 个领域是近年来国内潜在的技术创新热点，各领域重点技术突出。

第五章　国内专利布局

本章基于 2008~2015 年在中国授权的数百万件发明专利，研究各国在华专利布局情况，尤其是在国内创新热点领域全球主要国家在华专利布局情况。

第一节　国内专利布局整体情况

本节分析 2008~2015 年中国发明专利授权整体态势，研究中国发明专利授权的来源国及技术领域分布情况。

一、2008~2015 年国内发明专利的授权态势

如图 5-1 所示，2008~2015 年，在中国授权的发明专利呈持续增长态势，2008 年授权量为 89 938 件，到 2015 年授权量已达到 333 160 件，年均增长率达到 22.48%。从各年发明专利授权量

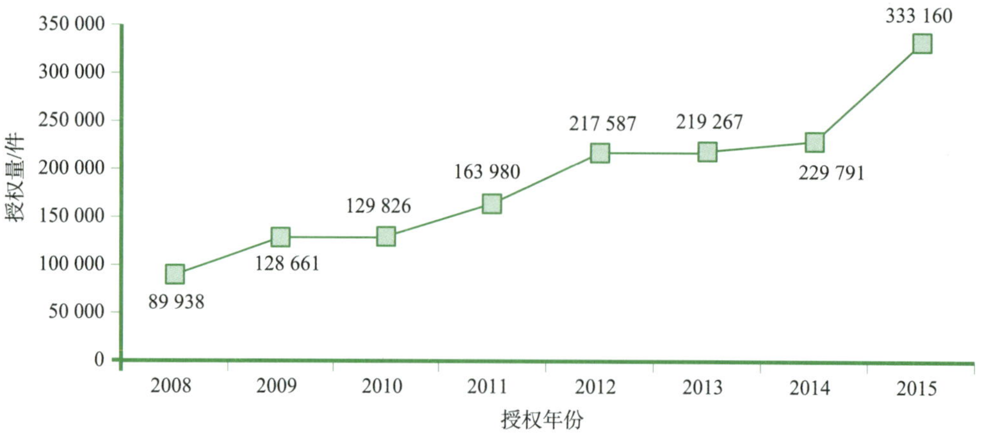

图5-1　2008~2015年国内发明专利的授权态势

变化趋势来看，授权量 2~3 年就上一个台阶，2008 年发明专利授权量不足 10 万件，2009 年突破 10 万件，2012 年就超过了 20 万件，2015 年突破 30 万件，2015 年的增长率达到 44.98%。

二、2008~2015 年九国在华发明专利授权态势

如图 5-2 所示，2008~2015 年，在中国授权的发明专利总计 1 512 210 件，其中有 942 107 件来自中国申请人，占到总量的六成以上。国外申请人在中国成功布局了约占总量四成的发明专利，其中，日本和美国所占份额较高，分别达到 13.94% 和 7.65%，在所有外国国家中位列第一和第二。这表明，日本和美国在中国成功布局了大量的发明专利。

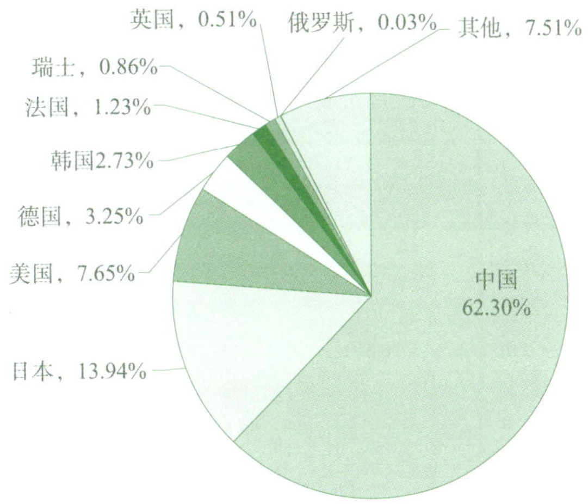

图5-2　2008~2015年在华授权发明专利来源国

2008~2015 年，九国在华发明专利授权态势如表 5-1 所示。九个国家中，来自中国的授权发明专利逐年持续快速增长，2008 年仅为 39 184 件，占当年总量的 43.57%，到 2015 年已达到 237 173 件，占当年总量的 71.19%。其他八国在八年间均是在波动中略有增长，但在 2015 年，

表5-1　2008~2015年九国在华发明专利授权态势

来源国	发明专利授权量/件								
	2008	2009	2010	2011	2012	2013	2014	2015	趋势
中国	39 184	58 571	68 794	100 713	137 135	144 728	155 809	237 173	
日本	20 945	28 172	23 568	24 663	29 300	24 173	25 956	34 084	
美国	8 262	11 843	11 038	11 466	16 614	17 856	17 017	21 575	
德国	3 455	5 006	4 569	5 114	7 056	7 107	7 066	9 719	
韩国	4 407	6 532	5 251	4 673	5 391	4 630	4 514	5 871	
法国	1 324	2 187	1 921	1 945	2 607	2 735	2 639	3 251	
瑞士	938	1 261	1 301	1 415	1 873	1 900	1 922	2 397	
英国	674	790	713	812	1 215	1 137	1 014	1 303	
俄罗斯	30	43	41	48	59	46	66	80	

各国的发明专利授权量均有明显上涨，日本和美国尤其明显。

三、2008~2015 年国内授权发明专利的技术领域分布

如图 5-3 和表 5-2 所示，2008~2015 年，电机 / 电气装置 / 电能领域发明专利授权总量达到 161 831 件，在 35 个二级技术领域中位列第一；其次为计算机技术领域，发明专利授权总量达到

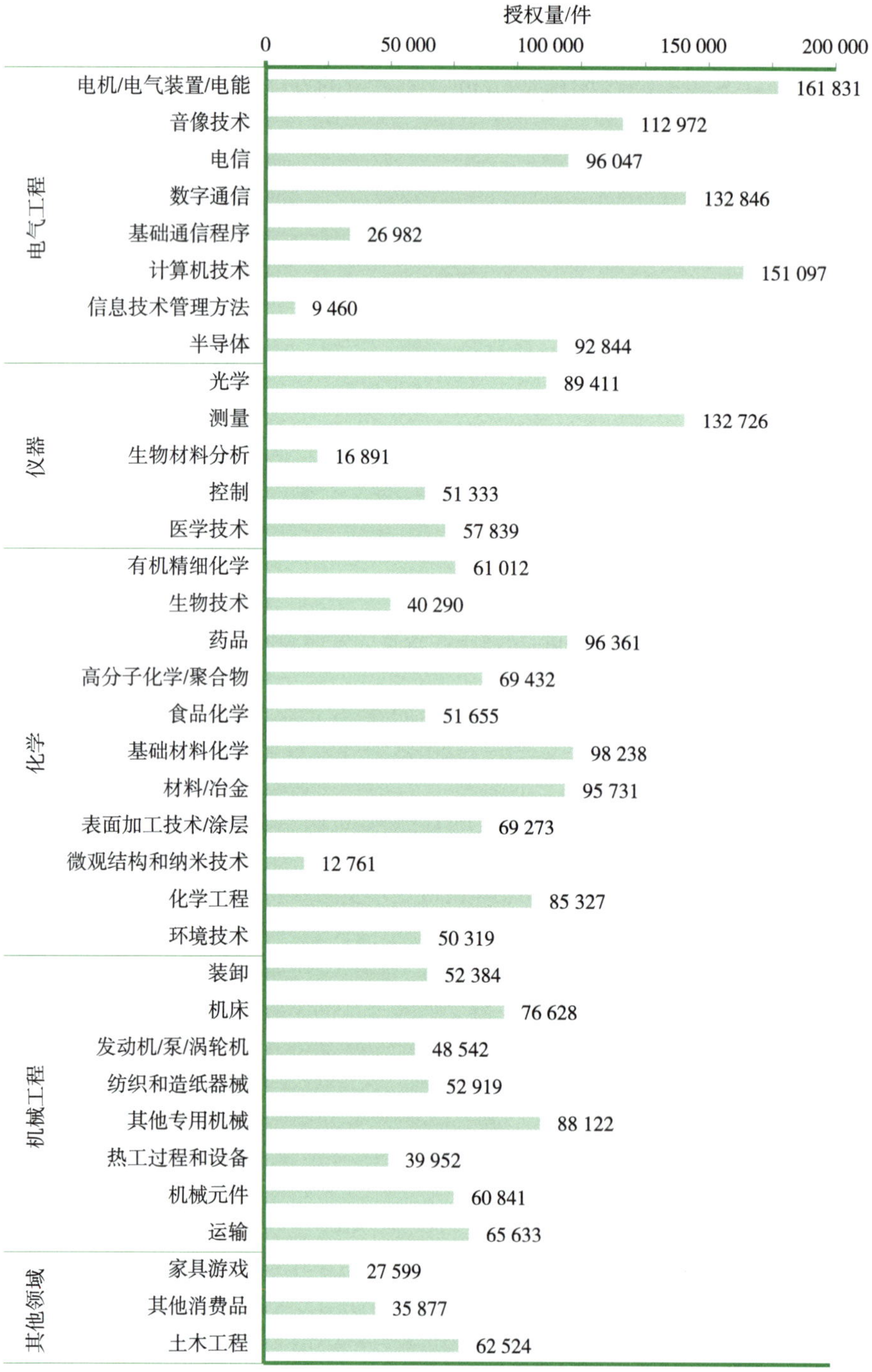

图5-3　2008~2015年国内授权发明专利的技术领域分布

151 097 件。发明专利授权量位列前十名的二级技术领域中，属于电气工程领域的有 6 个，属于化学领域的有 3 个，属于仪器领域的有 1 个。电气工程下辖的二级技术领域共 8 个，其中 6 个均位列发明专利授权量前十名，表现出较强的技术创新实力。

表5-2　2008~2015年国内发明专利授权量领域前十名

一级技术领域	二级技术领域	授权量/件
电气工程	电机/电气装置/电能	161 831
电气工程	计算机技术	151 097
电气工程	数字通信	132 846
仪器	测量	132 726
电气工程	音像技术	112 972
化学	基础材料化学	98 238
化学	药品	96 361
电气工程	电信	96 047
化学	材料/冶金	95 731
电气工程	半导体	92 844

第二节　分领域国内专利布局情况

本节将首先分析国内技术创新热点领域中各国在华授权发明专利布局情况，然后研究全球主要国家在华授权发明专利的技术领域分布情况。

一、国内技术创新热点领域的专利布局情况

1. 电机 / 电气装置 / 电能领域中各国授权发明专利布局

如图 5-4 所示，2008~2015 年，电机 / 电气装置 / 电能领域在中国授权的发明专利总计 161 831 件，其中有 71 299 件来自中国申请人，占总量的比例为 44.06%，不足一半，远低于全领域中国申请人授权发明的占比（62.30%）。在电机 / 电气装置 / 电能领域，国外申请人在中国成功布局了超过总量一半的发明专利，其中，日本所占份额较高、达到 25.22%，其次是美国、份额达到 8.77%，日本和美国在所有外国国家中分别位列第一和第二。可见，在该领域，日本和美国在中国成功布局了大量的发明专利。

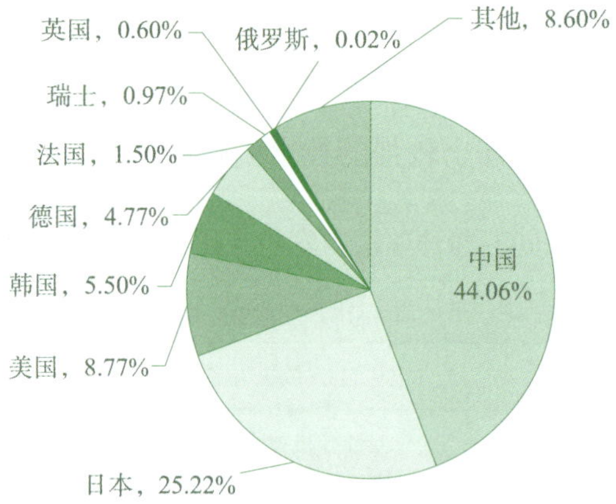

图5-4 2008~2015年电机/电气装置/电能领域在华授权发明专利来源国

2. 计算机技术领域中各国授权发明专利布局

如图 5-5 所示，2008~2015 年，计算机技术领域在中国授权的发明专利总计 151 097 件，其中有 58 186 件来自中国申请人，占总量的比例为 38.51%，不足四成，远低于全领域中国申请人授权发明的占比（62.30%）。国外申请人在中国成功布局了超过总量六成的发明专利，其中，日本所占份额较高、达到 21.28%，其次是美国、份额达到 17.30%，日本和美国在所有外国国家中分别位列第一和第二，所占份额总和接近四成，与中国持平。可见，在该领域，日本和美国在中国成功布局了大量的发明专利。

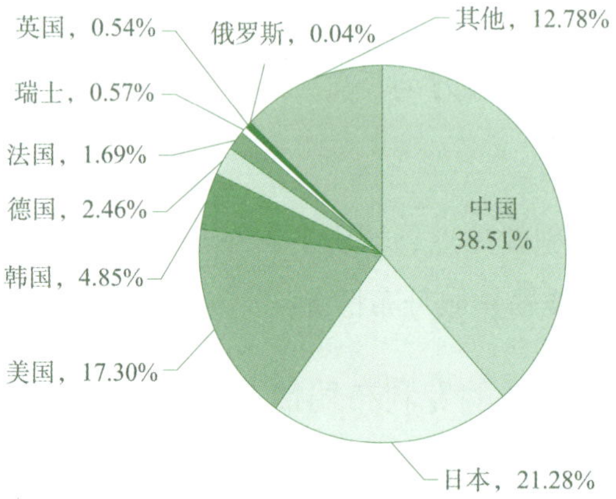

图5-5 2008~2015年计算机技术领域在华授权发明专利来源国

3. 测量领域中各国授权发明专利布局

如图 5-6 所示，2008~2015 年，测量领域在中国授权的发明专利总计 132 726 件，其中有 82 303 件来自中国申请人，占总量的比例为 62.01%，超过六成，基本与全领域中国申请人授权发明的占比（62.30%）持平，优势明显。该领域中，国外在华授权发明专利整体份额不足四成，外国国家中，日本所占份额较高、达到 13.18%，其次是美国、份额达到 8.70%，二者在所有外国国家中分别位列第一和第二。

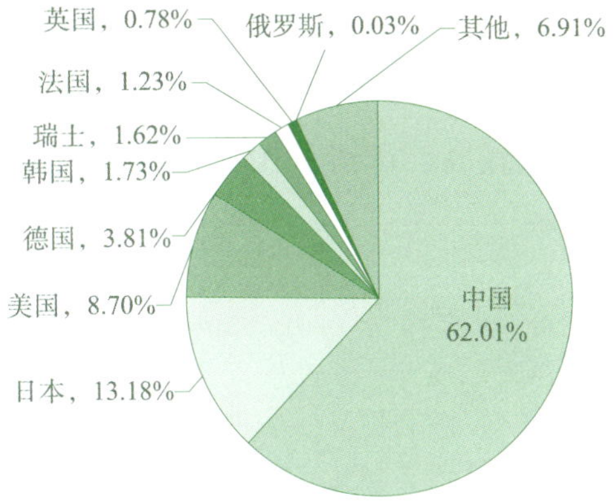

图5-6 2008~2015年测量领域在华授权发明专利来源国

4. 数字通信领域中各国授权发明专利布局

如图 5-7 所示，2008~2015 年，数字通信领域在中国授权的发明专利总计 132 846 件，其中有 80 305 件来自中国申请人，占总量的比例为 60.45%，超过六成，基本与全领域中国申请人授权发明的占比（62.30%）持平，优势明显。该领域中，国外在华授权发明专利整体份额不足四成，外国国家中，美国所占份额较高、达到 12.47%，其次是日本、份额达到 10.17%，二者在所有外国国家中分别位列第一和第二。

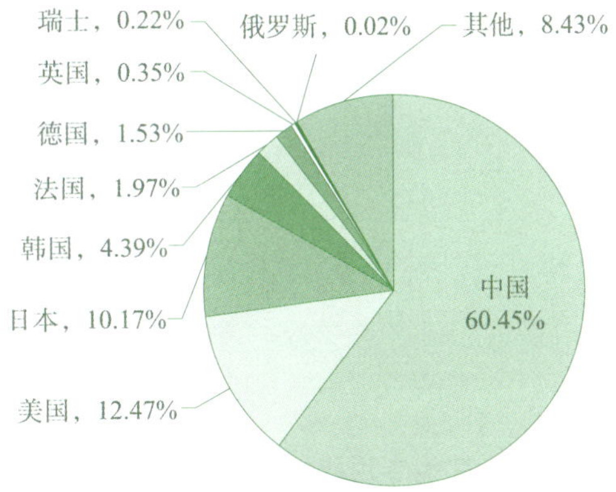

图5-7 2008~2015年数字通信领域在华授权发明专利来源国

5. 基础材料化学领域中各国授权发明专利布局

如图 5-8 所示，2008~2015 年，基础材料化学领域在中国授权的发明专利总计 98 238 件，其中有 60 771 件来自中国申请人，占总量的比例为 61.86%，超过六成，基本与全领域中国申请人授权发明的占比（62.30%）持平，优势明显。该领域中，国外在华授权发明专利整体份额不足四成，外国国家中，日本所占份额较高、达到 12.68%，其次是美国、份额达到 10.29%，二者在所有外国国家中分别位列第一和第二。

6. 其他专用机械领域中各国授权发明专利布局

如图 5-9 所示，2008~2015 年，其他专用机械领域在中国授权的发明专利总计 88 122 件，其中有50 778件来自中国申请人，占总量的比例为57.62%，超过五成，略低于全领域中国申请人授权发明的占比（62.30%），优势较为明显。该领域中，国外在华授权发明专利整体份额约占四成，外国国家中，日本所占份额较高、达到16.12%，其次是美国、份额达到8.85%，二者在所有外国国家中分别位列第一和第二。

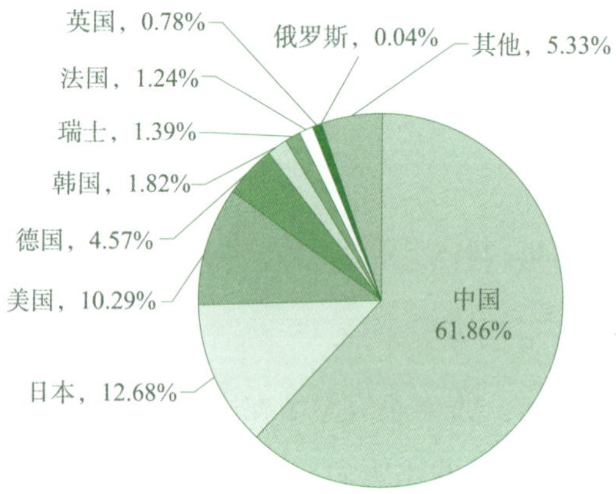

图5-8 2008~2015年基础材料化学领域在华授权发明专利来源国

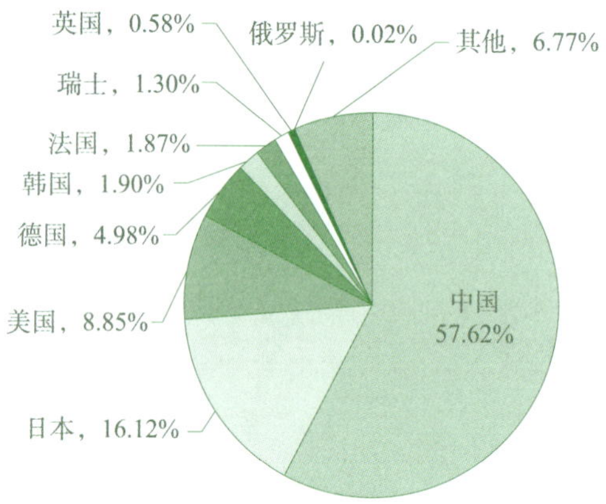

图5-9 2008~2015年其他专用机械领域在华授权发明专利来源国

7. 材料/冶金领域中各国授权发明专利布局

如图5-10所示，2008~2015年，材料/冶金领域在中国授权的发明专利总计95 731件，其中有71 012件来自中国申请人，占总量的比例为74.18%，超过七成，高于全领域中国申请人授权发明的占比（62.30%），具有绝对优势。该领域中，国外在华授权发明专利整体份额不足三成，外国国家中，日本所占份额较高，达到11.46%，在所有外国国家中位列第一。

8. 机床领域中各国授权发明专利布局

如图5-11所示，2008~2015年，机床领域在中国授权的发明专利总计76 628件，其中有46 088件来自中国申请人，占总量的比例为60.15%，超过六成，基本与全领域中国申请人授权发明的占比（62.30%）持平，优势明显。该领域中，国外在华授权发明专利整体份额不足四成，外国国家中，日本所占份额较高，达到15.24%，在所有外国国家中位列第一。

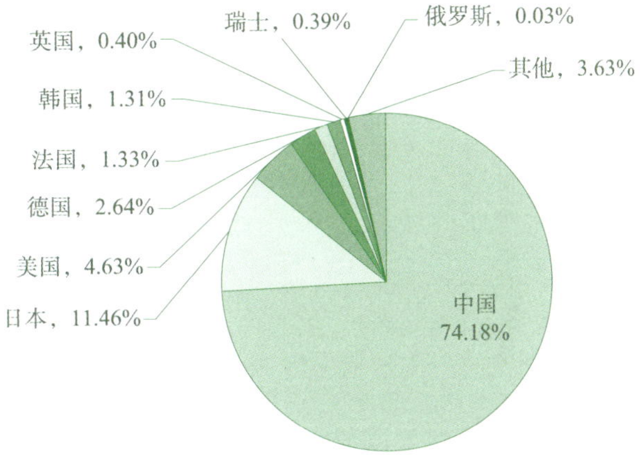

图5-10 2008~2015年材料/冶金领域在华授权发明专利来源国

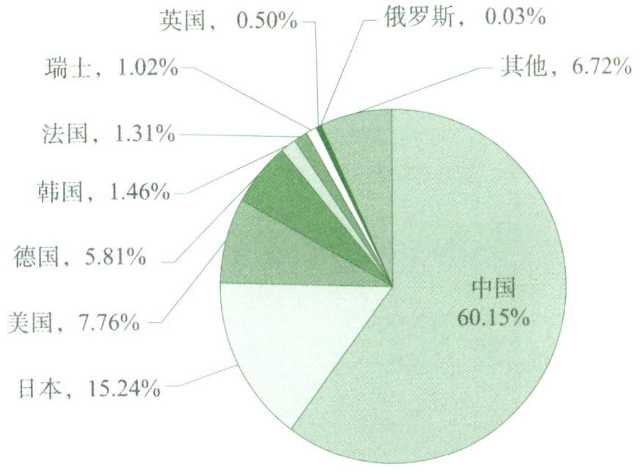

图5-11 2008~2015年机床领域在华授权发明专利来源国

二、九国在华授权发明专利的领域布局情况

1. 中国在华授权发明专利的领域布局情况

如图5-12所示，2008~2015年，中国申请人在本国授权的发明专利总量为942 107件，排名第一的是测量领域，达到82 303件，占总量的比例为8.74%；排名最后的是信息技术管理方法领域，仅为2 864件，占总量的比例为0.30%，差异悬殊。除测量领域外，位列授权发明专利排前十位的技术领域还有：数字通信80 305件、电机/电气装置/电能71 299件、材料/冶金71 012件、药品69 493件、基础材料化学60 771件、计算机技术58 186件、其他专用机械50 778件、化学工程49 061件、机床46 088件。

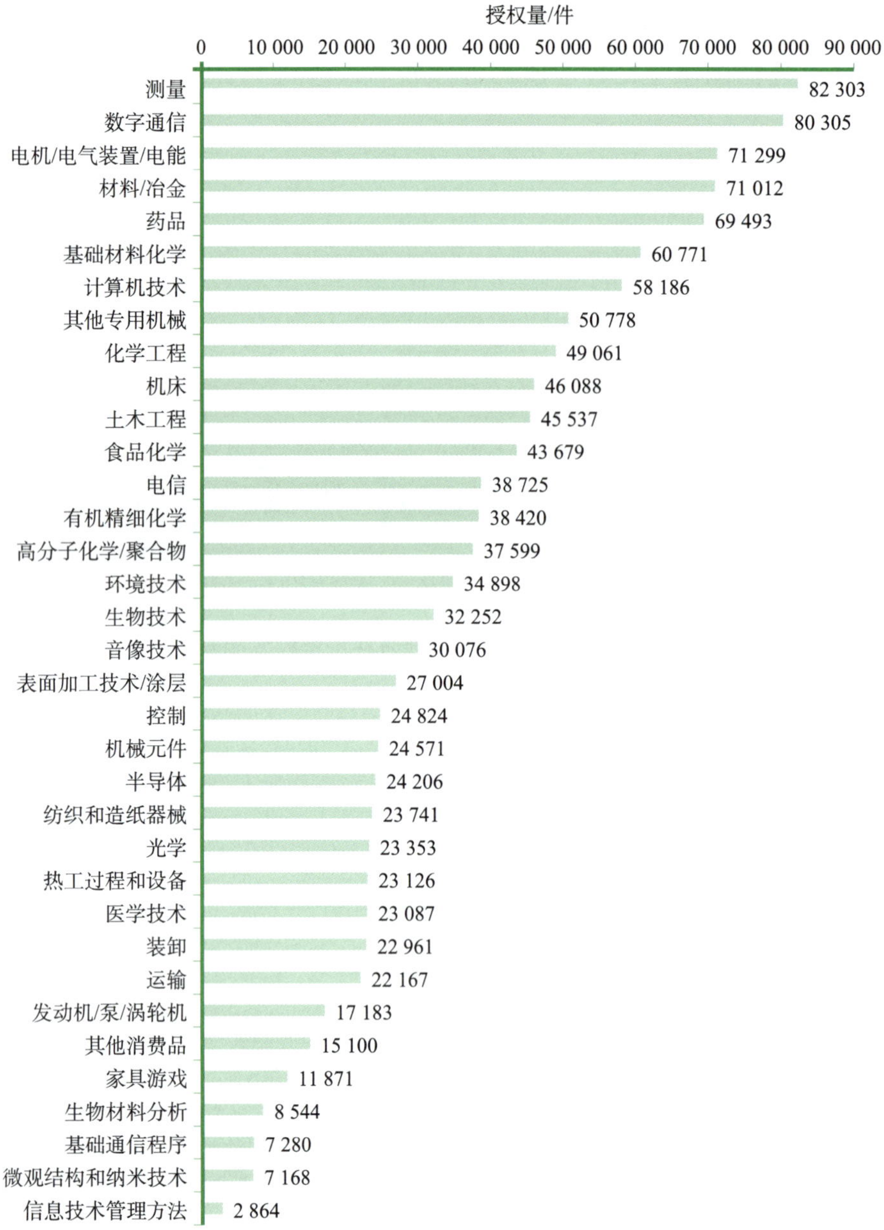

图5-12　2008~2015年中国在华授权发明专利的领域分布

2. 日本在华授权发明专利的领域布局情况

如图 5-13 所示，2008~2015 年，日本在华授权发明专利总量为 210 861 件，排名第一的是电机 / 电气装置 / 电能领域，达到 40 808 件，占总量的比例为 19.35%；排名最后的是微观结构和纳米技术领域，仅为 1 593 件，占总量的比例为 0.76%，差异悬殊。除电机 / 电气装置 / 电能领域外，位列授权发明专利排前十位的技术领域还有：音像技术 40 042 件、光学 37 310 件、计算机技术 32 153 件、半导体 30 726 件、电信 20 609 件、运输 19 351 件、表面加工技术 / 涂层 18 915 件、测量 17 487 件、纺织和造纸器械 14 391 件。

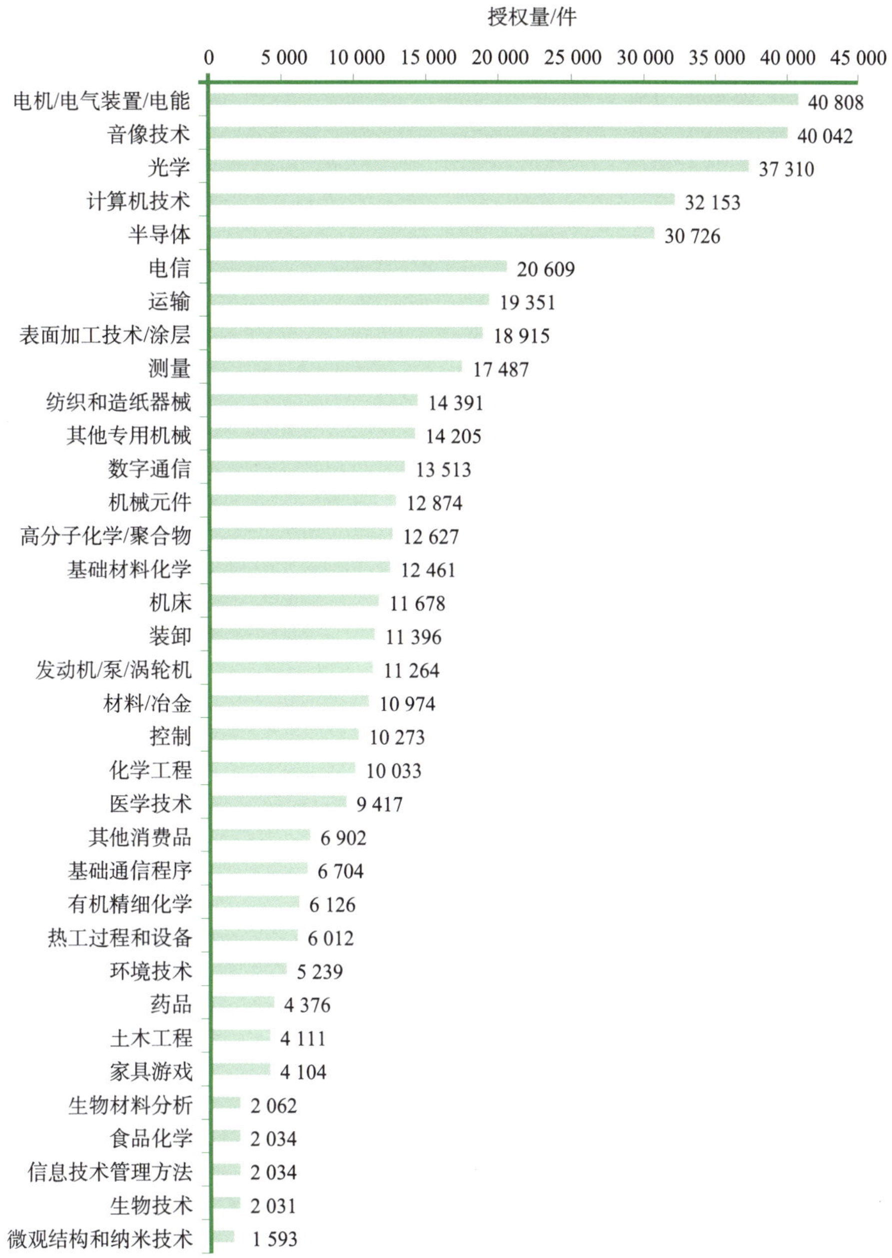

图5-13 2008~2015年日本在华授权发明专利的领域分布

3. 美国在华授权发明专利的领域布局情况

如图 5-14 所示，2008~2015 年，美国在华授权发明专利总量为 11 5671 件，排名第一的是计算机技术领域，达到 26 134 件，占总量的比例为 22.59%；排名最后的是微观结构和纳米技术领域，仅为 1 689 件，占总量的比例为 1.46%，差异悬殊。除计算机技术领域外，授权发明专利排前十位的技术领域还有：数字通信 16 565 件、电机 / 电气装置 / 电能 14 190 件、电信 14 144 件、半导体 11 572 件、测量 11 546 件、音像技术 10 599 件、医学技术 10 576 件、基础材料化学 10 108 件、化学工程 9 566 件。

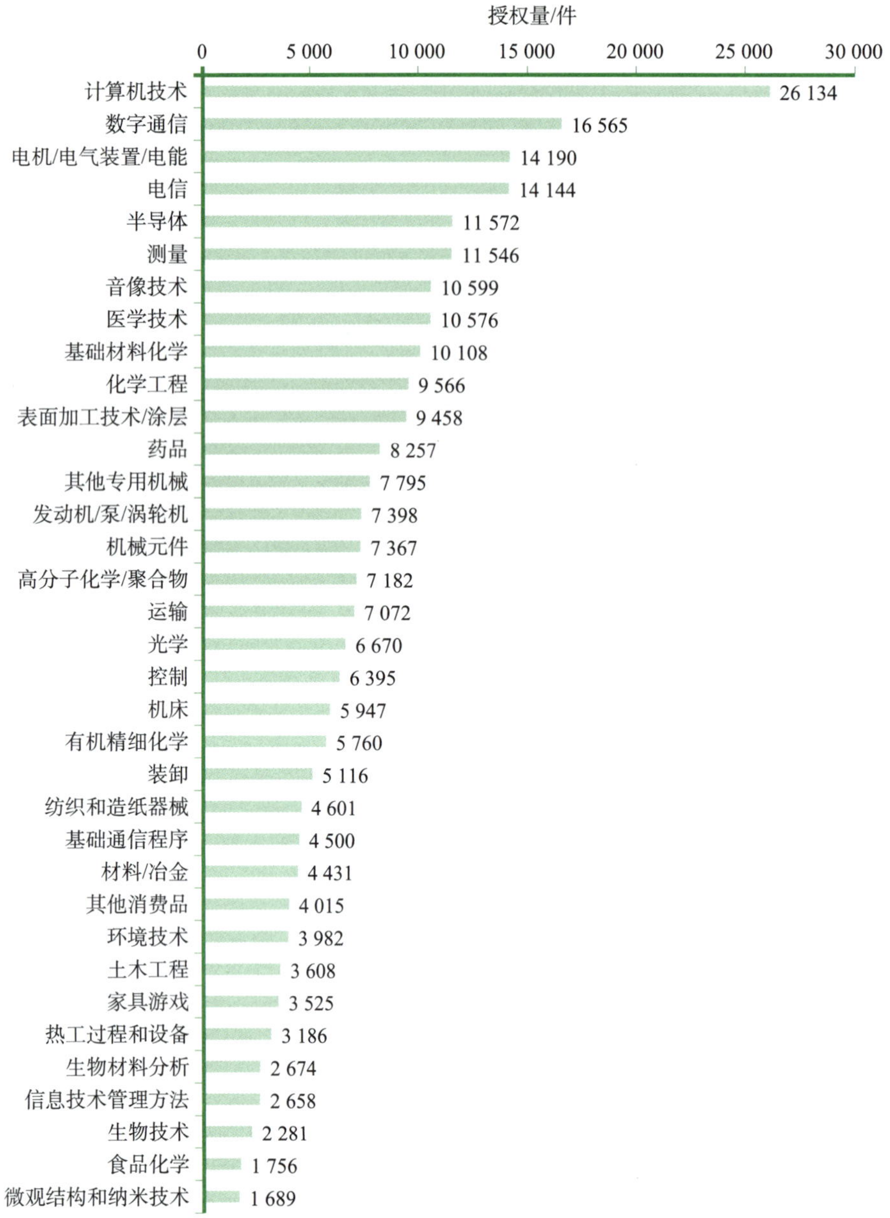

图5-14　2008~2015年美国在华授权发明专利的领域分布

4. 德国在华授权发明专利的领域布局情况

如图 5-15 所示，2008~2015 年，德国在华发明专利授权总量为 49 092 件，排名第一的是电机 / 电气装置 / 电能领域，达到 7 717 件，占总量的比例为 15.72%；排名最后的是信息技术管理方法领域，仅为 208 件，占总量的比例为 0.42%，差异悬殊。除电机 / 电气装置 / 电能领域外，授权发明专利排前十位的技术领域还有：机械元件 6 491 件、运输 6 473 件、测量 5 057 件、化学工程 4 803 件、发动机 / 泵 / 涡轮机 4 756 件、基础材料化学 4 487 件、机床 4 454 件、其他专用机械 4 392 件、高分子化学 / 聚合物 3 952 件。

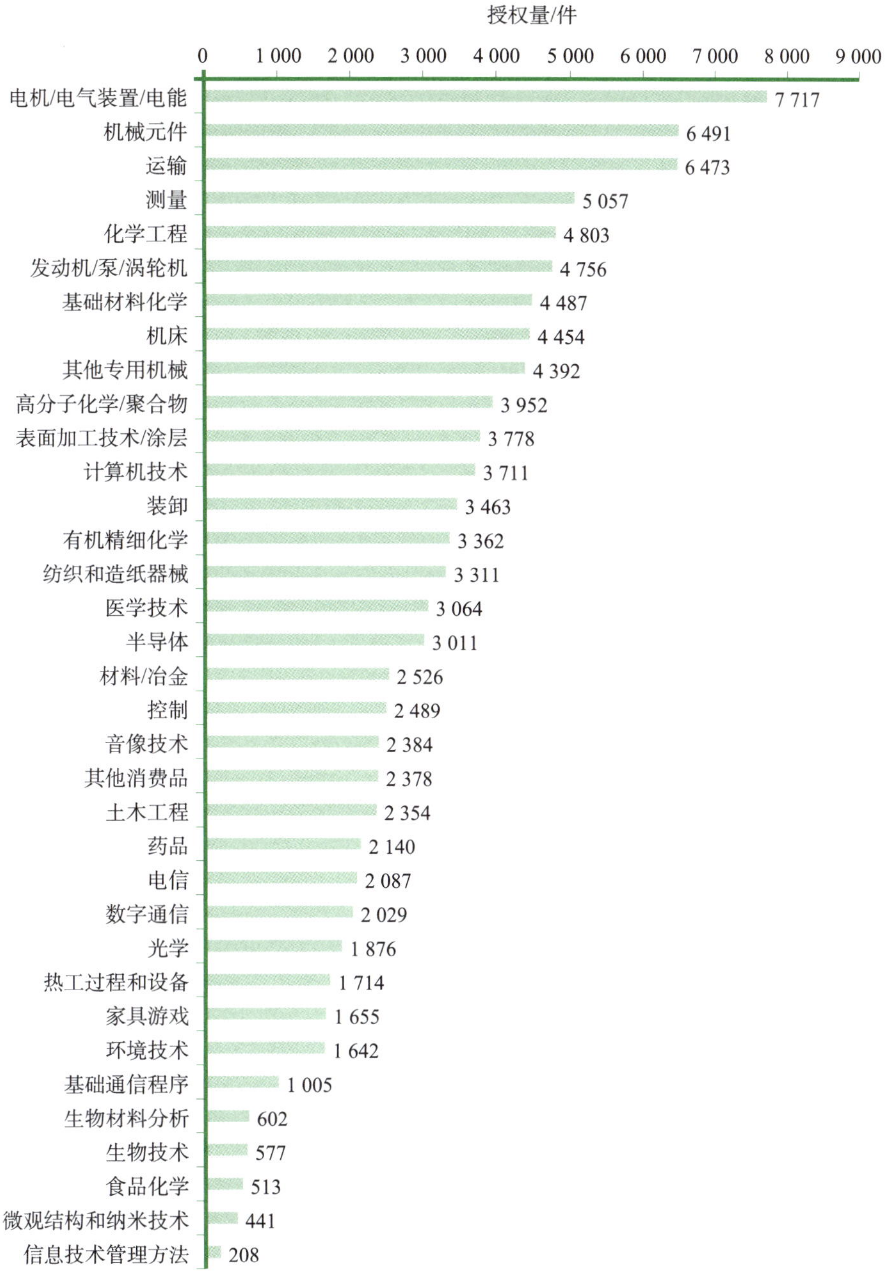

图5-15　2008~2015年德国在华授权发明专利的领域分布

5. 韩国在华授权发明专利的领域布局情况

如图 5-16 所示，2008~2015 年，韩国在华发明专利授权总量为 41 269 件，排名第一的是音像技术领域，达到 10 839 件，占总量的比例为 26.26%；排名最后的是生物材料分析领域，仅为 256 件，占总量的比例为 0.62%，差异悬殊。除音像技术领域外，授权发明专利排前十位的技术领域还有：电机 / 电气装置 / 电能 8 902 件、半导体 8 096 件、光学 7 567 件、计算机技术 7 329 件、电信 6 370 件、数字通信 5 838 件、表面加工技术 / 涂层 2 495 件、测量 2 301 件、其他消费品 2 145 件。

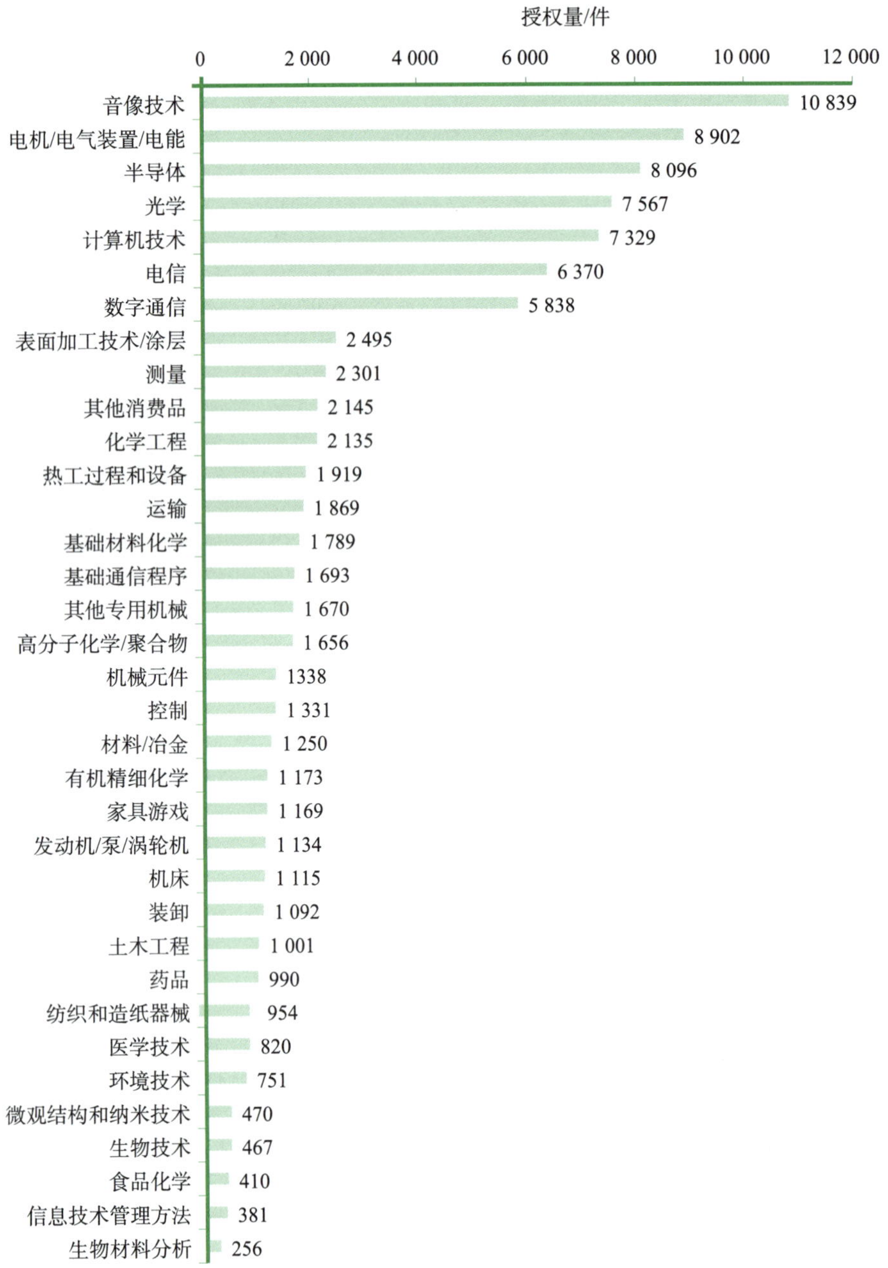

图5-16　2008~2015年韩国在华授权发明专利的领域分布

6. 法国在华授权发明专利的领域布局情况

如图 5-17 所示，2008~2015 年，法国在华发明专利授权总量为 18 609 件，排名第一的是运输领域，达到 2 891 件，占总量的比例为 15.54%；排名最后的是信息技术管理方法领域，仅为 163 件，占总量的比例为 0.88%，差异悬殊。除运输领域外，授权发明专利排前十位的技术领域还有：数字通信 2 621 件、计算机技术 2 550 件、电机 / 电气装置 / 电能 2 422 件、音像技术 2 399 件、电信 2 213 件、其他专用机械 1 646 件、测量 1 635 件、化学工程 1 604 件、发动机 / 泵 / 涡轮机 1 538 件。

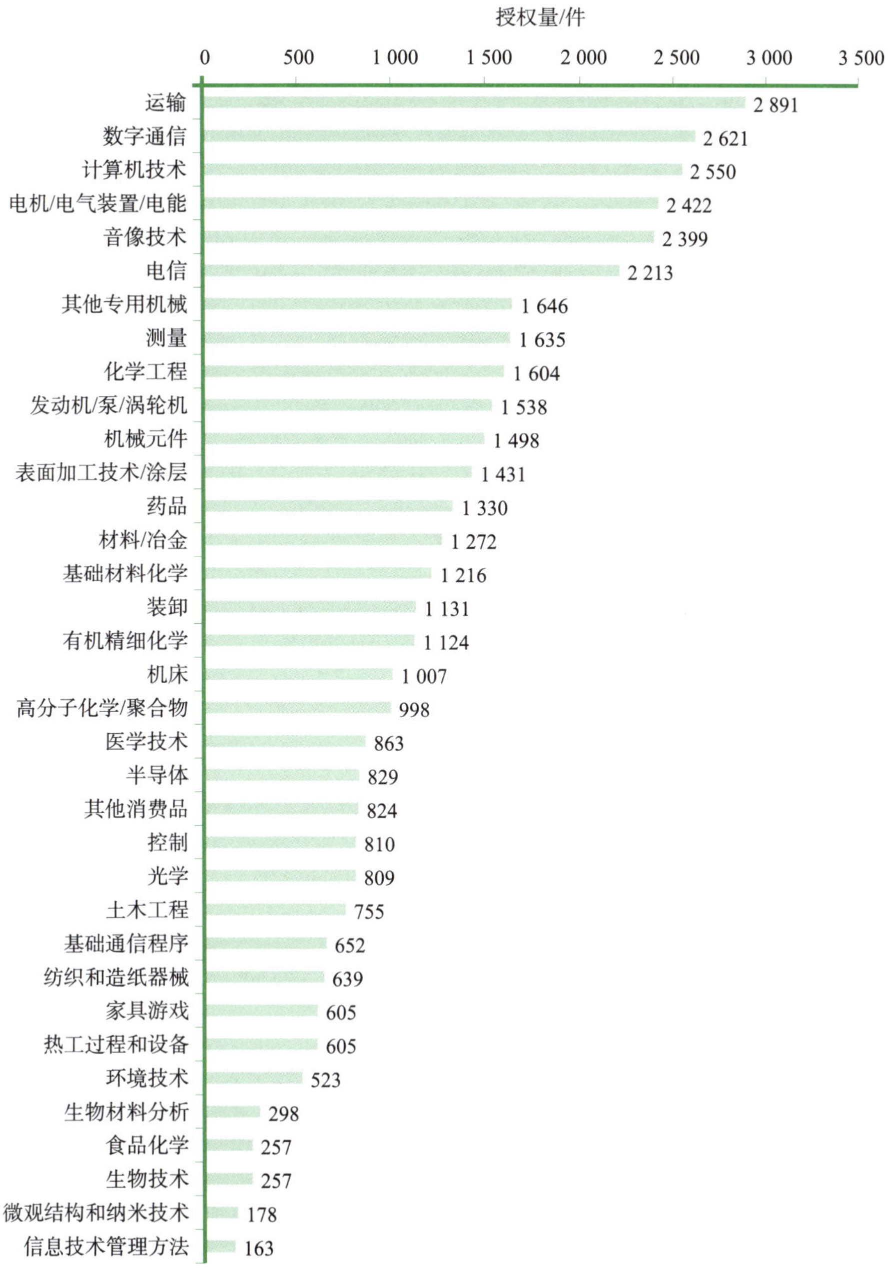

图5-17　2008~2015年法国在华授权发明专利的领域分布

7. 瑞士在华授权发明专利的领域布局情况

如图 5-18 所示，2008~2015 年，瑞士在华发明专利授权总量为 13 007 件，排名第一的是药品领域，达到 2 330 件，占总量的比例为 17.91%；排名最后的是信息技术管理方法领域，仅为 85 件，占总量的比例为 0.65%，差异悬殊。除药品领域外，授权发明专利排前十位的技术领域还有：测量 2 152 件、医学技术 1 705 件、装卸 1 679 件、电机 / 电气装置 / 电能 1 565 件、基础材料化学 1 365 件、其他专用机械 1 142 件、化学工程 1 103 件、纺织和造纸器械 1 051 件、有机精细化学 1 021 件。

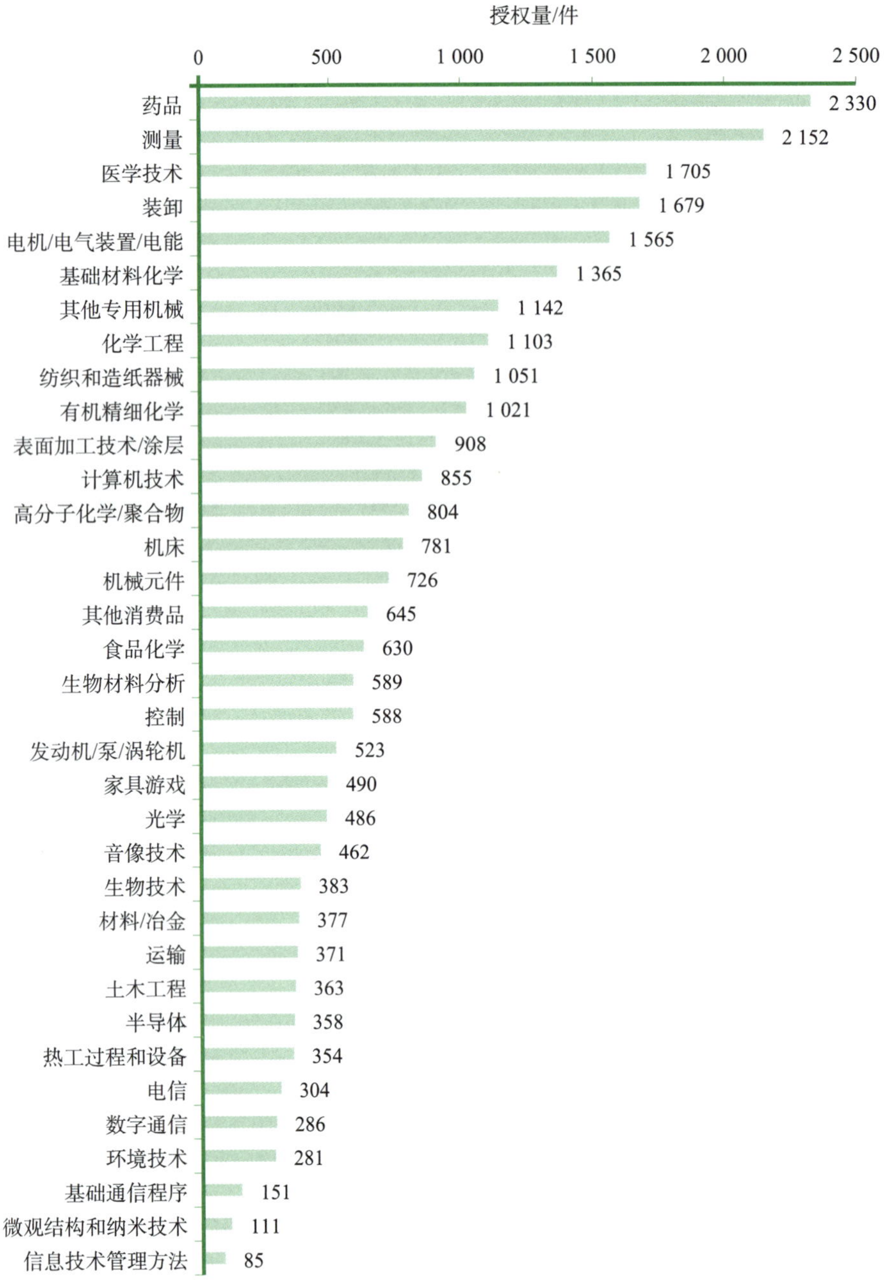

图5-18　2008~2015年瑞士在华授权发明专利的领域分布

8. 英国在华授权发明专利的领域布局情况

如图 5-19 所示，2008~2015 年，英国在华发明专利授权总量为 7 658 件，排名第一的是测量领域，达到 1 029 件，占总量的比例为 13.44%；排名最后的是信息技术管理方法领域，仅为 55 件，占总量的比例为 0.72%，差异悬殊。除测量领域外，授权发明专利排前十位的技术领域还有：药品 977 件、电机 / 电气装置 / 电能 968 件、化学工程 929 件、医学技术 884 件、计算机技术 820 件、基础材料化学 766 件、机械元件 626 件、有机精细化学 555 件、表面加工技术 / 涂层 554。

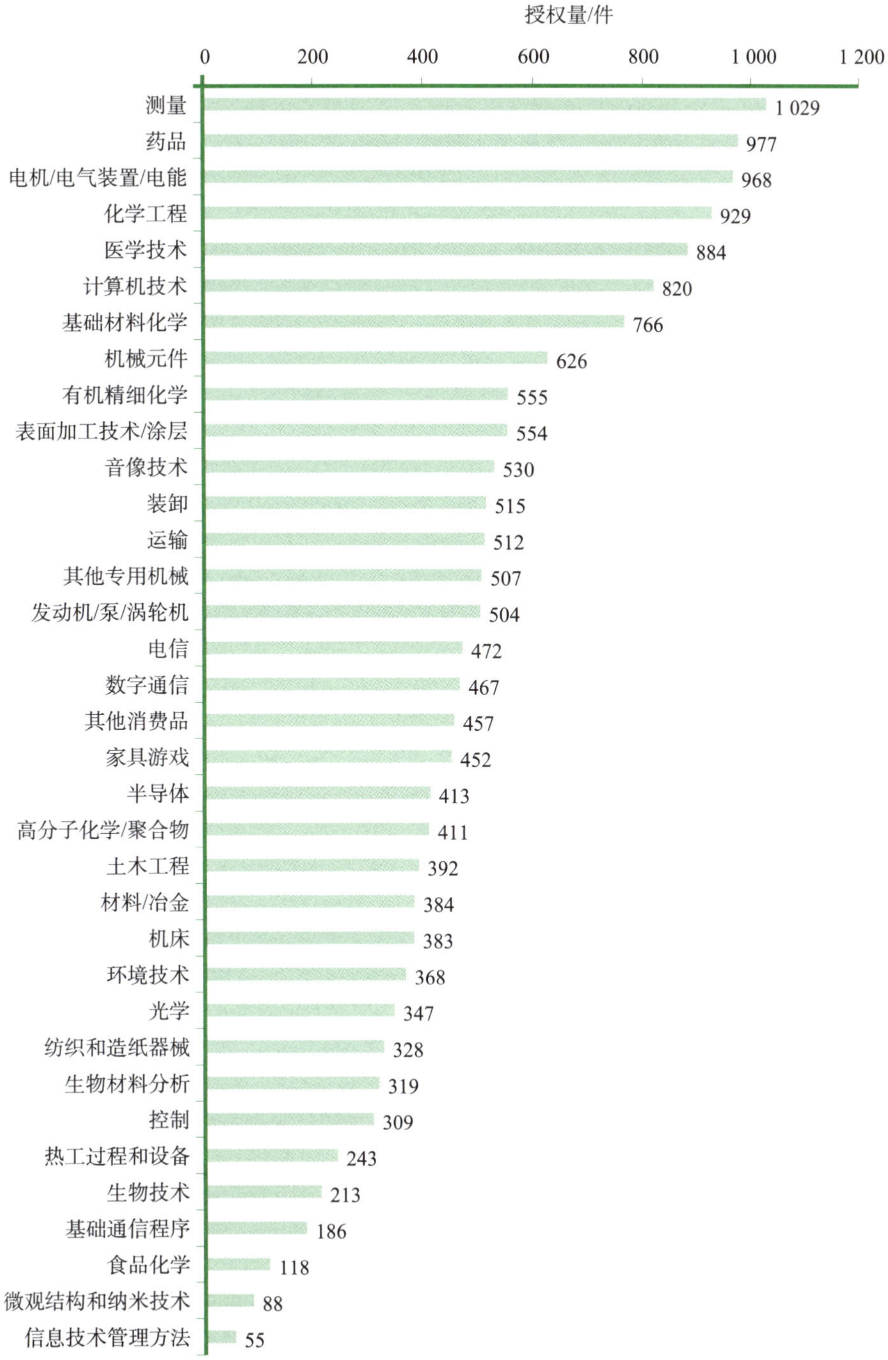

图5-19 2008~2015年英国在华授权发明专利的领域分布

9. 俄罗斯在华授权发明专利的领域布局情况

如图 5-20 所示，2008~2015 年，俄罗斯在华发明专利授权总量为 413 件，排名第一的是化学工程领域，达到 58 件，占总量的比例为 14.04%；排名最后的是生物技术领域，无授权发明专利，差异悬殊。除化学工程领域外，授权发明专利排前十位的技术领域还有：计算机技术 55 件、药品 49 件、测量 38 件、发动机 / 泵 / 涡轮机 38 件、医学技术 36 件、基础材料化学 36 件、

电机 / 电气装置 / 电能 35 件、材料 / 冶金 32 件、数字通信 29 件。

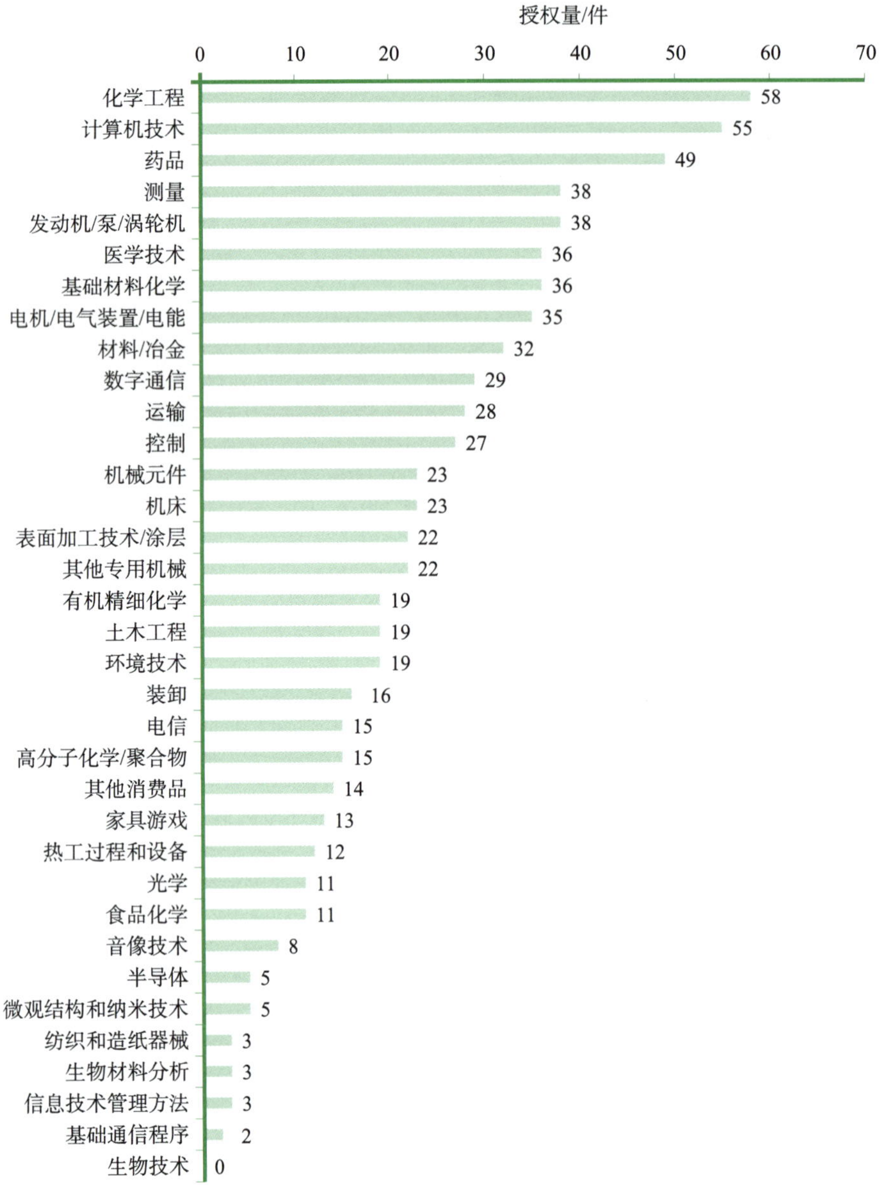

图5-20　2008~2015年俄罗斯在华授权发明专利的领域分布

第三节　本章小结

1）2008~2015 年，在中国授权的发明专利呈持续增长态势，在中国授权的发明专利主要来源于本国申请人，日本和美国在中国成功布局了大量的发明专利。但在国内技术创新热点领域中，九国专利布局能力差异较大。在电机 / 电气装置 / 电能、计算机技术领域，虽然中国申请人在华专利布局份额最高，但是国外申请人在中国成功布局了超过总量一半的发明专利。在测量、数字通信、基础材料化学、其他专用机械、材料 / 冶金、机床领域，中国申请人在华专利布局份额最高，均占整体份额的六成以上，材料 / 冶金领域甚至达到七成以上。

2）2008~2015 年，九国在华授权发明专利的布局情况有所差异。中国在华授权发明专利主要分布在测量、数字通信、电机 / 电气装置 / 电能、材料 / 冶金、药品领域。日本在华授权发明专利主要分布在电机 / 电气装置 / 电能、音像技术、光学、计算机技术、半导体领域。美国在华授权发明专利主要分布在计算机技术、数字通信、电机 / 电气装置 / 电能、电信领域，其中计算机技术最为突出。德国在华授权发明专利主要分布在电机 / 电气装置 / 电能、机械元件、运输、测量领域。韩国在华授权发明专利主要分布在音像技术、电机 / 电气装置 / 电能技术领域。法国在华授权发明专利主要分布在运输、数字通信、计算机技术、电机 / 电气装置 / 电能、音像技术、电信领域。瑞士在华授权发明专利主要分布在药品、测量领域。英国在华授权发明专利主要分布在测量、药品、电机 / 电气装置 / 电能、化学工程等领域。俄罗斯在华授权发明专利主要分布在化学工程、计算机技术、药品领域。

第六章　国内技术创新中的国家和区域表现

本章将基于近 4 年（2012~2015 年）在中国授权的近百万件发明专利文献，研究全球主要国家和中国各省区市[①]在国内技术创新活动中的表现，尤其是在国内创新热点领域中的表现。

第一节　国内技术创新中的国家和区域整体表现

本节利用发明专利授权量、每申请人平均发明专利授权量、每授权发明专利平均发明人数对全球主要国家和国内 31 个省区市的技术创新情况进行分析，揭示它们在国内技术创新中的整体状况。

一、九国在华技术创新总体情况

如表 6-1 所示，以 2012~2015 年 4 年的授权发明专利总量计，中国申请人在华授权发明专利遥遥领先，4 年总量达到 674 348 件，约占中国授权发明专利总量的六成以上。日本和美国在华授权发明专利分列第二名和第三名，分别达到 113 884 件、73 275 件，其后是德国 30 903 件、韩国 20 408 件、法国 11 277 件、瑞士 7 914 件、英国 4 738 件、俄罗斯 262 件。

日本的每申请人平均发明专利授权量最高，达到了 18.85 件 / 人，有效竞争者的平均专利集中度远高于其他国家，这意味着日本有效竞争者在中国国内平均拥有的专利技术最多，其在中国市场的竞争中对专利技术的自由运用程度较高，实力雄厚。其后是德国 7.21 件 / 人、美国 6.73 件 / 人、瑞士 6.14 件 / 人、韩国 5.94 件 / 人、法国 5.87 件 / 人、中国 4.79 件 / 人、英国 2.66 件 / 人、俄罗斯 0.98 件 / 人。

① 此处为省、自治区、直辖市简称，为避免冗长，后续内容统一使用简称“省区市”。

表6-1　2012~2015年九国在华技术创新情况

专利来源国	发明专利授权量/件	每申请人平均发明专利授权量/(件/人)	每授权发明专利平均发明人数/(人次/件)
中国	674 348	4.79	3.76
日本	113 884	18.85	2.75
美国	73 275	6.73	3.18
德国	30 903	7.21	2.95
韩国	20 408	5.94	3.28
法国	11 277	5.87	2.62
瑞士	7 914	6.14	2.96
英国	4 738	2.66	2.51
俄罗斯	262	0.98	3.15

中国的每授权发明专利平均发明人数最高，达到了 3.76 人次 / 件，体现了较高的专利平均研究密集程度，这与中国由于人力资源成本较低而拥有众多的研发人员的国情相符合。另外，每授权发明专利投入的研发人员数量较多，则授权发明的价值可能较高。各个国家在中国布局的授权发明专利均拥有较高的平均发明人数，分别为韩国 3.28 人次 / 件、美国 3.18 人次 / 件、俄罗斯 3.15 人次 / 件、瑞士 2.96 人次 / 件、德国 2.95 人次 / 件、日本 2.75 人次 / 件、法国 2.62 人次 / 件、英国 2.51 人次 / 件。

综合发明专利授权量、每申请人平均发明专利授权量、每授权发明专利平均发明人数的情况，在中国国内，中国、日本、美国的技术创新优势明显。

二、中国各省区市技术创新总体情况

如表 6-2 所示，2012~2015 年，中国 31 个省区市中，北京的授权发明专利总量最高，为 97 040 件；广东紧随其后，为 96 735 件；江苏位列第三，为 86 194 件。北京、广东和江苏显示出较强的技术创新能力。排名最后几位的宁夏、青海、西藏授权发明专利 4 年累计量不足千件，各省区市差异非常悬殊。

北京的每申请人平均发明专利授权量排在首位，达到 7.38 件 / 人，其后是陕西 6.89 件 / 人、黑龙江 5.65 件 / 人、上海 5.46 件 / 人、广东 5.33 件 / 人。上述省市的有效竞争者平均专利集中度较高。

青海的每授权发明专利平均发明人数最高，为 5.09 人次 / 件，其后是云南 4.88 人次 / 件、吉林 4.82 人次 / 件、河南 4.81 人次 / 件、甘肃 4.79 人次 / 件、陕西 4.79 人次 / 件，上述省市在每授权发明专利中投入的科研人员数量较多，授权发明专利的研究密集程度较高。

综合以上指标，北京、广东、江苏在我国的技术创新优势较为明显。

表6-2　2012~2015年中国各省区市的技术创新情况

省区市	发明专利授权量/件	每申请人平均发明专利授权量/(件/人)	每授权发明专利平均发明人数/(人次/件)
北京	97 040	7.38	4.36
广东	96 735	5.33	2.83
江苏	86 194	4.39	3.44
浙江	57 536	3.61	3.12
上海	50 551	5.46	3.63
山东	42 629	3.30	3.73
四川	23 216	4.38	4.13
安徽	22 225	4.09	3.15
湖北	20 237	4.43	4.55
陕西	19 674	6.89	4.79
辽宁	18 083	3.84	4.17
湖南	17 570	4.02	4.15
河南	15 005	3.10	4.81
福建	14 638	3.22	3.15
天津	14 180	4.80	4.08
黑龙江	11 081	5.65	4.62
重庆	10 921	4.51	4.06
河北	9 989	3.10	4.24
广西	7 789	3.03	4.17
吉林	6 659	4.05	4.82
山西	6 529	3.53	4.43
云南	6 022	3.10	4.88
江西	4 327	2.68	3.69
贵州	3 868	3.10	3.77
甘肃	3 475	3.10	4.79
新疆	2 479	2.49	4.31
内蒙古	2 396	2.54	3.91
海南	1 680	4.34	3.25
宁夏	983	2.43	4.33
青海	454	2.28	5.09
西藏	183	2.32	3.09

第二节　国内技术创新热点领域的国家和区域表现

本节将研究在国内技术创新热点领域中，全球主要国家及国内 31 个省区市的技术创新状况。

一、国内技术创新热点领域中九国技术创新情况

1. 电机 / 电气装置 / 电能领域中九国技术创新情况

如表 6-3 所示，2012~2015 年，电机 / 电气装置 / 电能领域在中国授权的发明专利总计 102 114 件，其中有 49 125 件来自中国申请人，占总量的比例为 48.11%，高于 2008~2015 年该领域中国申请人授权发明专利的占比。可见，在该领域中国的技术创新能力在不断提高。此外，电机 / 电气装置 / 电能领域中，国外申请人在中国成功布局了超过总量一半的发明专利，尤其是日本，在总量中所占份额达到 16.43%，在所有外国国家中位列第一。可见，在该领域，日本也在中国成功布局了大量的发明专利，显示了较强的技术创新实力。

表6-3　2012~2015年电机/电器装置/电能领域中九国在华技术创新情况

专利来源国	发明专利授权量/件	每申请人平均发明专利授权量/(件/人)	每授权发明专利平均发明人数/(人次/件)
中国	49 125	3.21	3.55
日本	16 780	13.19	2.82
美国	5 764	4.98	2.87
德国	3 471	5.32	2.70
韩国	2 569	6.83	3.12
法国	1 051	4.31	2.50
瑞士	821	6.32	2.77
英国	406	2.13	2.18
俄罗斯	11	0.61	2.27

在电机 / 电气装置 / 电能领域，日本的每申请人平均发明专利授权量最高，达到了 13.19 件 / 人，有效竞争者的平均专利集中度远高于其他国家，这意味着该领域的日本有效竞争者在中国国内平均拥有的专利技术最多，其在中国市场的竞争中对专利技术的自由运用程度较高，实力雄厚。其后是韩国 6.83 件 / 人、瑞士 6.32 件 / 人、德国 5.32 件 / 人、美国 4.98 件 / 人、法国 4.31 件 / 人、中国 3.21 件 / 人、英国 2.13 件 / 人、俄罗斯 0.61 件 / 人。中国申请人虽然整体拥有大量的授权发明专利，但分散在数量众多的申请人手中，每申请人平均发明专利授权量排在倒数第三位。

在电机/电气装置/电能领域，中国的每授权发明专利平均发明人数最高，达到了3.55人次/件，即每授权发明专利投入的科研人员数量较多，体现了较高的专利平均研究密集程度。另一方面，每授权发明专利投入的研发人员数量较多，则授权发明的价值可能较高。该领域中，各个国家在中国布局的授权发明专利均拥有较高的平均发明人数，分别为韩国3.12人次/件、美国2.87人次/件、日本2.82人次/件、瑞士2.77人次/件、德国2.70人次/件、法国2.50人次/件、俄罗斯2.27人次/件、英国2.18人次/件。

综合发明专利授权量、每申请人平均发明专利授权量、每授权发明专利平均发明人数的情况，在电机/电气装置/电能领域，中国、日本在中国市场具有明显的技术创新优势。

2. 计算机技术领域中九国技术创新情况

如表6-4所示，2012~2015年，计算机技术领域在中国授权的发明专利总计89 127件，其中有35 373件来自中国申请人，占总量的比例为39.69%，略高于2008~2015年该领域中国申请人授权发明专利的占比。可见，近年来，在该领域中国的技术创新能力有所提高。此外，计算机技术领域中，国外申请人在中国成功布局了约六成的发明专利，尤其是美国和日本，在总量中所占份额分别达到9.78%和8.38%，在所有外国国家中分别位列第一和第二。可见，在该领域，美国和日本也在中国成功布局了大量的发明专利，显示了较强的技术创新实力。

表6-4 2012~2015年计算机技术领域中九国在华技术创新情况

专利来源国	发明专利授权量/件	每申请人平均发明专利授权量/(件/人)	每授权发明专利平均发明人数/(人次/件)
中国	35 373	5.04	3.49
日本	7 469	13.88	2.47
美国	8 713	7.64	3.22
德国	834	3.69	3.30
韩国	1 782	8.45	2.97
法国	551	3.85	2.50
瑞士	209	3.03	2.53
英国	239	2.21	2.25
俄罗斯	31	3.44	2.03

在计算机技术领域，日本的每申请人平均发明专利授权量最高，达到了13.88件/人，有效竞争者的平均专利集中度远高于其他国家，这意味着该领域的日本有效竞争者在中国国内平均拥有的专利技术最多，其在中国市场的竞争中对专利技术的自由运用程度较高，实力雄厚。其后是韩国8.45件/人、美国7.64件/人、中国5.04件/人、法国3.85件/人、德国3.69件/人、俄罗斯3.44件/人、瑞士3.03件/人、英国2.21件/人。

在计算机技术领域，中国的每授权发明专利平均发明人数最高，达到了3.49人次/件，即每授权发明专利投入的科研人员数量较多，体现了较高的专利平均研究密集程度。另外，每授权发明专利投入的研发人员数量较多，则授权发明的价值可能较高。该领域中，各个国家在中国布局的授权发明专利均拥有较高的平均发明人数，分别为德国3.30人次/件、美国3.22人次/件、韩国2.97人次/件、瑞士2.53人次/件、法国2.50人次/件、日本2.47人次/件、英国2.25人次/件、俄罗斯2.03人次/件。

综合发明专利授权量、每申请人平均发明专利授权量、每授权发明专利平均发明人数的情况，在计算机技术领域，中国、美国、日本在中国市场具有明显的技术创新优势。

3. 测量领域中九国技术创新情况

如表6-5所示，2012~2015年，测量领域在中国授权的发明专利总计88 458件，其中有57 327件来自中国申请人，占总量的比例为64.81%，略高于2008~2015年该领域中国申请人授权发明专利的占比。可见，近年来，在该领域中国的技术创新能力有所提高。此外，测量领域中，国外在华授权发明专利整体份额不足四成。外国国家中，日本所占份额较高、达到7.18%，其次是美国、份额达到4.41%，二者在所有外国国家中分别位列第一和第二。

表6-5　2012~2015年测量领域中九国在华技术创新情况

专利来源国	发明专利授权量/件	每申请人平均发明专利授权量/(件/人)	每授权发明专利平均发明人数/(人次/件)
中国	57 327	3.81	4.46
日本	6 347	7.25	2.59
美国	3 905	3.45	2.85
德国	2 113	3.80	2.62
韩国	665	2.67	3.09
法国	618	2.44	2.33
瑞士	921	4.28	2.49
英国	378	2.07	2.31
俄罗斯	18	0.86	3.61

在测量领域，日本的每申请人平均发明专利授权量最高，达到了7.25件/人，有效竞争者的平均专利集中度远高于其他国家，这意味着该领域的日本有效竞争者在中国国内平均拥有的专利技术最多，其在中国市场的竞争中对专利技术的自由运用程度较高，实力雄厚。其后是瑞士4.28件/人、中国3.81件/人、德国3.80件/人、美国3.45件/人、韩国2.67件/人、法国2.44件/人、英国2.07件/人、俄罗斯0.86件/人。

在测量领域，中国的每授权发明专利平均发明人数最高，达到了4.46人次/件，体现了较高的专利平均研究密集程度，授权发明的价值可能较高。该领域中，各个国家在中国布局的授权发明专利均拥有较高的平均发明人数，分别为俄罗斯3.61人次/件、韩国3.09人次/件、美国2.85人次/件、德国2.62人次/件、日本2.59人次/件、瑞士2.49人次/件、法国2.33人次/件、英国2.31人次/件。

综合发明专利授权量、每申请人平均发明专利授权量、每授权发明专利平均发明人数的情况，在测量领域，中国在本国市场具有明显的技术创新优势。

4. 数字通信领域中九国技术创新情况

如表6-6所示，2012~2015年，数字通信领域在中国授权的发明专利总计80 468件，其中有46 276件来自中国申请人，占总量的比例为57.51%，国外在华授权发明专利整体份额达到三成，但高于2008~2015年该领域国外在华授权发明专利的占比。可见，近年来，在数字通信领域国内外的竞争格局还在不断调整，外国国家很重视中国市场的布局，应引起国内企业的关注。外国国家中，美国所占份额较高、达到8.97%，其次是日本、份额达到6.04%，二者在所有外国国家中分别位列第一和第二。可见，在该领域，美国也显示了较强的技术创新实力。

表6-6　2012~2015年数字通信领域中九国在华技术创新情况

专利来源国	发明专利授权量/件	每申请人平均发明专利授权量/(件/人)	每授权发明专利平均发明人数/(人次/件)
中国	46 276	9.26	3.16
日本	4 862	23.49	2.62
美国	7 214	12.91	3.14
德国	775	6.92	2.53
韩国	2 024	21.53	3.53
法国	1 041	11.70	2.57
瑞士	119	3.72	2.09
英国	197	2.53	2.29
俄罗斯	12	6.00	2.67

在数字通信领域，日本和韩国的每申请人平均发明专利授权量远高于其他国家，分别达到23.49件/人和21.53件/人，有效竞争者的平均专利集中度远高于其他国家，这意味着该领域的日本和韩国有效竞争者在中国国内平均拥有的专利技术最多，其在中国市场的竞争中对专利技术的自由运用程度较高。其后是美国12.91件/人、法国11.70件/人、中国9.26件/人、德国6.92件/人、俄罗斯6.00件/人、瑞士3.72件/人、英国2.53件/人。

在数字通信领域，韩国的每授权发明专利平均发明人数最高，达到了3.53人次/件，体现了较高的专利平均研究密集程度，授权发明的价值可能较高。该领域中，各个国家在中国布局的授权发明专利均拥有较高的平均发明人数，分别为中国3.16人次/件、美国3.14人次/件、俄罗斯2.67人次/件、日本2.62人次/件、法国2.57人次/件、德国2.53人次/件、英国2.29人次/件、瑞士2.09人次/件。

综合发明专利授权量、每申请人平均发明专利授权量、每授权发明专利平均发明人数的情况，在数字通信领域，中国、美国在中国市场具有明显的技术创新优势。

5. 基础材料化学领域中九国技术创新情况

如表 6-7 所示，2012~2015 年，基础材料化学领域在中国授权的发明专利总计 71 420 件，其中有 45 885 件来自中国申请人，占总量的比例为 64.25%，略高于 2008~2015 年该领域中国申请人授权发明专利的占比。可见，近年来，在该领域中国的技术创新能力有所提高。此外，基础材料化学领域中，国外在华授权发明专利整体份额不足四成。外国国家中，日本所占份额较高、达到 7.09%，其次是美国、份额达到 5.93%，二者在所有外国国家中分别位列第一和第二。

在基础材料化学领域，德国和瑞士的每申请人平均发明专利授权量较高，分别达到了 6.63 件 / 人和 6.29 件 / 人，有效竞争者的平均专利集中度高于其他国家，这意味着该领域的德国和瑞士有效竞争者在中国国内平均拥有的专利技术最多，其在中国市场的竞争中对专利技术的自由运用程度较高。其后是日本 5.98 件 / 个、美国 4.13 件 / 个、韩国 3.92 件 / 个、法国 3.23 件 / 个、中国 2.99 件 / 个、英国 2.64 件 / 个、俄罗斯 0.78 件 / 个。中国申请人虽然整体拥有大量的授权发明专利，但分散在数量众多的申请人手中，每申请人平均发明专利授权量排在倒数第三位。

在基础材料化学领域，韩国的每授权发明专利平均发明人数最高，达到了 4.73 人次 / 件，体现了较高的专利平均研究密集程度，授权发明的价值可能较高。该领域中，各个国家在中国布局的授权发明专利均拥有较高的平均发明人数，分别为德国 4.22 人次 / 件、中国 4.16 人次 / 件、俄罗斯 3.86 人次 / 件、美国 3.52 人次 / 件、日本 3.26 人次 / 件、瑞士 3.14 人次 / 件、英国 2.95 人次 / 件、法国 2.94 人次 / 件。

综合发明专利授权量、每申请人平均发明专利授权量、每授权发明专利平均发明人数的情况，在基础材料化学领域，中国在本国市场具有明显的技术创新优势。

表6-7　2012~2015年基础材料化学领域中九国在华技术创新情况

专利来源国	发明专利授权量/件	每申请人平均发明专利授权量/(件/人)	每授权发明专利平均发明人数/(人次/件)
中国	45 885	2.99	4.16
日本	5 063	5.98	3.26
美国	4 238	4.13	3.52
德国	1 995	6.63	4.22
韩国	667	3.92	4.73
法国	520	3.23	2.94
瑞士	503	6.29	3.14
英国	285	2.64	2.95
俄罗斯	14	0.78	3.86

6. 其他专用机械领域中九国技术创新情况

如表 6-8 所示，2012~2015 年，其他专用机械领域在中国授权的发明专利总计 60 562 件，其中有 36 321 件来自中国申请人，占总量的比例为 59.97%，略高于 2008~2015 年该领域中国申请人授权发明专利的占比。可见，近年来，在该领域中国的技术创新能力有所提高。此外，其他专用机械领域中，国外在华授权发明专利整体份额约四成。外国国家中，日本所占份额较高、达到 8.12%，其次是美国、份额达到 3.55%，二者在所有外国国家中分别位列第一和第二。可见，在该领域，日本也显示了较强的技术创新实力。

表6-8　2012~2015年其他专用机械领域中九国在华技术创新情况

专利来源国	发明专利授权量/件	每申请人平均发明专利授权量/(件/人)	每授权发明专利平均发明人数/(人次/件)
中国	36 321	2.24	3.76
日本	4 916	5.33	2.80
美国	2 148	3.21	3.17
德国	1 511	3.22	3.01
韩国	465	1.95	3.30
法国	582	2.95	2.43
瑞士	296	2.69	2.59
英国	154	1.56	2.31
俄罗斯	8	0.73	3.25

在其他专用机械领域，日本的每申请人平均发明专利授权量最高，达到了 5.33 件 / 人，有效竞争者的平均专利集中度于其他国家，这意味着该领域日本有效竞争者在中国国内平均拥有的专利技术最多，其在中国市场的竞争中对专利技术的自由运用程度较高。其后是德国 3.22 件 / 人、美国 3.21 件 / 人、法国 2.95 件 / 人、瑞士 2.69 件 / 人、中国 2.24 件 / 人、韩国 1.95 件 / 人、英国 1.56 件 / 人、俄罗斯 0.73 件 / 人。

在其他专用机械领域，中国的每授权发明专利平均发明人数最高，达到了 3.76 人次 / 件，体现了较高的专利平均研究密集程度，授权发明的价值可能较高。该领域中，各个国家在中国布局的授权发明专利均拥有较高的平均发明人数，分别为韩国 3.30 人次 / 件、俄罗斯 3.25 人次 / 件、美国 3.17 人次 / 件、德国 3.01 人次 / 件、日本 2.80 人次 / 件、瑞士 2.59 人次 / 件、法国 2.43 人次 / 件、英国 2.31 人次 / 件。

综合发明专利授权量、每申请人平均发明专利授权量、每授权发明专利平均发明人数的情况，在其他专用机械领域，中国、日本在中国市场具有明显的技术创新优势。

7. 材料 / 冶金领域中九国技术创新情况

如表 6-9 所示，2012~2015 年，材料 / 冶金领域在中国授权的发明专利总计 64 778 件，其中有 49 035 件来自中国申请人，占总量的比例为 75.70%，略高于 2008~2015 年该领域中国申请人授权发明专利的占比。可见，近年来，在该领域中国的技术创新能力有所提高。此外，该领域中，国外在华授权发明专利整体份额不足三成。外国国家中，日本所占份额较高、达到 7.16%，其次是美国、份额达到 2.29%，二者在所有外国国家中分别位列第一和第二。

表6-9 2012~2015年材料/冶金领域中九国在华技术创新情况

专利来源国	发明专利授权量/件	每申请人平均发明专利授权量/(件/人)	每授权发明专利平均发明人数/(人次/件)
中国	49 035	3.35	4.33
日本	4 637	5.88	3.34
美国	1 484	2.75	3.06
德国	1 000	3.13	3.42
韩国	430	2.10	3.79
法国	538	3.24	3.17
瑞士	134	2.00	2.78
英国	144	1.82	2.70
俄罗斯	11	1.22	3.82

在材料 / 冶金领域，日本的每申请人平均发明专利授权量最高，达到了 5.88 件 / 人，有效竞争者的平均专利集中度于其他国家，这意味着该领域日本有效竞争者在中国国内平均拥有的专利技术最多,其在中国市场的竞争中对专利技术的自由运用程度较高。其后是中国 3.35 件 / 人、法国 3.24 件 / 人、德国 3.13 件 / 人、美国 2.75 件 / 人、韩国 2.10 件 / 人、瑞士 2.00 件 / 人、英国 1.82 件 / 人、俄罗斯 1.22 件 / 人。

在材料 / 冶金领域，中国的每授权发明专利平均发明人数最高，达到了 4.33 人次 / 件，体现了较高的专利平均研究密集程度，授权发明的价值可能较高。该领域中，各个国家在中国布局的授权发明专利均拥有较高的平均发明人数，分别为俄罗斯 3.82 人次 / 件、韩国 3.79 人次 / 件、德国 3.42 人次 / 件、日本 3.34 人次 / 件、法国 3.17 人次 / 件、美国 3.06 人次 / 件、瑞士 2.78 人次 / 件、英国 2.70 人次 / 件。

综合发明专利授权量、每申请人平均发明专利授权量、每授权发明专利平均发明人数的情况，在材料 / 冶金领域，中国在本国市场具有明显的技术创新优势。

8. 机床领域中九国技术创新情况

如表 6-10 所示，2012~2015 年，机床领域在中国授权的发明专利总计 52 056 件，其中有 33 294 件来自中国申请人，占总量的比例为 63.96%，略高于 2008~2015 年该领域中国申请人授权发明专利的占比。可见，近年来，在该领域中国的技术创新能力有所提高。此外，该领域中，国外在华授权发明专利整体份额不足四成。外国国家中，日本所占份额较高、达到 8.11%，其次是德国、份额达到 3.22%，二者在所有外国国家中分别位列第一和第二。可见，在该领域，日本也显示了较强的技术创新实力。

表6-10　2012~2015年机床领域中九国在华技术创新情况

专利来源国	发明专利授权量/件	每申请人平均发明专利授权量/(件/人)	每授权发明专利平均发明人数/(人次/件)
中国	33 294	2.54	3.51
日本	4 220	5.48	2.84
美国	1 544	2.96	2.85
德国	1 675	3.18	2.42
韩国	310	1.69	2.73
法国	292	2.21	2.50
瑞士	199	1.83	2.22
英国	97	1.54	1.90
俄罗斯	11	1.22	4.55

在机床领域，日本的每申请人平均发明专利授权量最高，达到了 5.48 件 / 人，有效竞争者的平均专利集中度于其他国家，这意味着该领域日本有效竞争者在中国国内平均拥有的专利技术最多，其在中国市场的竞争中对专利技术的自由运用程度较高。其后是德国 3.18 件 / 人、美国 2.96 件 / 人、中国 2.54 件 / 人、法国 2.21 件 / 人、瑞士 1.83 件 / 人、韩国 1.69 件 / 人、英国 1.54 件 / 人、俄罗斯 1.22 件 / 人。

在机床领域，俄罗斯的每授权发明专利平均发明人数最高，达到了 4.55 人次 / 件，体现了较高的专利平均研究密集程度，授权发明的价值可能较高。该领域中，各个国家在中国布局的授权发明专利均拥有较高的平均发明人数，分别为中国 3.51 人次 / 件、美国 2.85 人次 / 件、日本 2.84 人次 / 件、韩国 2.73 人次 / 件、法国 2.50 人次 / 件、德国 2.42 人次 / 件、瑞士 2.22 人次 / 件、英国 1.90 人次 / 件。

综合发明专利授权量、每申请人平均发明专利授权量、每授权发明专利平均发明人数的情况，在机床领域，中国和日本在中国市场具有明显的技术创新优势。

二、国内技术创新热点领域中各省区市的技术创新情况

1. 电机 / 电气装置 / 电能领域中各省区市的技术创新情况

如表 6-11 所示，2012~2015 年，中国 31 个省区市在电机 / 电气装置 / 电能领域共获得 49 125 件授权发明，其中，广东的授权发明专利总量最高，为 10 380 件，占比为 21.13%；江苏紧随其后，为 7 565 件，占比为 15.40%；北京位列第三，为 5 634 件，占比为 11.47%。广东、江苏和北京显示出较强的技术创新实力。排名最后几位的青海、海南、西藏授权发明专利 4 年累计量不足 20 件，西藏仅为 1 件，各省区市差异非常悬殊。

在电机 / 电气装置 / 电能领域，每申请人平均发明专利授权量位于前十位的省市为黑龙江 5.68 件 / 人、吉林 4.01 件 / 人、陕西 3.92 件 / 人、北京 3.81 件 / 人、广东 3.56 件 / 人、天津 3.19 件 / 人、

上海 3.10 件 / 人、湖南 3.06 件 / 人、重庆 3.02 件 / 人、湖北 3.02 件 / 人，上述省市的有效竞争者平均专利集中度较高。

表6-11 2012~2015年电机/电气装置/电能领域中各省区市的技术创新情况

省区市	发明专利授权量/件	每申请人平均发明专利授权量/(件/人)	每授权发明专利平均发明人数/(人次/件)
北京	5 634	3.81	4.50
广东	10 380	3.56	2.71
江苏	7 565	2.96	3.24
浙江	5 227	2.54	2.95
上海	3 891	3.10	3.34
山东	1 630	2.36	3.99
四川	1 394	3.00	3.80
安徽	1 484	2.94	3.55
湖北	1 288	3.02	4.16
陕西	1 244	3.92	4.24
辽宁	1 304	2.87	4.33
湖南	1 135	3.06	5.00
河南	1 005	2.58	4.41
福建	1 087	2.52	3.06
天津	859	3.19	3.89
黑龙江	738	5.68	4.62
重庆	635	3.02	4.19
河北	573	2.19	4.50
广西	358	2.27	5.11
吉林	313	4.01	5.10
山西	303	2.39	4.43
云南	161	1.71	4.42
江西	245	1.90	3.38
贵州	280	2.35	3.25
甘肃	176	2.41	5.34
新疆	67	1.72	3.37
内蒙古	69	1.64	3.90
海南	8	1.14	2.50
宁夏	57	1.63	4.21
青海	14	1.40	4.21
西藏	1	1.00	9.00

在电机/电气装置/电能领域，每授权发明专利平均发明人数位于前十位的省区市[①]为甘肃5.34人次/件、广西5.11人次/件、吉林5.10人次/件、湖南5.00人次/件、黑龙江4.62人次/件、北京4.50人次/件、河北4.50人次/件、山西4.43人次/件、云南4.42人次/件、河南4.41人次/件。表明上述省份在每授权发明专利中投入的科研人员数量较多，授权发明专利的研究密集程度较高。

综合以上指标表明，在电机/电气装置/电能领域，广东、江苏、北京在国内的技术创新优势较为明显。

2. 计算机技术领域中各省区市的技术创新情况

如表6-12所示，2012~2015年，中国31个省区市在计算机技术领域共获得35 373件授权发明，其中，北京的授权发明专利总量最高，为10 484件，占比为29.64%；广东紧随其后，为8 545件，占比为24.16%；江苏位列第三，为2 841件，占比为8.03%。北京、广东显示出较强的技术创新实力。排名最后几位的海南、宁夏、西藏授权发明专利4年累计量不足20件，青海则无授权发明专利，各省区市差异非常悬殊。

表6-12　2012~2015年计算机技术领域中各省区市的技术创新情况

省区市	发明专利授权量/件	每申请人平均发明专利授权量/（件/人）	每授权发明专利平均发明人数/（人次/件）
北京	10 484	6.27	3.43
广东	8 545	6.05	2.52
江苏	2 841	3.36	3.85
浙江	1 741	4.26	3.67
上海	2 748	3.73	3.14
山东	910	4.06	3.71
四川	1 095	4.18	3.42
安徽	385	3.24	4.46
湖北	1 040	4.75	4.79
陕西	1 433	10.46	5.39
辽宁	458	2.79	4.13
湖南	625	4.60	6.23
河南	245	1.86	5.47
福建	713	4.12	2.73
天津	578	4.22	4.11
黑龙江	451	8.51	4.83

① 西藏的每授权发明专利平均发明人数为9.00人次/件，但其授权发明专利仅有1件，样本量过小，评价时不予考虑。

续表

省区市	发明专利授权量/件	每申请人平均发明专利授权量/（件/人）	每授权发明专利平均发明人数/（人次/件）
重庆	338	2.86	4.59
河北	127	1.69	3.95
广西	81	2.25	4.04
吉林	130	4.48	5.08
山西	66	1.65	4.92
云南	76	2.11	4.96
江西	110	1.93	3.24
贵州	35	1.25	5.60
甘肃	34	1.17	6.18
新疆	22	2.00	3.18
内蒙古	34	1.62	4.29
海南	15	1.15	2.20
宁夏	10	0.83	5.40
青海	0	0	0
西藏	3	1.50	0.67

在计算机技术领域，每申请人平均发明专利授权量位于前十位的省市为陕西 10.46 件 / 人、黑龙江 8.51 件 / 人、北京 6.27 件 / 人、广东 6.05 件 / 人、湖北 4.75 件 / 人、湖南 4.60 件 / 人、吉林 4.48 件 / 人、浙江 4.26 件 / 人、天津 4.22 件 / 人、四川 4.18 件 / 人，上述省市的有效竞争者平均专利集中度较高。

在计算机技术领域，每授权发明专利平均发明人数位于前十位的省区市为湖南 6.23 人次 / 件、甘肃 6.18 人次 / 件、贵州 5.60 人次 / 件、河南 5.47 人次 / 件、宁夏 5.40 人次 / 件、陕西 5.39 人次 / 件、吉林 5.08 人次 / 件、云南 4.96 人次 / 件、山西 4.92 人次 / 件、黑龙江 4.83 人次 / 件。表明上述省份在每授权发明专利中投入的科研人员数量较多，授权发明专利的研究密集程度较高。

综合以上指标表明，在计算机技术领域，北京和广东在国内的技术创新优势较为明显。

3. 测量领域中各省区市的技术创新情况

如表 6-13 所示，2012~2015 年，中国 31 个省区市在测量领域共获得 57 327 件授权发明，其中，北京的授权发明专利总量最高，为 11 279 件，占比为 19.67%；江苏紧随其后，为 6 785 件，占比为 11.84%；广东位列第三，为 5 311 件，占比为 9.26%。北京、江苏、广东显示出较强的技术创新实力。排名最后两位的青海、西藏授权发明专利 4 年累计量不足 20 件，各省区市差异较为悬殊。

表6-13 2012~2015年测量领域中各省区市的技术创新情况

省区市	发明专利授权量/件	每申请人平均发明专利授权量/(件/人)	每授权发明专利平均发明人数/(人次/件)
北京	11 279	4.99	4.72
广东	5 311	2.78	3.43
江苏	6 785	3.12	3.96
浙江	4 142	3.13	3.90
上海	4 704	3.62	3.97
山东	2 744	3.07	5.12
四川	2 221	3.73	4.69
安徽	1 633	3.48	4.52
湖北	2 071	3.98	4.78
陕西	2 718	6.28	4.95
辽宁	1 576	3.30	4.85
湖南	1 375	3.82	4.61
河南	1 186	2.74	6.06
福建	919	2.60	3.71
天津	1 467	3.55	4.35
黑龙江	1 542	8.38	4.95
重庆	1 201	4.00	4.84
河北	830	2.63	4.71
广西	442	2.66	4.58
吉林	964	6.26	5.54
山西	541	3.66	5.71
云南	423	2.90	6.06
江西	303	2.46	4.20
贵州	244	1.95	4.41
甘肃	328	2.78	5.11
新疆	135	1.99	4.86
内蒙古	133	2.25	3.62
海南	39	1.63	4.41
宁夏	44	1.57	4.77
青海	16	1.45	6.63
西藏	11	11.00	2.64

在测量领域，每申请人平均发明专利授权量位于前十位的省区市为西藏 11.00 件 / 人、黑龙江 8.38 件 / 人、陕西 6.28 件 / 人、吉林 6.26 件 / 人、北京 4.99 件 / 人、重庆 4.00 件 / 人、湖北 3.98 件 / 人、湖南 3.82 件 / 人、四川 3.73 件 / 人、山西 3.66 件 / 人，上述省区市的有效竞争者平均专利集中度较高。

在测量领域，每授权发明专利平均发明人数位于前十位的省区市为青海 6.63 人次 / 件、河南 6.06 人次 / 件、云南 6.06 人次 / 件、山西 5.71 人次 / 件、吉林 5.54 人次 / 件、山东 5.12 人次 / 件、甘肃 5.11 人次 / 件、陕西 4.95 人次 / 件、黑龙江 4.95 人次 / 件、新疆 4.86 人次 / 件。表明上述省份在每授权发明专利中投入的科研人员数量较多，授权发明专利的研究密集程度较高。

综合以上指标表明，在测量领域，北京在国内的技术创新优势最为明显。

4. 数字通信领域中各省区市的技术创新情况

如表 6-14 所示，2012~2015 年，中国 31 个省区市在数字通信领域共获得 46 276 件授权发明，其中，广东的授权发明专利总量最高，为 19 639 件，占比为 42.44%；北京紧随其后，为 12 228 件，占比为 26.42%；上海位列第三，为 2 875 件，占比为 6.21%。可见广东、北京显示出较强的技术创新实力。排名最后几位的宁夏、内蒙古、新疆、青海授权发明专利 4 年累计量不足 20 件，西藏无授权发明专利，各省区市差异非常悬殊。

表6-14　2012~2015年数字通信领域中各省区市的技术创新情况

省区市	发明专利授权量/件	每申请人平均发明专利授权量/(件/人)	每授权发明专利平均发明人数/(人次/件)
北京	12 228	8.75	3.63
广东	19 639	20.91	2.53
江苏	2 372	4.24	3.91
浙江	2 326	7.55	2.81
上海	2 875	5.21	3.06
山东	690	4.08	3.25
四川	1 250	6.31	3.05
安徽	229	3.47	3.93
湖北	854	6.94	4.09
陕西	896	7.59	5.44
辽宁	248	2.95	4.02
湖南	273	3.69	6.04
河南	229	2.34	6.40
福建	652	5.17	2.35
天津	235	3.26	3.47

续表

省区市	发明专利授权量/件	每申请人平均发明专利授权量/(件/人)	每授权发明专利平均发明人数/(人次/件)
黑龙江	337	9.63	5.25
重庆	457	4.52	4.07
河北	115	3.29	4.55
广西	106	2.94	3.87
吉林	64	2.46	5.08
山西	36	2.57	4.39
云南	22	1.00	5.95
江西	33	1.43	3.67
贵州	24	1.41	4.79
甘肃	31	1.48	3.00
新疆	5	0.83	3.00
内蒙古	10	0.91	4.30
海南	24	3.00	2.13
宁夏	11	1.22	9.91
青海	5	2.50	3.20
西藏	0	0	0

在数字通信领域，每申请人平均发明专利授权量位于前十位的省市为广东 20.91 件 / 人、黑龙江 9.63 件 / 人、北京 8.75 件 / 人、陕西 7.59 件 / 人、浙江 7.55 件 / 人、湖北 6.94 件 / 人、四川 6.31 件 / 人、上海 5.21 件 / 人、福建 5.17 件 / 人、重庆 4.52 件 / 人，上述省市的有效竞争者平均专利集中度较高。

在数字通信领域，每授权发明专利平均发明人数位于前十位的省区市为宁夏 9.91 人次 / 件、河南 6.40 人次 / 件、湖南 6.04 人次 / 件、云南 5.95 人次 / 件、陕西 5.44 人次 / 件、黑龙江 5.25 人次 / 件、吉林 5.08 人次 / 件、贵州 4.79 人次 / 件、河北 4.55 人次 / 件、山西 4.39 人次 / 件。表明上述省份在每授权发明专利中投入的科研人员数量较多，授权发明专利的研究密集程度较高。

综合以上指标表明，在数字通信领域，广东和北京在国内的技术创新优势较为明显。

5. 基础材料化学领域中各省区市的技术创新情况

如表 6-15 所示，2012~2015 年，中国 31 个省区市在基础材料化学领域共获得 45 885 件授权发明，其中，北京的授权发明专利总量最高，为 7 755 件，占比为 16.90%；江苏紧随其后，为 5 381 件，占比为 11.73%；广东位列第三，为 4 765 件，占比为 10.38%。可见北京、江苏、广东显示出较强的技术创新实力。排名最后一位的西藏，授权发明专利 4 年累计量不足 20 件，各省区市差异较为悬殊。

表6-15　2012~2015年基础材料化学领域中各省区市的技术创新情况

省区市	发明专利授权量/件	每申请人平均发明专利授权量/(件/人)	每授权发明专利平均发明人数/(人次/件)
北京	7 755	5.56	5.27
广东	4 765	2.68	3.37
江苏	5 381	2.89	3.52
浙江	2 870	2.52	3.42
上海	2 845	2.97	3.75
山东	3 420	2.48	3.98
四川	1 518	2.66	4.39
安徽	1 690	2.60	3.15
湖北	1 409	2.66	4.65
陕西	1 816	4.48	4.91
辽宁	1 336	2.57	4.20
湖南	1 166	2.13	3.93
河南	1 116	2.03	4.61
福建	848	2.05	3.50
天津	1 043	3.09	3.93
黑龙江	709	2.73	4.68
重庆	429	2.06	3.67
河北	897	2.27	4.13
广西	1 009	2.90	5.69
吉林	566	3.35	4.36
山西	756	2.82	4.22
云南	591	2.14	4.56
江西	282	1.66	3.90
贵州	329	2.08	4.30
甘肃	397	2.24	4.83
新疆	337	1.86	4.30
内蒙古	201	1.79	4.19
海南	287	5.13	4.44
宁夏	72	1.85	3.69
青海	39	1.18	5.95
西藏	6	2.00	2.17

在基础材料化学领域，每申请人平均发明专利授权量位于前十位的省区市为北京 5.56 件 / 人、海南 5.13 件 / 人、陕西 4.48 件 / 人、吉林 3.35 件 / 人、天津 3.09 件 / 人、上海 2.97 件 / 人、广西 2.90 件 / 人、江苏 2.89 件 / 人、山西 2.82 件 / 人、黑龙江 2.73 件 / 人，上述省区市的有效竞争者平均专利集中度较高。

在基础材料化学领域，每授权发明专利平均发明人数位于前十位的省区市为青海 5.95 人次 / 件、广西 5.69 人次 / 件、北京 5.27 人次 / 件、陕西 4.91 人次 / 件、甘肃 4.83 人次 / 件、黑龙江 4.68 人次 / 件、湖北 4.65 人次 / 件、河南 4.61 人次 / 件、云南 4.56 人次 / 件、海南 4.44 人次 / 件。表明上述省份在每授权发明专利中投入的科研人员数量较多，授权发明专利的研究密集程度较高。

综合以上指标表明，在基础材料化学领域，北京在国内的技术创新优势较为明显。

6. 其他专用机械领域中各省区市的技术创新情况

如表 6-16 所示，2012~2015 年，中国 31 个省区市在其他专用机械领域共获得 36 321 件授权发明，其中，江苏的授权发明专利总量最高，为 5 306 件，占比为 14.61%；浙江紧随其后，为 4 118 件，占比为 11.34%；广东位列第三，为 3 913 件，占比为 10.77%。可见江苏、浙江、广东显示出较强的技术创新实力。排名最后一位的西藏，授权发明专利 4 年累计量不足 20 件，各省区市差异较为悬殊。

表6-16　2012~2015年其他专用机械领域中各省区市的技术创新情况

省区市	发明专利授权量/件	每申请人平均发明专利授权量/(件/人)	每授权发明专利平均发明人数/(人次/件)
北京	2 935	2.77	4.82
广东	3 913	2.12	3.06
江苏	5 306	2.32	3.45
浙江	4 118	2.19	2.85
上海	2 065	2.77	3.68
山东	2 839	2.15	4.04
四川	1 244	2.02	4.11
安徽	1 457	2.00	2.99
湖北	1 116	2.24	4.44
陕西	741	2.86	4.72
辽宁	901	1.98	3.77
湖南	1 221	2.42	3.81
河南	907	2.05	4.79
福建	1 134	1.78	3.31
天津	736	2.37	3.38

续表

省区市	发明专利授权量/件	每申请人平均发明专利授权量/(件/人)	每授权发明专利平均发明人数/(人次/件)
黑龙江	680	2.88	4.45
重庆	505	1.88	3.33
河北	598	1.67	3.77
广西	781	1.94	4.02
吉林	452	2.69	4.88
山西	361	1.64	4.49
云南	549	1.75	5.47
江西	246	1.38	3.58
贵州	354	1.80	4.21
甘肃	298	1.63	4.87
新疆	404	2.04	4.80
内蒙古	175	1.30	3.57
海南	165	2.50	4.94
宁夏	74	1.51	3.76
青海	30	1.36	5.97
西藏	16	1.23	2.94

在其他专用机械领域，每申请人平均发明专利授权量位于前十位的省市为黑龙江 2.88 件 / 人、陕西 2.86 件 / 人、北京 2.77 件 / 人、上海 2.77 件 / 人、吉林 2.69 件 / 人、海南 2.50 件 / 人、湖南 2.42 件 / 人、天津 2.37 件 / 人、江苏 2.32 件 / 人、湖北 2.24 件 / 人，上述省市的有效竞争者平均专利集中度较高。

在其他专用机械领域，每授权发明专利平均发明人数位于前十位的省区市为青海 5.97 人次 / 件、云南 5.47 人次 / 件、海南 4.94 人次 / 件、吉林 4.88 人次 / 件、甘肃 4.87 人次 / 件、北京 4.82 人次 / 件、新疆 4.80 人次 / 件、河南 4.79 人次 / 件、陕西 4.72 人次 / 件、山西 4.49 人次 / 件。上述省区市在每授权发明专利中投入的科研人员数量较多，授权发明专利的研究密集程度较高。

综合以上指标表明，在其他专用机械领域，江苏、浙江、广东在国内的技术创新优势较为明显。

7. 材料 / 冶金领域中各省区市的技术创新情况

如表 6-17 所示，2012~2015 年，中国 31 个省区市在材料 / 冶金领域共获得 49 035 件授权发明，其中，江苏的授权发明专利总量最高，为 5 732 件，占比为 11.69%；北京紧随其后，为 5 602 件，占比为 11.42%；浙江位列第三，为 3 288 件，占比为 6.71%。可见江苏、北京显示出较强的技术创新实力。排名最后一位的西藏，授权发明专利 4 年累计量不足 20 件，各省区市差异较为悬殊。

表6-17 2012~2015年材料/冶金领域中各省区市的技术创新情况

省区市	发明专利授权量/件	每申请人平均发明专利授权量/(件/人)	每授权发明专利平均发明人数/(人次/件)
北京	5 602	4.87	5.03
广东	3 004	2.26	3.21
江苏	5 732	2.80	3.57
浙江	3 288	2.59	3.39
上海	3 167	4.22	4.03
山东	2 813	2.58	4.28
四川	2 325	3.22	4.70
安徽	1 825	2.97	3.45
湖北	2 343	4.18	5.08
陕西	2 036	6.06	4.94
辽宁	2 626	4.29	4.53
湖南	2 144	3.14	4.68
河南	1 895	2.58	5.19
福建	999	2.44	3.60
天津	882	3.27	4.35
黑龙江	736	5.08	4.69
重庆	883	3.42	4.30
河北	1 090	2.63	4.84
广西	782	3.15	4.60
吉林	470	3.67	4.32
山西	880	3.21	4.55
云南	816	3.68	5.81
江西	749	2.69	4.04
贵州	593	3.62	4.46
甘肃	400	3.45	5.05
新疆	237	2.76	4.56
内蒙古	378	2.76	5.70
海南	33	2.06	5.61
宁夏	188	2.41	5.53
青海	110	2.50	7.03
西藏	9	1.13	4.11

在材料 / 冶金领域，每申请人平均发明专利授权量位于前十位的省市为陕西 6.06 件 / 人、黑龙江 5.08 件 / 人、北京 4.87 件 / 人、辽宁 4.29 件 / 人、上海 4.22 件 / 人、湖北 4.18 件 / 人、云南 3.68 件 / 人、吉林 3.67 件 / 人、贵州 3.62 件 / 人、甘肃 3.45 件 / 人，上述省市的有效竞争者平均专利集中度较高。

在材料 / 冶金领域，每授权发明专利平均发明人数位于前十位的省区市为青海 7.03 人次 / 件、云南 5.81 人次 / 件、内蒙古 5.70 人次 / 件、海南 5.61 人次 / 件、宁夏 5.53 人次 / 件、河南 5.19 人次 / 件、湖北 5.08 人次 / 件、甘肃 5.05 人次 / 件、北京 5.03 人次 / 件、陕西 4.94 人次 / 件。表明上述省区市在每授权发明专利中投入的科研人员数量较多，授权发明专利的研究密集程度较高。

综合以上指标表明，在材料 / 冶金领域，江苏、北京在国内技术创新优势较为明显。

8. 机床领域中各省区市的技术创新情况

如表 6-18 所示，2012~2015 年，中国 31 个省区市在机床领域共获得 33 294 件授权发明，其中，江苏的授权发明专利总量最高，为 6 614 件，占比为 19.87%；浙江紧随其后，为 4 059 件，占比为 12.19%；广东位列第三，为 3 048 件，占比为 9.15%。可见江苏、浙江、广东显示出较强的技术创新实力。排名最后几位的海南、青海、西藏，授权发明专利 4 年累计量不足 20 件，各省区市差异较为悬殊。

表6-18　2012~2015年机床领域中各省区市的技术创新情况

省区市	发明专利授权量/件	每申请人平均发明专利授权量/(件/人)	每授权发明专利平均发明人数/(人次/件)
北京	2 030	2.74	4.70
广东	3 048	1.94	2.53
江苏	6 614	2.71	2.97
浙江	4 059	1.91	2.55
上海	2 156	2.88	3.42
山东	1 827	2.12	3.79
四川	1 004	2.38	3.95
安徽	1 421	2.39	3.10
湖北	1 120	2.77	4.27
陕西	1 054	4.56	5.13
辽宁	1 547	3.67	4.28
湖南	782	2.38	3.85
河南	858	2.36	4.76
福建	593	1.86	2.77
天津	778	2.72	3.33
黑龙江	729	6.08	4.88

续表

省区市	发明专利授权量/件	每申请人平均发明专利授权量/(件/人)	每授权发明专利平均发明人数/(人次/件)
重庆	788	3.13	3.39
河北	846	2.71	4.47
广西	406	2.21	3.88
吉林	284	2.87	4.45
山西	497	4.21	4.02
云南	153	1.99	5.33
江西	159	1.50	3.13
贵州	223	3.28	4.70
甘肃	97	1.94	4.30
新疆	73	1.70	3.81
内蒙古	69	1.97	4.64
海南	14	1.56	5.86
宁夏	62	2.38	4.84
青海	2	2.00	10.00
西藏	1	1.00	1.00

在机床领域，每申请人平均发明专利授权量位于前十位的省市为黑龙江6.08件/人、陕西4.56件/人、山西4.21件/人、辽宁3.67件/人、贵州3.28件/人、重庆3.13件/人、上海2.88件/人、吉林2.87件/人、湖北2.77件/人、北京2.74件/人，上述省市的有效竞争者平均专利集中度较高。

在机床领域，每授权发明专利平均发明人数位于前十位的省区市[①]为海南5.86人次/件、云南5.33人次/件、陕西5.13人次/件、黑龙江4.88人次/件、宁夏4.84人次/件、河南4.76人次/件、北京4.70人次/件、贵州4.70人次/件、内蒙古4.64人次/件、河北4.47人次/件。上述省区市在每授权发明专利中投入的科研人员数量较多，授权发明专利的研究密集程度较高。

综合以上指标表明，在机床领域，江苏、浙江、广东在国内的技术创新优势较为明显。

第三节 本章小结

1）2012~2015年在中国国内，中国、日本、美国表现出明显的技术创新优势。中国各省区市中，北京的技术创新优势最为明显，广东、江苏等东南沿海省市也具有较明显的技术创新优势。

① 青海的每申请人平均发明专利授权量为10.00人次/件，但其授权量仅有2件，样本量过小，综合评价时不予考虑。

2）2012~2015 年，中国国内技术创新热点领域中，技术创新优势主要被中国、日本和美国占据。具体来看，电机 / 电气装置 / 电能、其他专用机械、机床领域，中国和日本的在华技术创新优势明显；计算机技术领域，中国、美国、日本的在华技术创新优势明显；数字通信领域，中国、美国的在华技术创新优势明显；测量、基础材料化学、材料 / 冶金领域，中国具有极为明显的在华技术创新优势。另外，电机 / 电气装置 / 电能领域中，国外申请人在中国成功布局了超过总量一半的发明专利；计算机技术领域中，国外申请人在中国成功布局了约六成的发明专利。

3）2012~2015 年，中国国内技术创新热点领域中，技术创新优势主要被广东、北京、江苏和浙江占据。具体来看，计算机技术、数字通信领域，广东和北京的在华技术创新优势较为明显；测量领域，北京具有最为明显的在华技术创新优势；其他专用机械、机床领域，江苏、浙江、广东具有较明显的在华技术创新优势；材料 / 冶金、基础材料化学领域，江苏、北京具有较明显的在华技术创新优势；电机 / 电气装置 / 电能领域，广东、江苏、北京的技术创新优势较为明显。

第七章　国内技术创新活动的主要竞争者

本章将基于近 4 年（2012~2015 年）在中国授权的近百万件发明专利，揭示在创新活动中表现突出的主要竞争者，尤其是国内技术创新热点领域的主要竞争者。

第一节　国内主要竞争者整体情况

本节将从竞争者国籍、类型、技术创新特点、技术领域布局、合作申请状况等方面分析国内主要竞争者的整体情况，明晰我国企业在国内的主要竞争对手。

一、中国授权发明专利十强竞争者国籍和类型分布情况

如表 7-1 所示，2012~2015 年中国授权发明专利排名前十的竞争者主要来自中国和日本，其中，中国占据 6 个席位，日本占据了 3 个席位，还有 1 个席位被韩国占据。6 个中国竞争者包括 4 个企业和 2 个高校，而 3 个日本竞争者和 1 个韩国竞争者均为企业。可见，国内技术创新活动中，企业竞争者占主导地位。我国企业的主要竞争对手来自日本。

图 7-1 给出了前十名企业竞争者和前十名高校竞争者。在企业竞争者中，华为技术有限公司、中兴通讯股份有限公司、中国石油化工股份有限公司以明显优势位居前三位，但前十位企业中来自国外的企业占据了 6 席，且有 4 席为日本竞争者，说明我国的华为、中兴和中石化已处于国内市场的龙头地位，但以日本为代表的国外企业实力雄厚，是我国企业的主要竞争对手，国内的很多企业还需进一步提高技术创新能力。高校竞争者的前十名全部为我国高校，浙江大学和清华大学排在前两位，领先优势明显，体现了我国高校较强的技术创新能力。

表7-1　2012~2015年中国授权发明专利前十竞争者

排名	竞争者	国籍	类型	授权量/件
1	华为技术有限公司	中国	企业	10 105
2	中兴通讯股份有限公司	中国	企业	9 398
3	中国石油化工股份有限公司	中国	企业	7 008
4	浙江大学	中国	高校	6 549
5	清华大学	中国	高校	5 380
6	松下电器株式会社	日本	企业	5 328
7	索尼公司	日本	企业	4 462
8	丰田自动车株式会社	日本	企业	4 296
9	三星电子株式会社	韩国	企业	4 166
10	鸿海精密工业股份有限公司	中国	企业	3 932

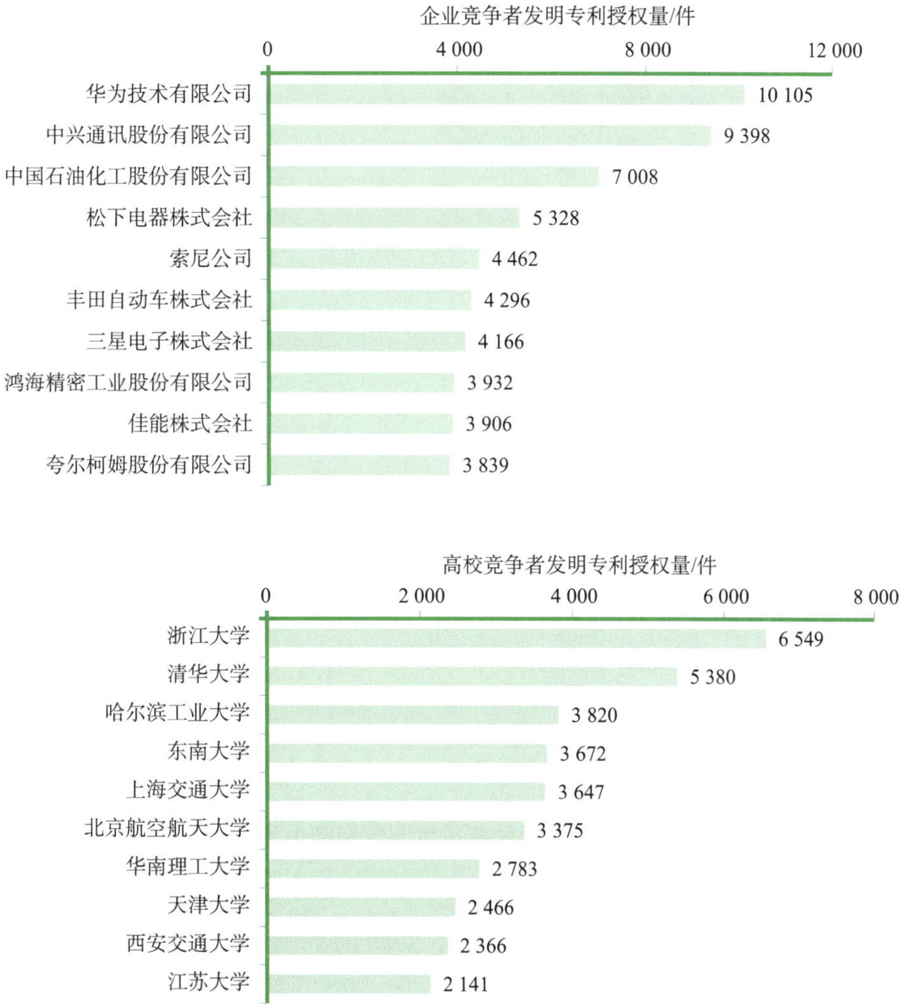

图7-1　2012~2015年中国授权发明专利不同类型竞争者排名

图 7-2 进一步分析中国竞争者和外国竞争者。授权发明专利排名前十位的中国竞争者中，

企业和高校各占据一半，进一步说明高校在我国的技术创新活动中扮演着重要角色。相反地，授权发明专利排名前十位的外国竞争者均为企业，其中日本竞争者占据六席，突显出日本企业在技术创新能力方面的绝对优势，同时也说明日本竞争者相当重视在中国的专利布局，在中国极具竞争力。

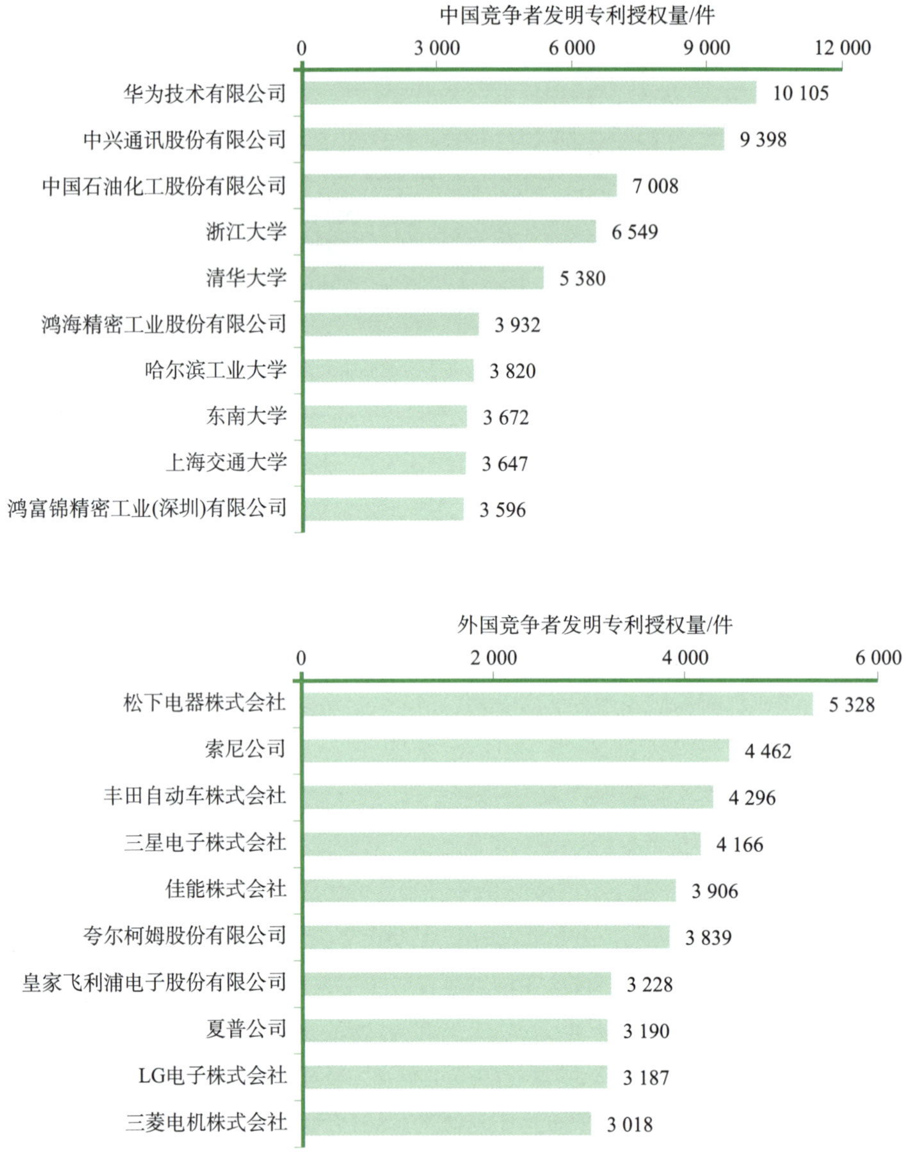

图7-2 2012~2015年中国授权发明专利国内外竞争者排名

二、中国授权发明专利十强竞争者的技术创新情况

如表 7-2 所示，从授权发明专利数量来看，华为技术有限公司和中兴通讯股份有限公司的授权发明专利数量远高于其他竞争者，分别达到 10 105 件、9 398 件，体现了两家公司较强的技术创新能力；其后是中国石油化工股份有限公司 7 008 件、浙江大学 6 549 件、清华大学 5 380 件、

松下电器株式会社 5 328 件、索尼公司 4 462 件、丰田自动车株式会社 4 296 件、三星电子株式会社 4 166 件、鸿海精密工业股份有限公司 3 932 件。

表7-2 2012~2015年中国授权发明专利排名前十竞争者的技术创新情况

竞争者	授权量/件	发明人总数/人	每发明人平均发明专利授权量/（件/人）	每授权发明专利平均发明人数/（人次/件）
华为技术有限公司	10 105	8 364	1.21	2.61
中兴通讯股份有限公司	9 398	6 624	1.42	2.37
中国石油化工股份有限公司	7 008	6 706	1.05	5.79
浙江大学	6 549	10 095	0.65	4.74
清华大学	5 380	7 801	0.69	4.87
松下电器株式会社	5 328	5 879	0.91	3.17
索尼公司	4 462	4 794	0.93	2.60
丰田自动车株式会社	4 296	4 808	0.89	2.73
三星电子株式会社	4 166	5 935	0.70	3.31
鸿海精密工业股份有限公司	3 932	2 524	1.56	2.13

从研发人员规模来看，浙江大学和华为技术有限公司发明人总数分别达到 10 095 人、8 364 人，他们拥有较大的科研人员规模，具有较强的科研实力；其后是清华大学 7 801 人、中国石油化工股份有限公司 6 706 人、中兴通讯股份有限公司 6 624 人、三星电子株式会社 5 935 人、松下电器株式会社 5 879 人、丰田自动车株式会社 4 808 人、索尼公司 4 794 人、鸿海精密工业股份有限公司 2 524 人，这些企业和高校都拥有数千人的研发队伍。

从研发效率来看，鸿海精密工业股份有限公司、中兴通讯股份有限公司、华为技术有限公司、中国石油化工股份有限公司的每发明人平均发明专利授权量均超过了 1 件 / 人，分别为 1.56 件 / 人、1.42 件 / 人、1.21 件 / 人、1.05 件 / 人，这四家企业的平均有效创新效率较高；其后是索尼公司 0.93 件 / 人、松下电器株式会社 0.91 件 / 人、丰田自动车株式会社 0.89 件 / 人、三星电子株式会社 0.70 件 / 人、清华大学 0.69 件 / 人、浙江大学 0.65 件 / 人。十强竞争者中仅有的两个高校清华大学和浙江大学的每发明人平均发明专利授权量最低，平均有效创新效率较低。

从专利的研究密集程度来看，2015 年中国企业 500 强之首、世界 500 强排名第二的中国石油化工股份有限公司的每授权发明专利平均发明人数高于其他竞争者，达到了 5.79 人次 / 件；其后是清华大学、浙江大学，每授权发明专利平均发明人数分别达到了 4.87 人次 / 件、4.74 人次 / 件；之后是三星电子株式会社、松下电器株式会社、丰田自动车株式会社、华为技术有限公司、索尼公司、中兴通讯股份有限公司、鸿海精密工业股份有限公司，每授权发明专利平均发明人数分别为 3.31 人次 / 件、3.17 人次 / 件、2.73 人次 / 件、2.61 人次 / 件、2.60 人次 / 件、2.37

人次/件、2.13人次/件。该数据反映出国内企业、高校及国外企业的每授权发明专利投入的科研人员数量均较多，授权发明专利的研究密集程度较高。

综合发明专利授权量、发明人总数、每发明人平均发明专利授权量、每授权发明专利平均发明人数的情况，华为技术有限公司的技术创新优势明显。

三、十强竞争者中国授权发明专利领域分布情况

如图7-3所示，华为技术有限公司和中兴通讯股份有限公司的技术领域非常集中，两家公司均在数字通信领域集中布局，在电信领域也布局了大量专利，上述两个优势领域的授权发明专利远远高于其他技术领域，这与两家公司的业务市场布局密切相关。中国石油化工股份有限公司在基础材料化学、化学工程、有机精细化学等化学领域具有较多的授权发明专利，凸显出该公司在化学领域的优势地位。日本大型电器制造企业松下电器株式会社在音像技术领域和电机/电气装置/电能领域拥有较多的授权发明专利；索尼公司作为世界视听、电子游戏、通信产品和信息技术等领域的先导者，在音像技术、计算机技术领域拥有较多的授权发明专利；丰田自动车株式会社的优势领域集中在运输和电机/电气装置/电能领域；韩国最大的电子工业企业三星电子株式会社的优势领域集中在音像技术等电气工程领域；鸿海精密工业股份有限公司的优势领域则集中在电机/电气装置/电能等电气工程领域。可见，企业竞争者授权发明专利的技术领域布局与主营业务密切相关。

如图7-4所示，浙江大学和清华大学的授权发明专利涉及了全部35个二级技术领域，反映出了两所高校较强的科研综合创新能力。浙江大学和清华大学均在测量、计算机技术、电机/电气装置/电能领域拥有较多的授权发明专利。

四、十强外国竞争者中国授权发明PCT情况

如图7-5和图7-6所示，十强外国竞争者中，丰田自动车株式会社、松下电器株式会社、夸尔柯姆股份有限公司、皇家飞利浦电子股份有限公司分别拥有3 884件、3 861件、3 443件、3 154件授权发明PCT，位列前四位，分别占其在华授权发明专利总量的90.4%、72.5%、89.7%、97.7%。授权发明PCT及其占比排名靠后的是佳能株式会社和索尼公司，二者的授权发明PCT数量均不足千件，二者的授权发明PCT占其在华授权发明专利总量的比例分别为22.4%和19.7%。通常情况下，各国申请人会通过PCT途径或者《巴黎公约》等国际公约实现本国之外的专利布局。由于PCT途径不仅可以节省费用，而且可使竞争者有足够的时间去实施专利布局，因此，对于市场价值较大而需要在多个国家进行布局的专利，申请人通常倾向于通过PCT途径申请专利。丰田自动车株式会社和松下电器株式会社主要通过PCT途径在中国布局了大量专利，这些专利很可能在全球多个国家进行了申请和布局。此外，十强国外竞争者在中国进行专利布局的途径不尽相同，表明各个竞争者的目标市场、专利布局策略存在明显差异，我国企业可根

据自身的具体情况进行学习和借鉴。

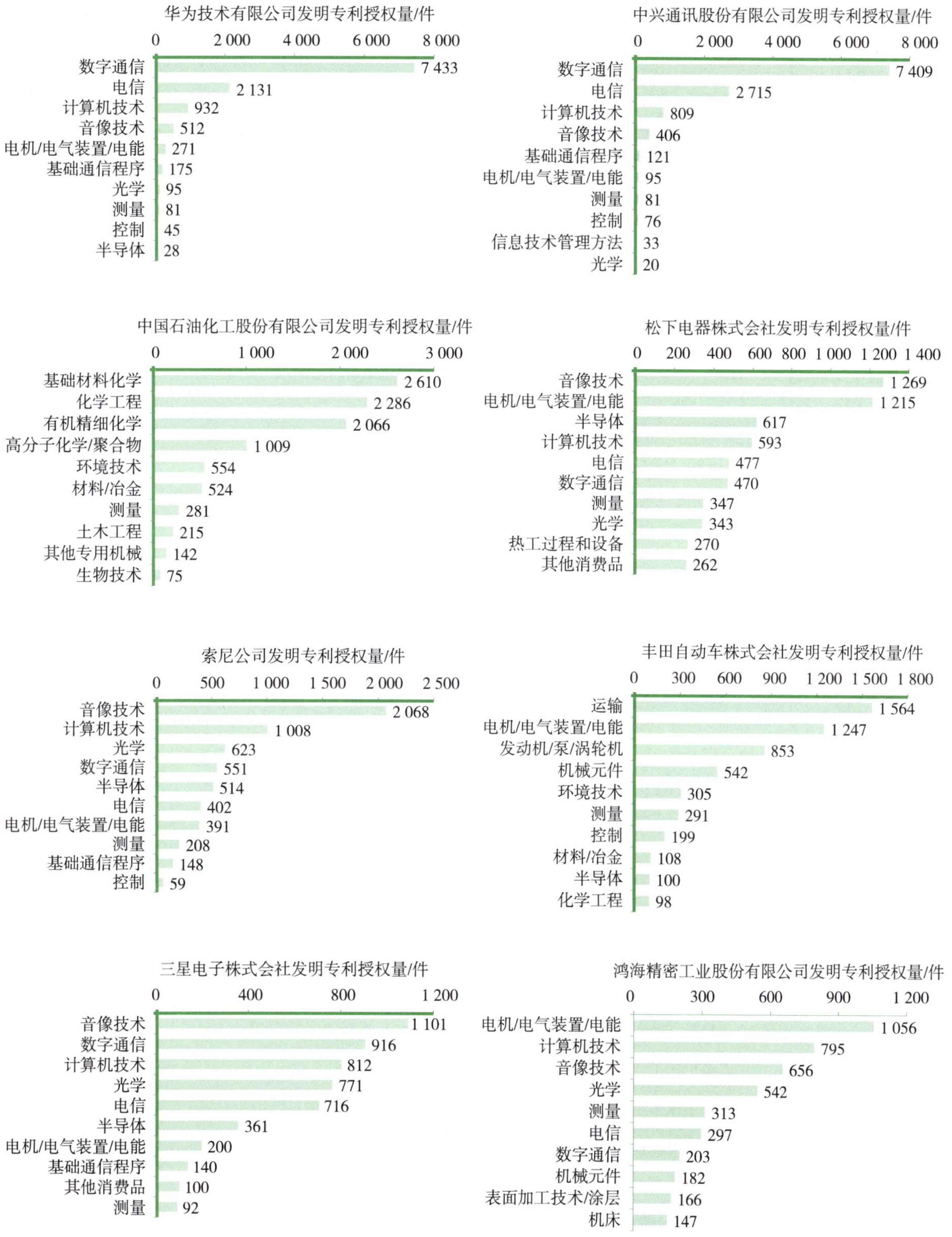

图7-3 2012~2015年企业类十强竞争者授权发明专利主要技术领域分布

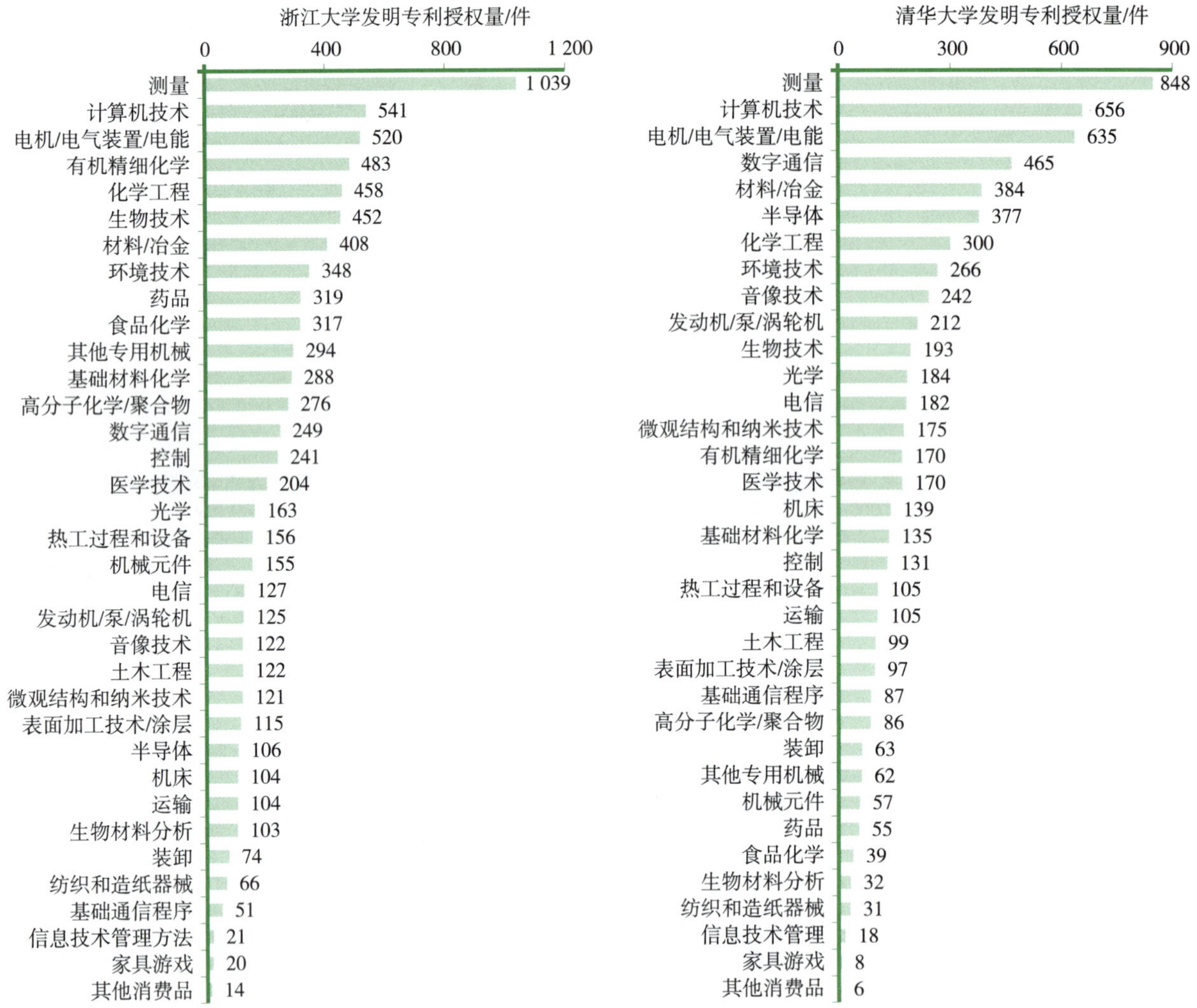

图7-4 2012~2015年高校类竞争者授权发明专利技术领域分布

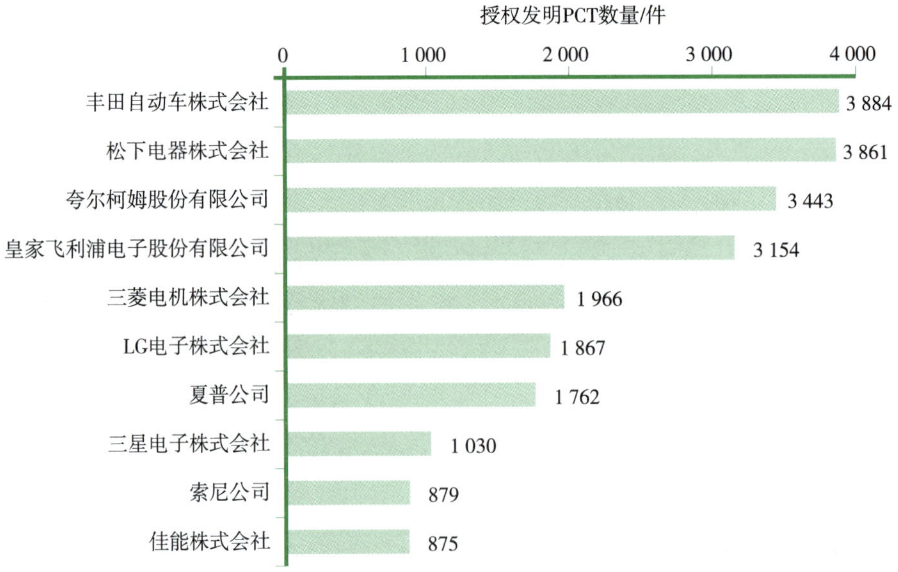

图7-5 2012~2015年十强外国竞争者授权发明PCT数量

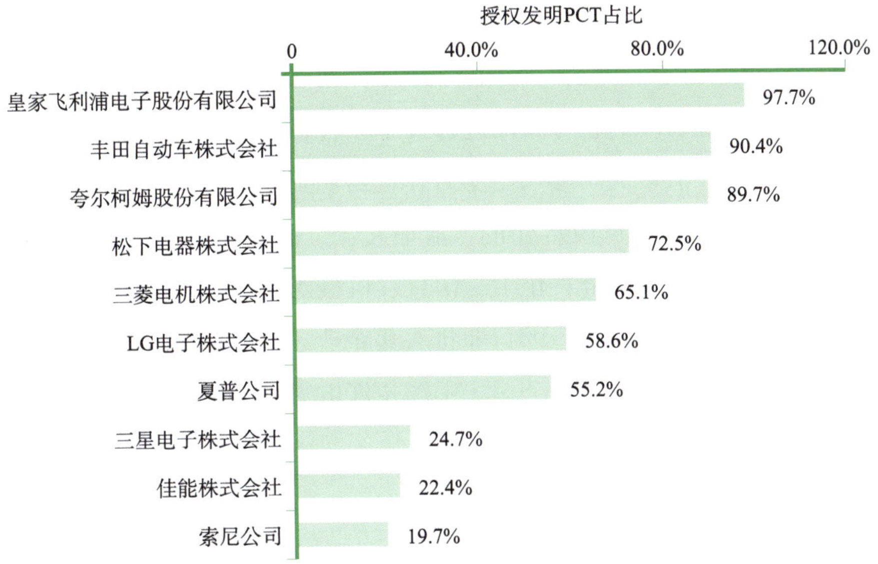

图7-6　2012~2015年十强外国竞争者授权发明PCT占比

五、十强竞争者中国授权发明合作申请状况

如图 7-7 所示，十强竞争者中，鸿海精密工业股份有限公司和中国石油化工股份有限公司两家企业的授权发明专利合作申请占比最高，分别高达 100% 和 92.7%；清华大学位居第三，其授权发明专利合作申请比例为 28.0%；其余竞争者合作申请比例相对较低。具体分析发现，全球 3C（计算机、通信、消费性电子）代工领域规模最大的鸿海精密工业股份有限公司，其在中国大陆设有多家子公司，其授权发明专利很多是与子公司共同申请。中国石油化工股份有限公司作为国内最大的一体化能源化工公司之一，其具有 100 余家子公司、分公司，其授权发明专

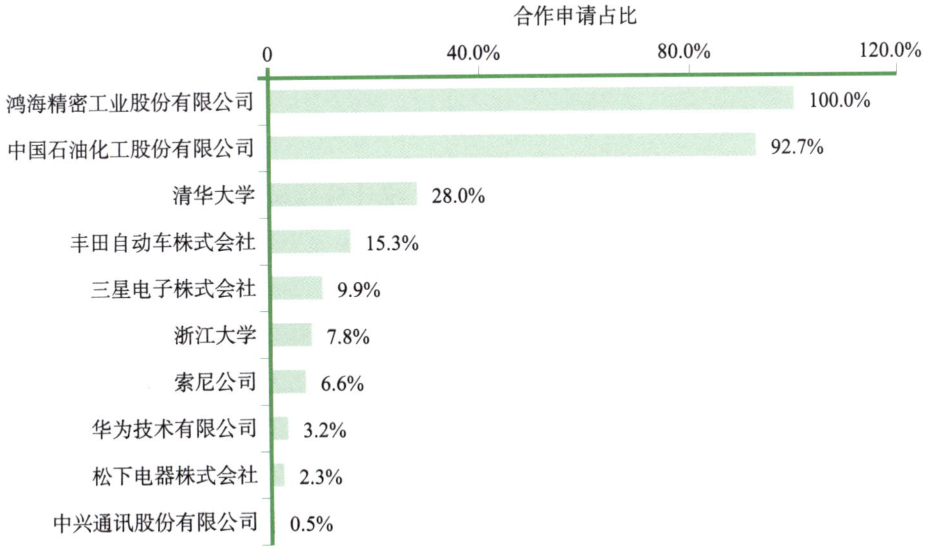

图7-7　2012~2015年十强竞争者授权发明专利合作申请占比

利很多是与子公司或分公司共同申请的。即上述两家企业都是在集团公司内部进行合作研发和专利申请。清华大学的情况则有不同，如图 7-8 所示，清华大学的合作对象主要为企业，合作对象中，企业占比达到 90.6%，企业与高校进行技术联合，不仅能为企业节省研发费用，还能促进高校科研成果的转化。清华大学参与产学合作优势明显，这与清华大学多年来一直积极推动产学合作有密切的关系；成立于 1995 年的“清华大学与企业合作委员会”已发展国内成员单位近 150 家，涵盖电力、石油、冶金、化工、信息、机械等绝大多数国家重点发展领域，其中大部分为具有较强经济实力和科研能力的行业排头兵企业，如中国华能集团公司、上海电气电站集团、华为技术有限公司、吉化集团公司、中国长江电力股份有限公司、中国东方电气集团公司等。

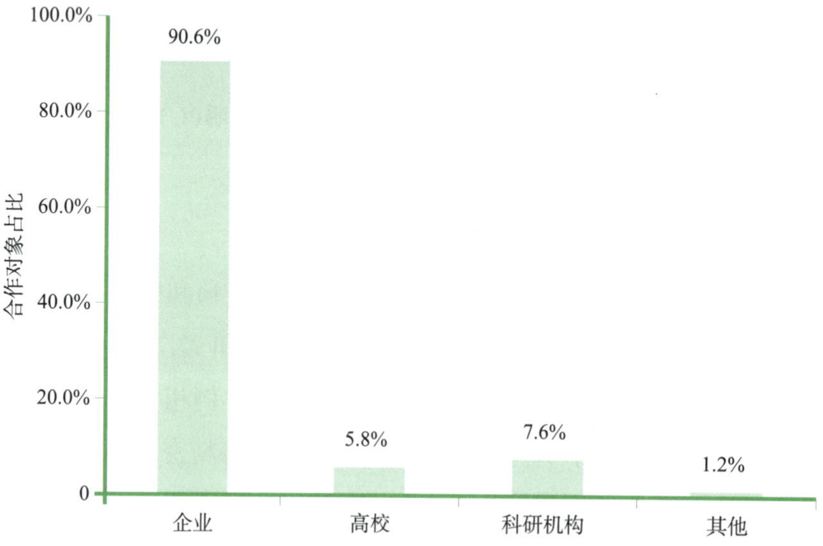

图7-8 2012~2015年清华大学授权发明专利合作对象类型分布①

第二节 分领域国内主要竞争者

本节以 2012~2015 年中国授权发明专利为基础，统计分领域十强竞争者，如表 7-3 至表 7-7 所示。

一、同时入围 5 个以上二级技术领域前十强的竞争者

如表 7-3 至表 7-7 所示，35 个二级技术领域的十强竞争者共涉及 176 名申请人。如图 7-9 所示，同时入围 5 个以上二级技术领域前十强的竞争者有 18 个，包括浙江大学、清华大学、中国石油化工股份有限公司、松下电器株式会社、哈尔滨工业大学、华为技术有限公司、佳能株式

① 合作对象按照实际合作申请人类型分别进行计数，即若申请为清华大学—科研机构—企业合作申请，则科研机构、企业分别计数 1 次。

会社、丰田自动车株式会社、华南理工大学、鸿海精密工业股份有限公司、索尼公司、三星电子株式会社、东南大学、鸿富锦精密工业（深圳）有限公司、巴斯福股份公司、中兴通讯股份有限公司、LG电子株式会社、上海交通大学。其中浙江大学入围15个技术领域，体现了浙江大学很强的综合技术创新能力，清华大学、中国石油化工股份有限公司、松下电器株式会社分别入围7个领域以上，说明它们的技术创新能力和综合竞争力较强。

表7-3　2012~2015年电气工程领域十强竞争者

技术领域	十强竞争者	发明专利授权量/件	技术领域	十强竞争者	发明专利授权量/件
电机/电气装置/电能	丰田自动车株式会社	1 247	音像技术	索尼公司	2 068
	国家电网公司	1 233		松下电器株式会社	1 269
	松下电器株式会社	1 215		三星电子株式会社	1 101
	海洋王照明科技股份有限公司	1 095		夏普公司	899
	鸿海精密工业股份有限公司	1 056		佳能株式会社	812
	鸿富锦精密工业（深圳）有限公司	683		鸿富锦精密工业（深圳）有限公司	666
	三菱电机株式会社	666		鸿海精密工业股份有限公司	656
	中国电力科学研究院	658		友达光电股份有限公司	551
	清华大学	635		华为技术有限公司	512
	皇家飞利浦电子股份有限公司	592		LG电子株式会社	489
电信	中兴通讯股份有限公司	2 715	数字通信	华为技术有限公司	7 433
	华为技术有限公司	2 131		中兴通讯股份有限公司	7 409
	LG电子株式会社	973		夸尔柯姆股份有限公司	2 343
	夸尔柯姆股份有限公司	829		大唐移动通信设备有限公司	1 614
	三星电子株式会社	716		杭州华三通信技术有限公司	1 092
	深圳光启创新技术有限公司	585		LG电子株式会社	936
	夏普公司	520		三星电子株式会社	916
	大唐移动通信设备有限公司	510		中国移动通信集团公司	893
	佳能株式会社	505		北京邮电大学	751
	日本电气株式会社	494		因芬尼昂技术股份公司	726
基础通信程序	夸尔柯姆股份有限公司	277	计算机技术	微软公司	1 539
	松下电器株式会社	188		国际商业机器公司	1 050
	华为技术有限公司	175		索尼公司	1 008
	索尼公司	148		华为技术有限公司	932
	村田制作所株式会社	140		三星电子株式会社	812
	三星电子株式会社	140		中兴通讯股份有限公司	809
	联发科技股份有限公司	136		鸿海精密工业股份有限公司	795
	NXP股份有限公司	130		鸿富锦精密工业(深圳)有限公司	793
	中兴通讯股份有限公司	121		英特尔公司	738
	东南大学	105		北京航空航天大学	727

续表

技术领域	十强竞争者	发明专利授权量/件	技术领域	十强竞争者	发明专利授权量/件
信息技术管理方法	微软公司	142	半导体	中芯国际集成电路制造（上海）有限公司	1 417
	国家电网公司	78		台湾积体电路制造股份有限公司	873
	国际商业机器公司	53		半导体能源研究所株式会社	791
	中国电力科学研究院	51		东京电子有限公司	642
	金蝶软件（中国）有限公司	49		松下电器株式会社	617
	阿里巴巴公司	37		上海华虹NEC电子有限公司	584
	中兴通讯股份有限公司	33		中国科学院微电子研究所	541
	北京航空航天大学	30		索尼公司	514
	索尼公司	29		上海华力微电子有限公司	478
	华为技术有限公司	27		京东方科技集团股份有限公司	458

表7-4　2012~2015年仪器领域十强竞争者

技术领域	十强竞争者	发明专利授权量/件	技术领域	十强竞争者	发明专利授权量/件
光学	夏普公司	1 503	测量	浙江大学	1 039
	佳能株式会社	1 431		北京航空航天大学	939
	京东方科技集团股份有限公司	913		国家电网公司	848
	理光株式会社	816		清华大学	848
	深圳市华星光电技术有限公司	771		东南大学	772
	三星电子株式会社	771		哈尔滨工业大学	723
	友达光电股份有限公司	670		西安交通大学	491
	富士全录股份有限公司	632		上海交通大学	444
	索尼公司	623		重庆大学	394
	鸿海精密工业股份有限公司	542		皇家飞利浦电子股份有限公司	387
生物材料分析	霍夫曼·拉罗奇有限公司	141	控制	浙江大学	241
	希森美康株式会社	115		东南大学	223
	浙江大学	103		北京航空航天大学	222
	中国农业大学	88		丰田自动车株式会社	199
	济南大学	62		国家电网公司	198
	江南大学	62		三菱电机株式会社	194
	爱科来株式会社	56		冲电气工业株式会社	189
	东南大学	55		日立欧姆龙金融系统有限公司	153
	华中农业大学	55		西门子移动通讯公司	135
	中国科学院上海生命科学研究院	54		清华大学	131

续表

技术领域	十强竞争者	发明专利授权量/件	技术领域	十强竞争者	发明专利授权量/件
医学技术	皇家飞利浦电子股份有限公司	866	医学技术	埃色康内外科股份有限公司	323
	奥林巴斯医疗株式会社	522		佳能株式会社	238
	东芝微电子株式会社	505		西门子移动通讯公司	232
	东芝医疗系统株式会社	501		富士胶片印刷机材株式会社	226
	尤妮佳股份公司	344		上海交通大学	225

表7-5　2012~2015年化学领域十强竞争者

技术领域	十强竞争者	发明专利授权量/件	技术领域	十强竞争者	发明专利授权量/件
有机精细化学	中国石油化工股份有限公司	2 066	生物技术	江南大学	534
	中国石油化工股份有限公司上海石油化工研究院	906		浙江大学	452
	巴斯福股份公司	591		中国农业大学	413
	浙江大学	483		华中农业大学	306
	中国石油化工股份有限公司石油化工科学研究院	415		南京农业大学	299
	中国石油化工股份有限公司北京化工研究院	370		上海交通大学	235
	浙江工业大学	341		华南理工大学	211
	中国科学院大连化学物理研究所	295		清华大学	193
	华东理工大学	282		南京工业大学	191
	中国石油化工股份有限公司抚顺石油化工研究院	240		浙江工业大学	187
药品	沈阳药科大学	345	高分子化学/聚合物	中国石油化工股份有限公司	1 009
	浙江大学	319		巴斯福股份公司	566
	诺瓦蒂斯有限公司	281		中国石油化工股份有限公司北京化工研究院	558
	中国药科大学	236		华南理工大学	366
	霍夫曼·拉罗奇有限公司	232		北京化工大学	356
	中国科学院上海药物研究所	223		中国科学院长春应用化学研究所	313
	中国人民解放军第二军医大学	208		中国石油天然气股份有限公司	310
	复旦大学	208		金发科技股份有限公司	282
	山东大学	208		东华大学	280
	中山大学	205		浙江大学	276

续表

技术领域	十强竞争者	发明专利授权量/件	技术领域	十强竞争者	发明专利授权量/件
食品化学	江南大学	404	基础材料化学	中国石油化工股份有限公司	2 610
	浙江大学	317		中国石油化工股份有限公司石油化工科学研究院	1 109
	内蒙古伊利实业集团股份有限公司	307		中国石油化工股份有限公司抚顺石油化工研究院	868
	中国农业大学	272		中国石油天然气股份有限公司	588
	华中农业大学	230		巴斯福股份公司	491
	华南理工大学	219		华南理工大学	297
	南京农业大学	204		海洋王照明科技股份有限公司	294
	福建农林大学	183		3M创新财产公司	292
	光明乳业股份有限公司	165		浙江大学	288
	湖南农业大学	144		日东电工株式会社	284
材料/冶金	北京科技大学	577	表面加工技术/涂层	东京电子有限公司	266
	中南大学	555		鸿富锦精密工业（深圳）有限公司	194
	中国石油化工股份有限公司	524		比亚迪股份有限公司	186
	宝山钢铁股份有限公司	491		鸿海精密工业股份有限公司	166
	武汉钢铁（集团）公司	410		3M创新财产公司	160
	浙江大学	408		日东电工株式会社	154
	陕西科技大学	406		哈尔滨工业大学	153
	国立大学法人东北大学	392		应用材料公司	142
	清华大学	384		爱发科株式会社	136
	哈尔滨工业大学	353		中国科学院金属研究所	124
微观结构和纳米技术	清华大学	175	化学工程	中国石油化工股份有限公司	2 286
	东南大学	124		中国石油化工股份有限公司抚顺石油化工研究院	640
	浙江大学	121		中国石油化工股份有限公司上海石油化工研究院	634
	北京大学	112		中国石油化工股份有限公司石油化工科学研究院	622
	上海交通大学	106		浙江大学	458
	鸿富锦精密工业（深圳）有限公司	105		中国科学院大连化学物理研究所	317
	陕西科技大学	86		中国石油天然气股份有限公司	305
	中国科学院上海微系统与信息技术研究所	84		清华大学	300
	江苏大学	78		巴斯福股份公司	276
	吉林大学	76		北京化工大学	247

续表

技术领域	十强竞争者	发明专利授权量/件	技术领域	十强竞争者	发明专利授权量/件
环境技术	中国石油化工股份有限公司	554	环境技术	南京大学	240
	浙江大学	348		同济大学	235
	丰田自动车株式会社	305		哈尔滨工业大学	211
	北京工业大学	272		常州大学	184
	清华大学	266		华南理工大学	177

表7-6 2012~2015年机械工程领域十强竞争者

技术领域	十强竞争者	发明专利授权量/件	技术领域	十强竞争者	发明专利授权量/件
装卸	中联重科股份有限公司	383	机床	宝山钢铁股份有限公司	349
	三菱电机株式会社	379		哈尔滨工业大学	334
	日立制作所株式会社	358		苏州宝时得电动工具有限公司	274
	克罗内斯股份公司	323		牧田株式会社	212
	东芝电梯株式会社	264		上海交通大学	210
	徐州重型机械有限公司	164		罗伯特博施公司	210
	科恩股份公司	143		燕山大学	176
	因温特奥股份公司	143		江苏大学	173
	村田机械株式会社	137		西安交通大学	169
	佳能株式会社	130		神户制钢所株式会社	159
发动机/泵/涡轮机	通用电气公司	990	纺织和造纸器械	精工爱普生株式会社	931
	丰田自动车株式会社	853		东华大学	669
	GM全球科技动作股份有限公司	532		佳能株式会社	483
	三菱重工业株式会社	415		兄弟工业株式会社	437
	本田技研工业株式会社	395		重机公司	246
	西门子移动通讯公司	372		理光株式会社	246
	罗伯特博施公司	333		浙江理工大学	216
	通用汽车环球科技运作有限责任公司	303		陕西科技大学	187
	福特环球技术公司	295		惠普开发有限公司	174
	电装株式会社	285		富士胶片印刷机材株式会社	174

续表

技术领域	十强竞争者	发明专利授权量/件	技术领域	十强竞争者	发明专利授权量/件
其他专用机械	浙江大学	294	热工过程和设备	珠海格力电器股份有限公司	377
	中国农业大学	260		大金工业株式会社	357
	江苏大学	203		LG电子株式会社	320
	康宁股份有限公司	199		三菱电机株式会社	292
	北京化工大学	195		松下电器株式会社	270
	克罗内斯股份公司	167		海尔集团公司	200
	浙江海洋学院	165		浙江大学	156
	华南理工大学	164		西安交通大学	151
	巴斯福股份公司	162		开利公司	132
	三星钻石工业股份有限公司	159		徐宝安	128
机械元件	丰田自动车株式会社	542	运输	丰田自动车株式会社	1 564
	GM全球科技动作股份有限公司	444		本田技研工业株式会社	1 182
	本田技研工业株式会社	296		GM全球科技动作股份有限公司	640
	通用汽车环球科技运作有限责任公司	280		福特环球技术公司	460
	NTN株式会社	278		浙江吉利控股集团有限公司	414
	ZF腓特烈港股份公司	256		奇瑞汽车股份有限公司	411
	罗伯特博施公司	219		通用汽车环球科技运作有限责任公司	372
	爱信AW株式会社	213		浙江吉利汽车研究院有限公司	358
	哈尔滨工业大学	196		罗伯特博施公司	337
	鸿海精密工业股份有限公司	182		普利司通株式会社	325

表7-7　2012~2015年其他领域十强竞争者

技术领域	十强竞争者	发明专利授权量/件	技术领域	十强竞争者	发明专利授权量/件
家具游戏	科乐美数码娱乐株式会社	176	其他消费品	合肥美的荣事达电冰箱有限公司	506
	耐克国际有限公司	153		LG电子株式会社	490
	SEB公司	129		合肥华凌股份有限公司	398
	松下电器株式会社	125		松下电器株式会社	262
	内斯特克有限公司	118		海尔集团公司	242
	BSH博世和西门子家用设备有限公司	100		湖北中烟工业有限责任公司	233
	皇家飞利浦电子股份有限公司	96		BSH博世和西门子家用设备有限公司	204
	戴森技术有限公司	94		耐克国际有限公司	180
	广东新宝电器股份有限公司	84		YKK株式会社	171
	九阳股份有限公司	83		雅马哈株式会社	166

续表

技术领域	十强竞争者	发明专利授权量/件	技术领域	十强竞争者	发明专利授权量/件
土木工程	中国矿业大学	484	土木工程	河海大学	255
	中国石油天然气股份有限公司	394		小松制作所株式会社	232
	中联重科股份有限公司	308		中国石油化工股份有限公司	215
	中国海洋石油总公司	285		北京工业大学	211
	东南大学	271		中国石油大学（华东）	207

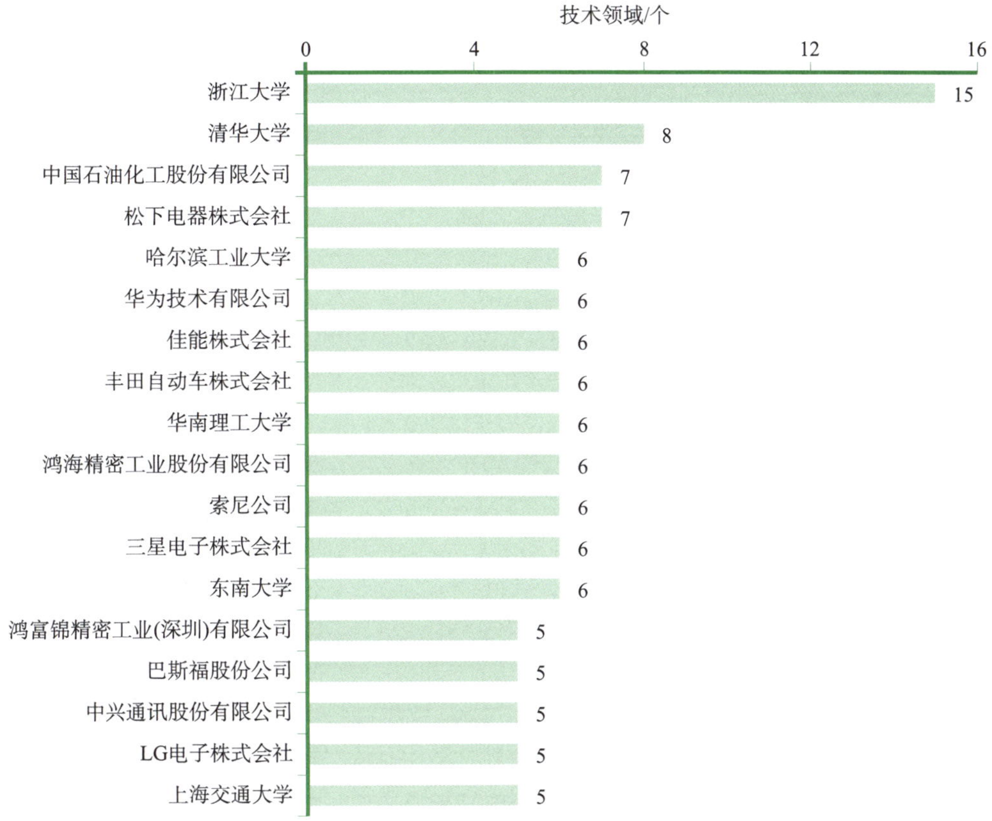

图7-9　同时入围5个以上二级技术领域前十强的竞争者

二、二级技术领域十强竞争者国籍分布情况

如表 7-8 所示，2012~2015 年，35 个二级技术领域的 350 位次十强竞争者中，中国竞争者占据了 205 位次，共入围 34 个技术领域，仅在发动机 / 泵 / 涡轮机领域未入围前十名。日本竞争者占据 76 位次，入围了 26 个技术领域。表明在中国市场，中国竞争者数量优势明显，但日本竞争者实力雄厚，不容小觑。

表7-8　2012~2015年二级技术领域十强竞争者国籍分布

技术领域		中国	日本	美国	德国	韩国	荷兰	瑞士	法国	英国	芬兰	开曼群岛
Ⅰ电气工程	电机/电气装置/电能	6	3	0	0	0	1	0	0	0	0	0
	音像技术	4	4	0	0	2	0	0	0	0	0	0
	电信	4	3	1	0	2	0	0	0	0	0	0
	数字通信	6	0	1	1	2	0	0	0	0	0	0
	基础通信程序	4	3	1	0	1	1	0	0	0	0	0
	计算机技术	5	1	3	0	1	0	0	0	0	0	0
	信息技术管理方法	6	1	2	0	0	0	0	0	0	0	1
	半导体	6	4	0	0	0	0	0	0	0	0	0
Ⅱ仪器	光学	4	5	0	0	1	0	0	0	0	0	0
	测量	9	0	0	0	0	1	0	0	0	0	0
	生物材料分析	7	2	0	0	0	0	1	0	0	0	0
	控制	5	4	0	1	0	0	0	0	0	0	0
	医学技术	1	6	1	1	0	1	0	0	0	0	0
Ⅲ化学	有机精细化学	9	0	0	1	0	0	0	0	0	0	0
	生物技术	10	0	0	0	0	0	0	0	0	0	0
	药品	8	0	0	0	0	0	2	0	0	0	0
	高分子化学/聚合物	9	0	0	1	0	0	0	0	0	0	0
	食品化学	10	0	0	0	0	0	0	0	0	0	0
	基础材料化学	7	1	1	1	0	0	0	0	0	0	0
	材料/冶金	9	1	0	0	0	0	0	0	0	0	0
	表面加工技术/涂层	5	3	2	0	0	0	0	0	0	0	0
	微观结构和纳米技术	10	0	0	0	0	0	0	0	0	0	0
	化学工程	9	0	0	1	0	0	0	0	0	0	0
	环境技术	9	1	0	0	0	0	0	0	0	0	0
Ⅳ机械工程	装卸	2	5	0	1	0	0	1	0	0	1	0
	机床	7	2	0	1	0	0	0	0	0	0	0
	发动机/泵/涡轮机	0	4	4	2	0	0	0	0	0	0	0
	纺织和造纸器械	3	6	1	0	0	0	0	0	0	0	0
	其他专用机械	6	1	1	2	0	0	0	0	0	0	0
	热工过程和设备	5	3	1	0	1	0	0	0	0	0	0
	机械元件	2	4	2	2	0	0	0	0	0	0	0
	运输	3	3	3	1	0	0	0	0	0	0	0
Ⅴ其他领域	家具游戏	2	2	1	1	0	1	1	1	1	0	0
	其他消费品	4	3	1	1	1	0	0	0	0	0	0
	土木工程	9	1	0	0	0	0	0	0	0	0	0
总计		205	76	26	18	11	5	5	1	1	1	1

如图 7-10 所示，生物技术、食品化学、微观结构和纳米技术三个技术领域排名前十的竞争者均为中国竞争者，表明在这三个技术领域中国竞争者的实力较强。从整体看，中国竞争者的优势主要集中在化学领域。日本竞争者在纺织和造纸器械、医学技术两个技术领域的优势明显，在这些技术领域日本竞争者占据了前十位中超过半数的席位。此外，日本竞争者在光学、装卸两个技术领域也表现出了很强的竞争优势，占据了前十位中的半数席位。从整体看，日本竞争者在机械工程领域和仪器领域优势明显。

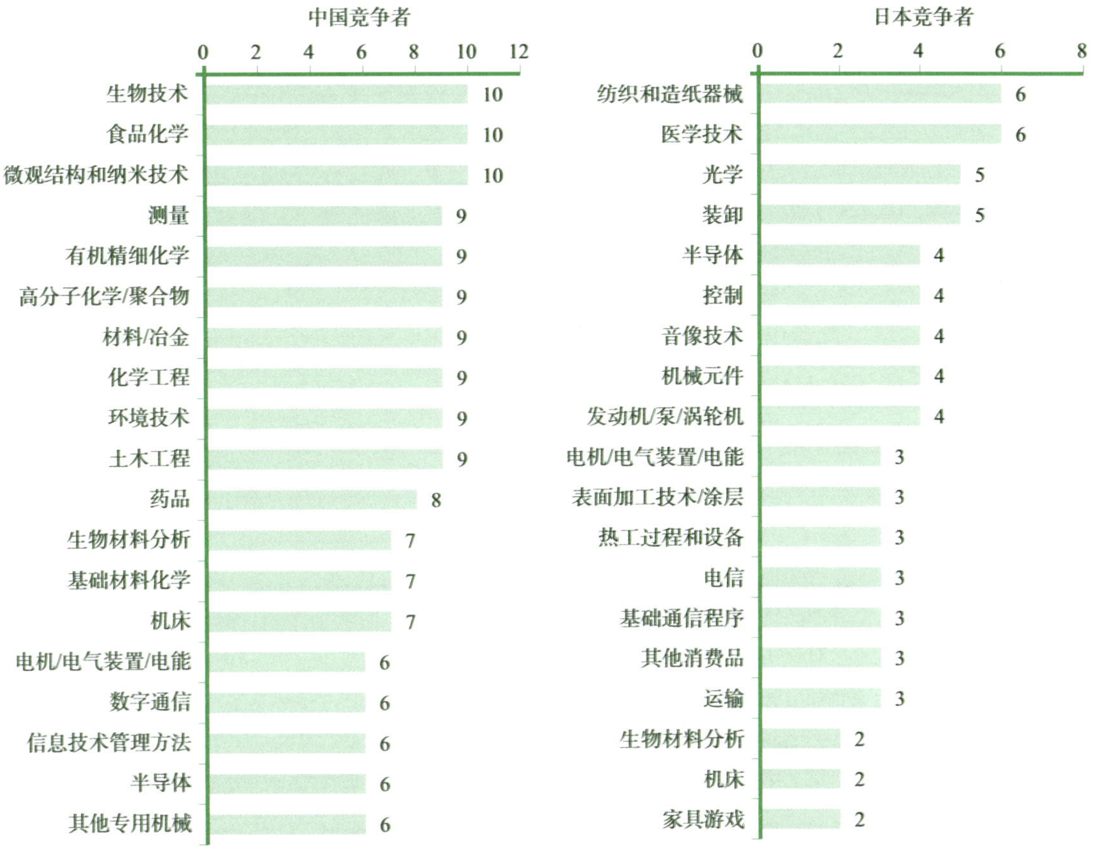

图7-10　2012~2015年二级技术领域十强竞争者中国和日本入围情况

三、二级技术领域十强竞争者类型分布情况

如表 7-9 所示，2012~2015 年 35 个二级技术领域的 350 位次十强竞争者中，企业竞争者涉及 232 位次，音像技术、电信、光学、装卸、发动机 / 泵 / 涡轮机、运输、家具游戏、其他消费品 8 个技术领域排名前十的竞争者均为企业；企业在大多数领域突显出其作为创新主体的优势，也表明其在市场方面具有较高的竞争能力。高校竞争者涉及 107 位次，高校在生物技术、测量、食品化学、微观结构和纳米技术、环境技术等技术领域具有优势，也充分显示出高校高水平的研发创新能力。

表7-9 2012~2015年二级技术领域十强竞争者类型分布

技术领域		企业	高校	科研机构	个人
Ⅰ电气工程	电机/电气装置/电能	8	1	1	0
	音像技术	10	0	0	0
	电信	10	0	0	0
	数字通信	9	1	0	0
	基础通信程序	9	1	0	0
	计算机技术	9	1	0	0
	信息技术管理方法	8	1	1	0
	半导体	9	0	1	0
Ⅱ仪器	光学	10	0	0	0
	测量	2	8	0	0
	生物材料分析	3	6	1	0
	控制	6	4	0	0
	医学技术	9	1	0	0
Ⅲ化学	有机精细化学	6	3	1	0
	生物技术	0	10	0	0
	药品	2	7	1	0
	高分子化学/聚合物	5	4	1	0
	食品化学	2	8	0	0
	基础材料化学	8	2	0	0
	材料/冶金	3	7	0	0
	表面加工技术/涂层	8	1	1	0
	微观结构和纳米技术	1	8	1	0
	化学工程	6	3	1	0
	环境技术	2	8	0	0
Ⅳ机械工程	装卸	10	0	0	0
	机床	5	5	0	0
	发动机/泵/涡轮机	10	0	0	0
	纺织和造纸器械	7	3	0	0
	其他专用机械	4	6	0	0
	热工过程和设备	7	2	0	1
	机械元件	9	1	0	0
	运输	10	0	0	0
Ⅴ其他领域	家具游戏	10	0	0	0
	其他消费品	10	0	0	0
	土木工程	5	5	0	0
总计		232	107	10	1

四、二级技术领域专利技术集中度

如图 7-11 所示，35 个二级技术领域中，前十竞争者授权量占该领域中国授权发明专利总量比例最高的为数字通信领域，比例达到 34.4%，专利技术集中度较高，即该领域的专利技术主要掌握在少数申请人手中，而技术垄断将在很大程度上影响市场份额，甚至造成市场垄断。专利技术集中度最高的 10 个技术领域中，有 6 个属于电气工程领域，表明电气工程领域的技术集中度较高。专利技术集中度最低的 10 个技术领域中，有 6 个属于化学领域，表明化学领域的技术集中度较低，专利技术分散在不同申请人手中，各竞争者之间的竞争较为激烈。

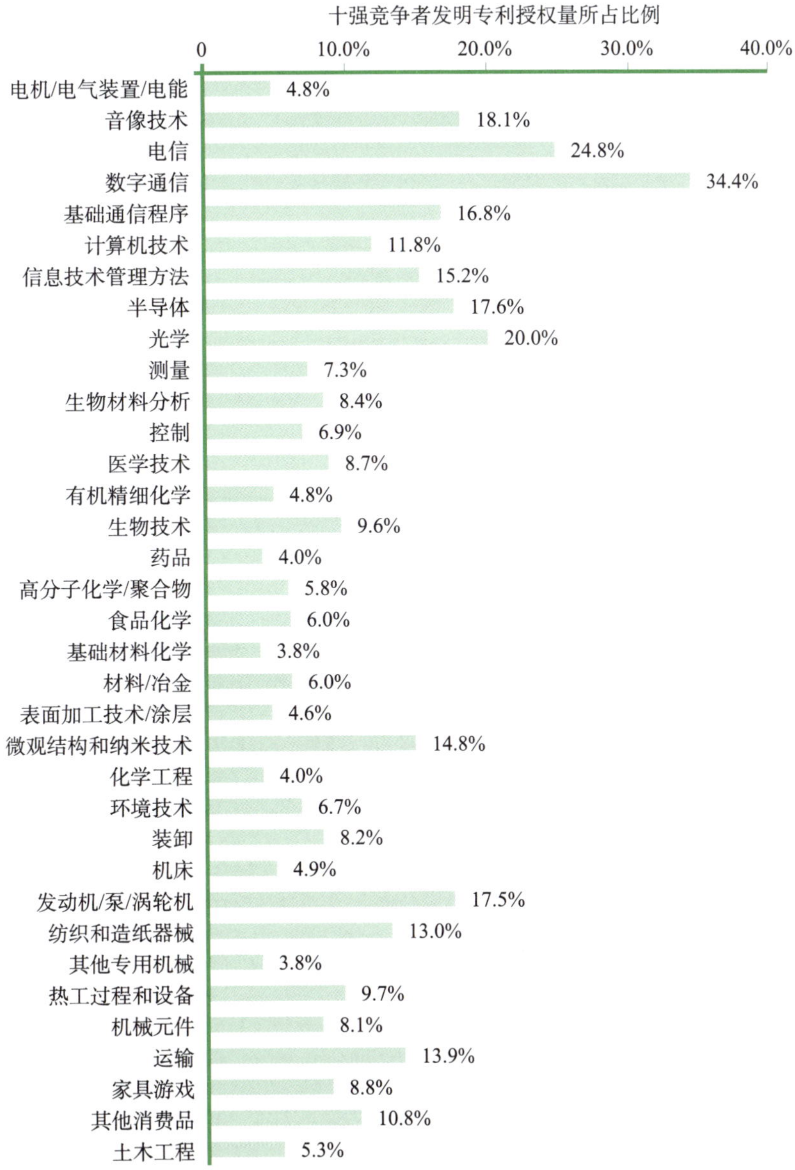

图7-11　2012~2015年二级技术领域专利技术集中度

五、国内技术创新热点领域十强竞争者技术创新情况

1. 电机 / 电气装置 / 电能领域十强竞争者技术创新情况

如表 7-10 所示，从授权发明专利数量来看，丰田自动车株式会社排名第一，达到 1 247 件，是位列第十的皇家飞利浦电子股份有限公司的 2 倍多；其次是国家电网公司，为 1 233 件；松下电器株式会社位列第三，达到 1 215 件；之后分别是海洋王照明科技股份有限公司 1 095 件、鸿海精密工业股份有限公司 1 056 件、鸿富锦精密工业（深圳）有限公司 683 件、三菱电机株式会社 666 件、中国电力科学研究院 658 件、清华大学 635 件、皇家飞利浦电子股份有限公司 592 件。

表7-10　2012~2015年电机/电气装置/电能领域十强竞争者技术创新情况

竞争者	授权量/件	发明人总数/人	每发明人平均发明专利授权量/（件/人）	每授权发明专利平均发明人数/（人次/件）
丰田自动车株式会社	1 247	1 464	0.85	2.59
国家电网公司	1 233	5 227	0.24	6.70
松下电器株式会社	1 215	1 734	0.70	3.31
海洋王照明科技股份有限公司	1 095	215	5.09	2.30
鸿海精密工业股份有限公司	1 056	852	1.24	2.01
鸿富锦精密工业(深圳)有限公司	683	542	1.26	2.57
三菱电机株式会社	666	928	0.72	3.04
中国电力科学研究院	658	1 691	0.39	6.56
清华大学	635	1 199	0.53	4.99
皇家飞利浦电子股份有限公司	592	1 126	0.53	2.63

从研发人员规模来看，国家电网公司的发明人总数达到 5 227 人，拥有庞大的科研人员规模；其后是松下电器株式会社 1 734 人、中国电力科学研究院 1 691 人、丰田自动车株式会社 1 464 人、清华大学 1 199 人、皇家飞利浦电子股份有限公司 1 126 人、三菱电机株式会社 928 人、鸿海精密工业股份有限公司 852 人、鸿富锦精密工业（深圳）有限公司 542 人、海洋王照明科技股份有限公司 215 人。可见，电机 / 电气装置 / 电能领域，入围授权发明专利前十的竞争者，普遍拥有较多的科研人员，但也不乏科研人员规模相对较小的企业。例如，海洋王照明科技股份有限公司，其授权发明专利数量排在第四位，但发明人仅有 215 人，排在第十名。

从研发效率来看，海洋王照明科技股份有限公司的每发明人平均发明专利授权量达到了 5.09 件 / 人，远远高于其他竞争者，平均有效创新效率较高；其后是鸿富锦精密工业（深圳）有限公司 1.26 件 / 人、鸿海精密工业股份有限公司 1.24 件 / 人、丰田自动车株式会社 0.85 件 / 人、三菱电机株式会社 0.72 件 / 人、松下电器株式会社 0.70 件 / 人、清华大学 0.53 件 / 人、皇家飞利浦电子股份有限公司 0.53 件 / 人、中国电力科学研究院 0.39 件 / 人、国家电网公司 0.24 件 / 人。

从专利的研究密集程度来看，国家电网公司、中国电力科学研究院、清华大学的每授权发明专利平均发明人数高于其他竞争者，分别达到了 6.70 人次 / 件、6.56 人次 / 件、4.99 人次 / 件，该数据均高于中国每授权发明专利平均发明人数 3.76 人次 / 件（见表 6-1），表明国家电网公司、中国电力科学研究院和清华大学每件授权发明专利平均投入的科研人员数量较多，研究密集程度较高；其后是松下电器株式会社 3.31 人次 / 件、三菱电机株式会社 3.04 人次 / 件、皇家飞利浦电子股份有限公司 2.63 人次 / 件、丰田自动车株式会社 2.59 人次 / 件、鸿富锦精密工业（深圳）有限公司 2.57 人次 / 件、海洋王照明科技股份有限公司 2.30 人次 / 件、鸿海精密工业股份有限公司 2.01 人次 / 件。

2. 计算机技术领域十强竞争者技术创新情况

如表 7-11 所示，从授权发明专利数量来看，以计算机软件服务业务为主的微软公司排名第一，高达 1 539 件，是位列第十的北京航空航天大学的 2 倍多；其后是国际商业机器公司和索尼公司，分别为 1 050 件、1 008 件；其余竞争者的授权发明专利数量均不足千件，分别为华为技术有限公司 932 件、三星电子株式会社 812 件、中兴通讯股份有限公司 809 件、鸿海精密工业股份有限公司 795 件、鸿富锦精密工业（深圳）有限公司 793 件、英特尔公司 738 件、北京航空航天大学 727 件。在计算机技术领域，十强竞争者中外国竞争者的技术创新能力较中国竞争者更强。

表7-11　2012~2015年计算机技术领域十强竞争者技术创新情况

竞争者	授权量/件	发明人总数/人	每发明人平均发明专利授权量/（件/人）	每授权发明专利平均发明人数/（人次/件）
微软公司	1 539	4 323	0.36	3.88
国际商业机器公司	1 050	2 862	0.37	3.59
索尼公司	1 008	1 422	0.71	2.75
华为技术有限公司	932	1 438	0.65	2.72
三星电子株式会社	812	1 461	0.56	3.08
中兴通讯股份有限公司	809	1 271	0.64	2.14
鸿海精密工业股份有限公司	795	790	1.01	2.30
鸿富锦精密工业(深圳)有限公司	793	717	1.11	2.33
英特尔公司	738	1 793	0.41	3.46
北京航空航天大学	727	1 480	0.49	4.09

从研发人员规模来看，微软公司的发明人总数达到 4 323 人，拥有庞大的科研人员规模；其后是国际商业机器公司 2 862 人、英特尔公司 1 793 人、北京航空航天大学 1 480 人、三星电子株式会社 1 461 人、华为技术有限公司 1 438 人、索尼公司 1 422 人、中兴通讯股份有限公司 1 271 人、鸿海精密工业股份有限公司 790 人、鸿富锦精密工业（深圳）有限公司 717 人。可见，入围计算机技术领域授权发明专利前十的竞争者，除鸿海精密工业股份有限公司和鸿富锦精密工业（深圳）有限公司外，均拥有上千人的科研人员。

从研发效率来看，鸿富锦精密工业（深圳）有限公司、鸿海精密工业股份有限公司的每发明人平均发明专利授权量分别达到了 1.11 件 / 人、1.01 件 / 人，高于其他竞争者，两家公司的平均有效创新效率高；其后是索尼公司 0.71 件 / 人、华为技术有限公司 0.65 件 / 人、中兴通讯股份有限公司 0.64 件 / 人、三星电子株式会社 0.56 件 / 人、北京航空航天大学 0.49 件 / 人、英特尔公司 0.41 件 / 人、国际商业机器公司 0.37 件 / 人、微软公司 0.36 件 / 人。

从专利的研究密集程度来看，北京航空航天大学的每授权发明专利平均发明人数高于其他竞争者，为 4.09 人次 / 件，该数据高于中国的每授权发明专利平均发明人数 3.76 人次 / 件（见表 6-1），表明其每件授权发明专利平均投入的科研人员数量较多，研究密集程度较高；其后是微软公司 3.88 人次 / 件、国际商业机器公司 3.59 人次 / 件、英特尔公司 3.46 人次 / 件、三星电子株式会社 3.08 人次 / 件、索尼公司 2.75 人次 / 件、华为技术有限公司 2.72 人次 / 件、鸿富锦精密工业（深圳）有限公司 2.33 人次 / 件、鸿海精密工业股份有限公司 2.30 人次 / 件、中兴通讯股份有限公司 2.14 人次 / 件。可见，入围计算机技术领域授权发明专利前十的竞争者，中国企业竞争者的每授权发明专利平均发明人数均低于中国每授权发明专利平均发明人数 3.76 人次 / 件（见表 6-1），表明中国企业竞争者每件授权发明专利平均投入的科研人员数量未达到中国的平均水平，其研究密集程度有待进一步提高。

3. 测量领域十强竞争者技术创新情况

测量领域十强竞争者中有 9 席被中国竞争者占据，包括 8 个高校竞争者和 1 个企业竞争者，剩余 1 个外国竞争者为企业竞争者。如表 7-12 所示，从授权发明专利数量来看，浙江大学排名第一，达到 1 039 件，是位列第十的皇家飞利浦电子股份有限公司的 2 倍多；其后是北京航空航天大学 939 件、国家电网公司 848 件、清华大学 848 件、东南大学 772 件、哈尔滨工业大学 723 件、西安交通大学 491 件、上海交通大学 444 件、重庆大学 394 件、皇家飞利浦电子股份有限公司 387 件。

表7-12　2012~2015年测量领域十强竞争者技术创新情况

竞争者	授权量/件	发明人总数/人	每发明人平均发明专利授权量/（件/人）	每授权发明专利平均发明人数/（人次/件）
浙江大学	1 039	2 123	0.49	4.43
北京航空航天大学	939	1 836	0.51	4.49
国家电网公司	848	3 697	0.23	6.73
清华大学	848	1 881	0.45	5.07
东南大学	772	1 118	0.69	3.58
哈尔滨工业大学	723	1 521	0.48	4.64
西安交通大学	491	1 206	0.41	5.28
上海交通大学	444	1 234	0.36	4.79
重庆大学	394	1 284	0.31	5.89
皇家飞利浦电子股份有限公司	387	711	0.54	2.85

从研发人员规模来看，国家电网公司的发明人总数达到 3 697 人，拥有庞大的科研人员规模；其后是浙江大学 2 123 人、清华大学 1 881 人、北京航空航天大学 1 836 人、哈尔滨工业大学 1 521 人、重庆大学 1 284 人、上海交通大学 1 234 人、西安交通大学 1 206 人、东南大学 1 118 人、皇家飞利浦电子股份有限公司 711 人。可见，入围测量领域授权发明专利前十的竞争者，除外国竞争者皇家飞利浦电子股份有限公司外，普遍拥有上千人的科研人员。

从研发效率来看，十强竞争者的每发明人平均发明专利授权量均不超过 1 件 / 人，东南大学排名第一，为 0.69 件 / 人；其后是皇家飞利浦电子股份有限公司 0.54 件 / 人、北京航空航天大学 0.51 件 / 人、浙江大学 0.49 件 / 人、哈尔滨工业大学 0.48 件 / 人、清华大学 0.45 件 / 人、西安交通大学 0.41 件 / 人、上海交通大学 0.36 件 / 人、重庆大学 0.31 件 / 人、国家电网公司 0.23 件 / 人。可见，入围测量领域授权发明专利前十的竞争者的平均有效创新效率相差不大。

从专利的研究密集程度来看，国家电网公司的每授权发明专利平均发明人数由多到少依次为国家电网公司 6.73 人次 / 件、重庆大学 5.89 人次 / 件、西安交通大学 5.28 人次 / 件、清华大学 5.07 人次 / 件、上海交通大学 4.79 人次 / 件、哈尔滨工业大学 4.64 人次 / 件、北京航空航天大学 4.49 人次 / 件、浙江大学 4.43 人次 / 件、东南大学 3.58 人次 / 件、皇家飞利浦电子股份有限公司 2.85 人次 / 件。入围测量领域授权发明专利前十的中国竞争者中，除东南大学外，其余竞争者的每授权发明专利平均发明人数均高于中国每授权发明专利平均发明人数 3.76 人次 / 件（见表 6-1），表明大多数中国竞争者每件授权发明专利平均投入的科研人员数量均超过中国的平均水平，研究密集程度均较高。

4. 数字通信领域十强竞争者技术创新情况

如表 7-13 所示，从授权发明专利数量来看，华为技术有限公司和中兴通信股份有限公司位列前两位，分别高达 7 433 件、7 409 件，远远高于其他竞争者，是位列第十的因芬尼昂技术股份公司的 10 倍多，两家公司在数字通信领域的技术创新能力很强；其后是夸尔柯姆股份有限公司 2 343 件、大唐移动通信设备有限公司 1 614 件、杭州华三通信技术有限公司 1 092 件、LG 电子株式会社 936 件、三星电子株式会社 916 件、中国移动通信集团公司 893 件、北京邮电大学 751 件、因芬尼昂技术股份公司 726 件。

从研发人员规模来看，华为技术有限公司和中兴通信股份有限公司的发明人总数分别达到 6 021 人、5 214 人，同样远远高于其他竞争者，两家公司拥有庞大的科研人员规模；其后是夸尔柯姆股份有限公司 2 235 人、北京邮电大学 1 591 人、三星电子株式会社 1 325 人、因芬尼昂技术股份公司 1 202 人、中国移动通信集团公司 825 人、大唐移动通信设备有限公司 813 人、LG 电子株式会社 714 人、杭州华三通信技术有限公司 587 人。可见，数字通信领域，入围授权发明专利前十的竞争者，普遍拥有较多的科研人员。

从研发效率来看，大唐移动通信设备有限公司、杭州华三通信技术有限公司的每发明人平均发明专利授权量高于其他竞争者，分别为 1.99 件 / 人、1.86 件 / 人，两家企业的平均有效创新效率较高；其后是中兴通讯股份有限公司 1.42 件 / 人、LG 电子株式会社 1.31 件 / 人、华为技术有限公司 1.23 件 / 人、中国移动通信集团公司 1.08 件 / 人、夸尔柯姆股份有限公司 1.05 件 / 人、三星电子株式会社 0.69 件 / 人、因芬尼昂技术股份公司 0.60 件 / 人、北京邮电大学 0.47 件 / 人。

表7-13　2012~2015年数字通信领域十强竞争者技术创新情况

竞争者	授权量/件	发明人总数/人	每发明人平均发明专利授权量/（件/人）	每授权发明专利平均发明人数/（人次/件）
华为技术有限公司	7 433	6 021	1.23	2.58
中兴通讯股份有限公司	7 409	5 214	1.42	2.41
夸尔柯姆股份有限公司	2 343	2 235	1.05	3.29
大唐移动通信设备有限公司	1 614	813	1.99	2.87
杭州华三通信技术有限公司	1 092	587	1.86	1.63
LG电子株式会社	936	714	1.31	3.63
三星电子株式会社	916	1 325	0.69	3.34
中国移动通信集团公司	893	825	1.08	3.74
北京邮电大学	751	1 591	0.47	5.93
因芬尼昂技术股份公司	726	1 202	0.60	2.60

从专利的研究密集程度来看，十强中唯一的高校竞争者北京邮电大学的每授权发明专利平均发明人数最高，达到 5.93 人次 / 件，该数据高于中国每授权发明专利平均发明人数 3.76 人次 / 件（见表 6-1），表明其每件授权发明专利平均投入的科研人员数量较多，研究密集程度较高；其后是中国移动通信集团公司 3.74 人次 / 件、LG 电子株式会社 3.63 人次 / 件、三星电子株式会社 3.34 人次 / 件、夸尔柯姆股份有限公司 3.29 人次 / 件、大唐移动通信设备有限公司 2.87 人次 / 件、因芬尼昂技术股份公司 2.60 人次 / 件、华为技术有限公司 2.58 人次 / 件、中兴通讯股份有限公司 2.41 人次 / 件、杭州华三通信技术有限公司 1.63 人次 / 件。

5. 基础材料化学领域十强竞争者技术创新情况

如表 7-14 所示，从授权发明专利数量来看，中国石油化工股份有限公司排名第一，达到 2 610 件，远高于其他竞争者，是位列第十的日东电工株式会社的 9 倍多；其次是中国石油化工股份有限公司石油化工科学研究院，为 1 109 件；其余竞争者的授权发明专利数量均不足千件，分别为中国石油化工股份有限公司抚顺石油化工研究院 868 件、中国石油天然气股份有限公司 588 件、巴斯福股份公司 491 件、华南理工大学 297 件、海洋王照明科技股份有限公司 294 件、3M 创新财产公司 292 件、浙江大学 288 件、日东电工株式会社 284 件。

从研发人员规模来看，2015 年世界 500 强排名第二的中国石油化工股份有限公司和世界排名第四的中国石油天然气股份有限公司的发明人总数分别达到 2 430 人和 2 159 人，远高于其他竞争者，说明两家公司拥有庞大的科研人员规模；其后是巴斯福股份公司 1 358 人、浙江大学

751 人、3M 创新财产公司 655 人、华南理工大学 638 人、中国石油化工股份有限公司石油化工科学研究院 542 人、日东电工株式会社 391 人、中国石油化工股份有限公司抚顺石油化工研究院 373 人、海洋王照明科技股份有限公司 42 人。可见，入围基础材料化学领域授权发明专利前十的竞争者，普遍拥有较多的科研人员，但也不乏科研人员规模相对较小的企业。例如，海洋王照明科技股份有限公司，其授权发明专利数量排在第七位，但发明人仅有 42 人，排在第十名。

表7-14　2012~2015年基础材料化学领域十强竞争者技术创新情况

竞争者	授权量/件	发明人总数/人	每发明人平均发明专利授权量/（件/人）	每授权发明专利平均发明人数/（人次/件）
中国石油化工股份有限公司	2 610	2 430	1.07	5.68
中国石油化工股份有限公司石油化工科学研究院	1 109	542	2.05	5.94
中国石油化工股份有限公司抚顺石油化工研究院	868	373	2.33	4.96
中国石油天然气股份有限公司	588	2 159	0.27	9.17
巴斯福股份公司	491	1 358	0.36	4.98
华南理工大学	297	638	0.47	4.00
海洋王照明科技股份有限公司	294	42	7.00	3.45
3M创新财产公司	292	655	0.45	3.67
浙江大学	288	751	0.38	4.88
日东电工株式会社	284	391	0.73	3.69

从研发效率来看，海洋王照明科技股份有限公司的每发明人平均发明专利授权量达 7.00 件 / 人，远远高于其他竞争者，其平均有效创新效率较高；紧随其后的是中国石油化工股份有限公司抚顺石油化工研究院和中国石油化工股份有限公司石油化工科学研究院，每发明人平均发明专利授权量达 2.33 件 / 人、2.05 件 / 人；其后是中国石油化工股份有限公司 1.07 件 / 人、日东电工株式会社 0.73 件 / 人、华南理工大学 0.47 件 / 人、3M 创新财产公司 0.45 件 / 人、浙江大学 0.38 件 / 人、巴斯福股份公司 0.36 件 / 人、中国石油天然气股份有限公司 0.27 件 / 人。可见拥有科研人员规模较大的中国石油天然气股份有限公司并未显现出其优势，其平均有效创新效率较低。

从专利的研究密集程度来看，中国石油天然气股份有限公司的每授权发明专利平均发明人数最高，达到 9.17 人次 / 件，远远高于其他竞争者，该数据远高于中国的每授权发明专利平均发明人数 3.76 人次 / 件（见表 6-1），表明其每件授权发明专利平均投入的科研人员数量较多，研究密集程度较高；其后是中国石油化工股份有限公司石油化工科学研究院 5.94 人次 / 件、中国石油化工股份有限公司 5.68 人次 / 件、巴斯福股份公司 4.98 人次 / 件、中国石油化工股份有限公司抚顺石油化工研究院 4.96 人次 / 件、浙江大学 4.88 人次 / 件、华南理工大学 4.00 人次 / 件、日东电工株式会社 3.69 人次 / 件、3M 创新财产公司 3.67 人次 / 件、海洋王照明科技股份有限公司 3.45 人次 / 件。

6. 其他专用机械领域十强竞争者技术创新情况

其他专用机械领域十强竞争者中有 6 席为中国高校竞争者，其余 4 席为外国企业竞争者。如表 7-15 所示，从授权发明专利数量来看，发明专利授权量由多到少依次为浙江大学 294 件、中国农业大学 260 件、江苏大学 203 件、康宁股份有限公司 199 件、北京化工大学 195 件、克罗内斯股份公司 167 件、浙江海洋学院 165 件、华南理工大学 164 件、巴斯福股份公司 162 件、三星钻石工业股份有限公司 159 件。可见，在其他专用机械领域，十强竞争者的发明专利授权量差距不大，技术创新能力相差不大。

表7-15　2012~2015年其他专用机械领域十强竞争者技术创新情况

竞争者	授权量/件	发明人总数/人	每发明人平均发明专利授权量/（件/人）	每授权发明专利平均发明人数/（人次/件）
浙江大学	294	761	0.39	4.26
中国农业大学	260	653	0.40	5.11
江苏大学	203	474	0.43	4.90
康宁股份有限公司	199	372	0.53	3.08
北京化工大学	195	421	0.46	4.86
克罗内斯股份公司	167	230	0.73	2.64
浙江海洋学院	165	164	1.01	3.13
华南理工大学	164	342	0.48	3.49
巴斯福股份公司	162	497	0.33	4.64
三星钻石工业股份有限公司	159	93	1.71	2.20

从研发人员规模来看，两所高校浙江大学和中国农业大学的发明人总数分别达到 761 人和 653 人，高于其他竞争者，两所高校拥有科研人员规模较大；其后是巴斯福股份公司 497 人、江苏大学 474 人、北京化工大学 421 人、康宁股份有限公司 372 人、华南理工大学 342 人、克罗内斯股份公司 230 人、浙江海洋学院 164 人、三星钻石工业股份有限公司 93 人。

从研发效率来看，三星钻石工业股份有限公司的每发明人平均发明专利授权量高于其他竞争者，达到 1.71 件 / 人，其平均有效创新效率较高；其后是浙江海洋学院 1.01 件 / 人、克罗内斯股份公司 0.73 件 / 人、康宁股份有限公司 0.53 件 / 人、华南理工大学 0.48 件 / 人、北京化工大学 0.46 件 / 人、江苏大学 0.43 件 / 人、中国农业大学 0.40 件 / 人、浙江大学 0.39 件 / 人、巴斯福股份公司 0.33 件 / 人。

从专利的研究密集程度来看，中国农业大学、江苏大学、北京化工大学、巴斯福股份公司、浙江大学的每授权发明专利平均发明人数位列前五位，分别为 5.11 人次 / 件、4.90 人次 / 件、4.86 人次 / 件、4.64 人次 / 件、4.26 人次 / 件，四所高校中国农业大学、江苏大学、北京化工大学和浙江大学的每授权发明专利平均发明人数均高于中国每授权发明专利平均发明人数 3.76 人次 /

件（见表 6-1），表明他们每件授权发明专利平均投入的科研人员数量较多，研究密集程度较高；德国竞争者巴斯福股份公司的每授权发明专利平均发明人数也高于德国每授权发明专利平均发明人数 2.95 人次 / 件（见表 6-1），也表明其每件授权发明专利平均投入的科研人员数量较多，研究密集程度较高；其后是华南理工大学 3.49 人次 / 件、浙江海洋学院 3.13 人次 / 件、康宁股份有限公司 3.08 人次 / 件、克罗内斯股份公司 2.64 人次 / 件、三星钻石工业股份有限公司 2.20 人次 / 件。

7. 材料 / 冶金领域十强竞争者技术创新情况

如表 7-16 所示，从授权发明专利数量来看，北京科技大学、中南大学、中国石油化工股份有限公司位列前三位，分别为 577 件、555 件、524 件；其后是宝山钢铁股份有限公司 491 件、武汉钢铁（集团）公司 410 件、浙江大学 408 件、陕西科技大学 406 件、国立大学法人东北大学 392 件、清华大学 384 件、哈尔滨工业大学 353 件。可见，在材料 / 冶金领域，十强竞争者的发明专利授权量差距不大，技术创新能力相差不大。

表7-16　2012~2015年材料/冶金领域十强竞争者技术创新情况

竞争者	授权量/件	发明人总数/人	每发明人平均发明专利授权量/（件/人）	每授权发明专利平均发明人数/（人次/件）
北京科技大学	577	1 368	0.42	5.34
中南大学	555	1 285	0.43	5.92
中国石油化工股份有限公司	524	932	0.56	5.47
宝山钢铁股份有限公司	491	877	0.56	4.21
武汉钢铁（集团）公司	410	982	0.42	7.60
浙江大学	408	815	0.50	4.54
陕西科技大学	406	398	1.02	4.69
国立大学法人东北大学	392	845	0.46	5.07
清华大学	384	767	0.50	4.29
哈尔滨工业大学	353	816	0.43	4.68

从研发人员规模来看，北京科技大学和中南大学的发明人总数分别达 1 368 人、1 285 人，两所高校拥有较大的科研人员规模；其后是武汉钢铁（集团）公司 982 人、中国石油化工股份有限公司 932 人、宝山钢铁股份有限公司 877 人、国立大学法人东北大学 845 人、哈尔滨工业大学 816 人、浙江大学 815 人、清华大学 767 人、陕西科技大学 398 人。

从研发效率来看，陕西科技大学的每发明人平均发明专利授权量高于其他竞争者，达到 1.02 件 / 人，平均有效创新效率较高；其后是中国石油化工股份有限公司 0.56 件 / 人、宝山钢铁股份有限公司 0.56 件 / 人、浙江大学 0.50 件 / 人、清华大学 0.50 件 / 人、国立大学法人东北大学 0.46 件 / 人、中南大学 0.43 件 / 人、哈尔滨工业大学 0.43 件 / 人、北京科技大学 0.42 件 / 人、武汉钢铁（集团）公司 0.42 件 / 人。

从专利的研究密集程度来看，武汉钢铁（集团）公司的每授权发明专利平均发明人数最高，达到 7.60 人次 / 件，其后是中南大学 5.92 人次 / 件、中国石油化工股份有限公司 5.47 人次 / 件、北京科技大学 5.34 人次 / 件、国立大学法人东北大学 5.07 人次 / 件、陕西科技大学 4.69 人次 / 件、哈尔滨工业大学 4.68 人次 / 件、浙江大学 4.54 人次 / 件、清华大学 4.29 人次 / 件、宝山钢铁股份有限公司 4.21 人次 / 件。可见，入围材料 / 冶金领域授权发明专利前十的九席中国竞争者，它们的每授权发明专利平均发明人数均高于中国每授权发明专利平均发明人数 3.76 人次 / 件（见表 6-1），表明中国竞争者每件授权发明专利平均投入的科研人员数量均高于中国的平均水平，其研究密集程度均较高。

8. 机床领域十强竞争者技术创新情况

如表 7-17 所示，从授权发明专利数量来看，宝山钢铁股份有限公司和哈尔滨工业大学的发明专利授权量分别为 349 件、334 件；其后是苏州宝时得电动工具有限公司 274 件、牧田株式会社 212 件、上海交通大学 210 件、罗伯特博施公司 210 件、燕山大学 176 件、江苏大学 173 件、西安交通大学 169 件、神户制钢所株式会社 159 件。可见，在机床领域，十强竞争者的发明专利授权量差距不大，技术创新能力相差不大。

从研发人员规模来看，哈尔滨工业大学和宝山钢铁股份有限公司的发明人总数分别为 716 人、681 人，说明两个竞争者拥有较大的科研人员规模；其后是上海交通大学 498 人、江苏大学 421 人、西安交通大学 373 人、罗伯特博施公司 343 人、燕山大学 324 人、神户制钢所株式会社 251 人、牧田株式会社 180 人、苏州宝时得电动工具有限公司 94 人。可见，在机床领域，入围授权发明专利前十的竞争者，苏州宝时得电动工具有限公司科研人员规模相对较小，其授权发明专利数量排在第三位，但发明人仅有 94 人，排在第十名。

从研发效率来看，苏州宝时得电动工具有限公司的每发明人平均发明专利授权量高于其他竞争者，达到 2.91 件 / 人，平均有效创新效率较高；其后是牧田株式会社 1.18 件 / 人、神户制钢所株式会社 0.63 件 / 人、罗伯特博施公司 0.61 件 / 人、燕山大学 0.54 件 / 人、宝山钢铁股份有限公司 0.51 件 / 人、哈尔滨工业大学 0.47 件 / 人、西安交通大学 0.45 件 / 人、上海交通大学 0.42 件 / 人、江苏大学 0.41 件 / 人。整体来看，高校竞争者有效科技人员投入所产生的发明专利授权数量较少，平均有效创新效率较低。

从专利的研究密集程度来看，5 所高校竞争者江苏大学、西安交通大学、哈尔滨工业大学、上海交通大学、燕山大学的每授权发明专利平均发明人数分别为 6.01 人次 / 件、5.45 人次 / 件、4.87 人次 / 件、4.60 人次 / 件、4.34 人次 / 件，五所高校每件授权发明专利平均投入的科研人员数量较多，研究密集程度高；其后是宝山钢铁股份有限公司 4.04 人次 / 件、神户制钢所株式会社 3.16 人次 / 件、罗伯特博施公司 2.72 人次 / 件、苏州宝时得电动工具有限公司 2.53 人次 / 件、牧田株式会社 2.32 人次 / 件。

表7-17　2012~2015年机床领域十强竞争者技术创新情况

竞争者	授权量/件	发明人总数/人	每发明人平均发明专利授权量/（件/人）	每授权发明专利平均发明人数/（人次/件）
宝山钢铁股份有限公司	349	681	0.51	4.04
哈尔滨工业大学	334	716	0.47	4.87
苏州宝时得电动工具有限公司	274	94	2.91	2.53
牧田株式会社	212	180	1.18	2.32
上海交通大学	210	498	0.42	4.60
罗伯特博施公司	210	343	0.61	2.72
燕山大学	176	324	0.54	4.34
江苏大学	173	421	0.41	6.01
西安交通大学	169	373	0.45	5.45
神户制钢所株式会社	159	251	0.63	3.16

第三节　本章小结

1）中国企业和高校在国内技术创新活动中具有重要地位，日本企业为我国主要竞争对手。

2）中国竞争者中，华为技术有限公司的技术创新优势明显；清华大学合作申请占比较高，其主要合作对象为企业。

3）企业竞争者专利技术领域布局与主营业务密切相关，高校竞争者专利技术领域分布广。

4）外国竞争者在中国进行专利布局的途径不尽相同。

5）二级技术领域中，多名竞争者分别同时位列多个技术领域的授权量前十强；中国竞争者优势明显，日本竞争者实力雄厚；企业竞争者优势明显，高校竞争者显示出较高的技术创新能力。

6）一级技术领域中，电气工程领域技术集中度较高，化学领域技术集中度较低。

7）近年来中国技术创新热点领域中，电机 / 电气装置 / 电能、计算机技术、测量、数字通信、基础材料化学五个技术领域各十强竞争者的授权发明专利差距明显；其他专用机械、机床两个技术领域各十强竞争者的研发人员规模相对较小，发明人总数均不足千人；测量领域十强竞争者的平均有效创新效率较低，每发明人平均发明专利授权量不足 1 件 / 人；材料 / 冶金、基础材料化学两个技术领域各十强竞争者每件授权发明专利平均投入的科研人员数量较多，研究密集程度均较高，每授权发明专利平均发明人数均高于 3 人次 / 件。

第三篇　结论和建议

第八章　结论与建议

第一节　结　论

一、近八年，全球发明专利公开量和授权量均呈现持续增长态势，在中国公开和授权的发明专利对全球专利增量具有重要贡献

2008~2015 年，全球发明专利公开量呈现持续增长态势，年均增长率达到 5.97%。2011 年是一个拐点，自 2011 年起全球发明专利公开量增速进一步增大，2012 年实现了近年来的最大增幅（12.76%）。聚焦到中国，在中国公开的发明专利呈快速增长态势，2008 年公开量为 241 182 件，到 2015 年公开量已突破 95 万件，年均增长率达到 20.97%。与全球态势相似，2011 年也是中国公开量变化趋势的拐点。

2008~2015 年，全球发明专利授权量呈持续上升趋势，2014 年达到 118 万件，以 2008~2014 年的年均增长率（6.28%）估算，2015 年预计达到 125 万件，全球发明专利授权增长态势良好，但 2012 年后增幅放缓。聚焦到中国，在中国授权的发明专利呈持续增长态势，2008 年授权量为 89 938 件，到 2015 年授权量已达到 333 160 件，年均增长率达到 22.48%，授权量每 2~3 年就上一个台阶，2015 年的增长率达到 44.98%。可见，在中国公开和授权的发明专利对全球专利增量具有重要贡献。

二、近八年，中国国内的技术创新仍然处于蓬勃发展阶段，国内的技术创新方向和创新热点覆盖了全球所有的技术创新方向和热点领域

近八年，有 14 个技术领域引领了全球技术创新方向，包括电机 / 电气装置 / 电能、测量、

有机精细化学、生物技术、高分子化学 / 聚合物、食品化学、基础材料化学、材料 / 冶金、化学工程、环境技术、机床、其他专用机械、热工过程和设备、土木工程等技术领域。其中电机 / 电气装置 / 电能、测量领域是近年来技术创新的热点领域，生物技术、食品化学、环境技术、热工过程和设备是近年来潜在的技术创新热点领域。音像技术、光学是近年来的成熟技术领域。纺织和造纸器械、生物材料分析、基础通信程序是近年来的创新空白技术领域。

聚焦到中国，技术创新比较活跃且引领国内技术创新方向的技术领域共涉及 25 个，涵盖了全球全部 14 个技术创新方向。国内的技术创新热点领域为 8 个，涵盖了全球所有的技术创新热点领域。此外，中国国内尚未出现成熟技术领域和创新空白技术领域，可见中国国内的技术创新仍然处于蓬勃发展阶段，在各技术领域都呈现出极大的技术创新热情。

三、中国已成为仅次于美国的全球主要市场，日本、美国均重视中国市场，在中国进行了大量的专利布局

统计期内，九国在全球获得的授权发明专利分布在中国市场的比例均较高，除本国市场之外，仅次于美国市场。例如，日本籍申请人在全球获得的授权专利中有 12.59% 分布在中国，布局占比仅次于日本本土市场和美国市场；美国籍申请人在全球获得的授权专利中有 9.10% 分布在中国，布局占比仅次于美国本土市场。从中国市场看，日本和美国均占有较高的授权专利份额，分别为 13.94% 和 7.65%，二者之和占到了整个中国市场授权专利的 1/5，表明日本和美国对中国市场较高的关注程度。另外，结合每申请人平均发明专利授权量、每授权发明专利平均发明人数，也可以看出在中国市场上日本、美国表现出明显的技术创新优势。日本在华授权发明专利主要分布在电机 / 电气装置 / 电能、音像技术、光学、计算机技术、半导体领域。美国在华授权发明专利主要分布在计算机技术、数字通信、电机 / 电气装置 / 电能、电信领域，其中计算机技术领域最为突出。

四、全球和国内专利技术竞争中中国具有明显的数量优势，但专利数量与质量不协调

统计期内，中国在全球累计发明专利授权量仅次于美国、日本，位列世界第三，35 个技术领域中，在 13 个技术领域的授权发明专利数量位居九国之首，数量优势明显。在国内市场，中国申请人在多个技术领域的专利份额占到该领域整体的六至七成，数量优势更加明显。然而，综合考虑中国申请人在电机 / 电气装置 / 电能、计算机技术等创新热点领域的专利布局能力低于其他领域、中国专利域外布局指数一直维持在 5% 左右，以及市场参与者在全球专利技术竞争中表现平平等情况，表明中国专利数量与质量尚不协调，专利技术创新还面临一定的挑战。

五、在全球专利技术流动中，日本处于技术顺差，而中国则处于技术逆差

从中、美、日、韩四国的专利技术流向来看，中国籍申请人分别在日本市场、美国市场、

韩国市场获得的发明授权专利均远低于日本籍申请人、美国籍申请人、韩国籍申请人分别在中国国内获得的发明授权专利。与美、日、韩三国相比，中国处于低位势，是最大的专利技术输入国，这在一定程度上反映了中国的技术创新实力与日、美、韩仍存在差距。与之相反，日本则在专利技术流动方面处于高位势，日本向美、中、韩共输出了 190 006 件发明授权专利，这一数据高于美国向日、中、韩，中国向日、美、韩，韩国向日、美、中输出的专利总和。日本是最大的专利技术输出国，表现为技术顺差。

六、人力资源丰富是中国专利技术创新的一大优势，但创新效率还有一定提升空间

中国每授权发明专利平均投入达 3.80 人次，表现出较高的平均研究密集程度，居九国之首，这可能得益于国内人力资源丰富且人力成本相对较低的优势。每授权发明专利投入的研发人员数量越多，则授权发明的价值可能越高，丰富的人力资源有望在专利数量优势转向质量取胜的发展过程中发挥重要作用。但从每发明人平均发明专利授权量来看，中国的创新效率排在韩国和日本之后，尚有一定的提升空间。

七、全球专利技术竞争中，中国在化学领域的表现优于其他领域；日本在机械工程和电气工程领域表现突出；美国在电气工程领域的表现优异

统计期内，中国具有专业化优势的二级技术领域共 16 个，其中属于化学领域的有 10 个，几乎涵盖了全部化学领域，中国在化学领域的表现明显优于其他领域，尤其是材料 / 冶金、食品化学等技术领域在本国的专业化优势最为明显。日本具有专业化优势的二级技术领域共 16 个，其中属于机械工程领域的有 6 个，几乎涵盖了全部机械工程领域，属于电气工程领域的有 5 个，覆盖了电气工程 2/3 的二级技术领域，日本在机械工程和电气工程领域表现突出，其中，光学、纺织和造纸器械、音像技术、半导体等技术领域在本国的专业化优势最为明显。美国具有专业化优势的二级技术领域共 13 个,其中属于电气工程领域的有 7 个,几乎涵盖了全部电气工程领域，美国在电气工程领域的表现优异，尤其是计算机技术、数字通信、信息技术管理方法等领域是美国国内专业化程度较高的技术领域。

八、中国专利技术创新的区域发展尚不平衡，北京、广东、江苏具有较明显的技术创新优势

中国各省区市中，经济发达省市的专利技术创新实力优于经济落后地区，东南沿海省市的专利技术创新实力优于西部地区，且差距悬殊，区域发展极不平衡。其中，北京的技术创新优势最为明显，广东、江苏等东南沿海省市也具有较强的技术创新优势。以北京为例，统计期内，其授权发明专利总量最高，在 31 个省区市中位列第一。此外，北京的每申请人平均发明专利授权量也是排在首位，达到 7.38 件 / 人。聚焦到国内技术创新热点领域，北京、广东、江苏的优

势更为明显，在计算机技术、数字通信领域，广东和北京不相上下；在测量领域，北京独树一帜；在其他专用机械、机床领域，江苏、浙江、广东齐头并进；在材料 / 冶金、基础材料化学领域，江苏、北京名列前茅；在电机 / 电气装置 / 电能领域，广东、江苏、北京三足鼎立。

九、企业是专利技术竞争的主体，尤其日本企业实力雄厚，华为和中石化已成为国内龙头企业

全球主要竞争者中企业居多，从各技术领域来看，有 20 个技术领域授权发明专利排名前十的竞争者均为企业。日本竞争者实力雄厚，35 个技术领域的授权发明专利排名中，日本竞争者在 32 个技术领域中均入围了前十，且占据了 350 位次十强竞争者中的 157 位次，接近一半，尤其在机械工程领域和仪器领域优势明显。综合授权量、研发人员规模、研发效率和专利研究密集程度，日本企业佳能的技术创新优势名列第一。华为和中石化已成为国内龙头企业，全球排名分别为十二位和十七位。华为技术有限公司的优势集中在数字通信领域和电信领域，中石化的优势则集中在整个化学领域，在化学领域下属的 6 个技术领域均入围了全球前十强。

十、中国高校在国内技术创新活动中具有重要地位

统计期内，浙江大学和清华大学两所高校入围中国市场授权发明专利排名前十，分列第四名和第五名。单独对中国市场十强高校竞争者进行排名，发现入围的全部为我国高校。单独对我国参与专利技术竞争的申请人进行排名，发现企业和高校各占据一半。此外，我国的浙江大学、清华大学等 6 所大学同时入围了国内 5 个以上技术领域的十强竞争者，显示出很强的综合专利技术创新能力。可见，高校在我国的技术创新活动中扮演着重要角色。

第二节　建　议

通过对全球市场和中国市场的技术创新活动进行对比研究可以发现，中国国内的技术创新仍然处于蓬勃发展阶段，强势推动了全球专利技术创新的增长势头，在中国已成为全球第二大市场的形势下，我国的技术创新活动还面临着重大挑战：一是我国专利数量与质量不协调，二是中国专利技术创新的区域发展尚不平衡，三是我国高校的技术创新活动还未有效服务于国家的产业升级和经济发展需求。针对这些问题，提出以下建议。

第一，坚持政策扶持和战略引领，提升我国技术创新质量

提升技术创新质量，才能扭转我国专利域外布局不足和专利技术流动呈逆差的局面，才能真正依靠技术创新实现产业转型升级，尤其是制造业转型升级。一方面，要重点引导、培育、支持创新主体的创新活动，依托我国人力资源丰富的优势，提升创新效率和质量，提前在国内

进行有价值、高水平的专利布局，降低美、日、韩等主要专利申请国在中国市场的有效专利布局。同时，鼓励、支持创新主体合理进行域外布局，尤其是在美、欧、日、韩等主要海外市场以及产品目标市场的专利布局，为海外市场开拓保驾护航。另一方面，要加强重点产业知识产权海外布局规划的相关内容，围绕战略性新兴产业加强研究，制定必要专利布局指南，编制相关国家和地区专利申请实务指引，绘制服务我国产业发展的相关国家和地区专利导航图，推动我国产业深度融入全球产业链、价值链和创新链。最后，要注重科技成果转化、科技成果产业化等方面，不仅重视知识产权的创造，而且对知识产权的保护和成果运用也要有较强的政策保障，从而在激发公众对于创新的热情的同时，有效降低公众对于创新收益的后顾之忧，极大的促进科技创新的产生。

第二，鼓励各省区市基于地区优势有针对性地进行技术创新和专利布局

针对地区差异，有侧重地培植和发挥各地区产业优势，支持各省区市结合地区优势产业、特色产业有针对性地进行专利布局，促进西部开发、东北振兴、中部崛起、东部率先以及长江经济带、京津冀协同发展等区域战略的实现。例如，鼓励北京和广东在计算机技术、数字通信领域进一步提升技术创新能力，扭转计算机技术领域国外申请人专利布局占优的局面，进而促进我国重点产业的转型升级。对于技术创新薄弱的省区市，则结合地区特点，逐步挖掘和培植优势技术和优势产业。

第三，提倡产业界和学界深入交流和合作研发，共同推进专利产学研结合

我国在促进产业界和大学合作，加强大学和产业界的互动，使得区域产业结构能够更好地利用大学的创新资源方面与其他国家步调一致，这一点今后需要继续保持。可以从三个方面继续完善相关工作，一方面，激励和提升高校教师在专利技术转移和产业化方面的热情，在技术创新阶段就本着“从市场中来、到市场中去”的宗旨，不仅专注于技术，还要了解市场需求及其趋势，同时考虑专利申请的技巧和策略，研发出有市场应用前景的高质量专利，为专利技术产业化打好基础。另一方面，鼓励建立专业技术转移机构，对可能产业化的研究成果进行发掘、评价和鉴别，并通过提供技术情报对高校进行技术指导以及从金融和法律层面参与和帮助专利技术经营相关工作，推进高校专利技术产业化。最后，根据具体情况，同时推进专利许可、专利转让以及合作研究等多种产学研合作方式，例如，清华大学深度依托属于富士康集团的鸿富锦精密工业（深圳）有限公司进行校企合作的模式和经验可供国内其他高校参考和借鉴。而华为技术有限公司通过与多家“985”高校广泛合作而不断进行技术创新和市场开拓的经验也值得国内其他企业参考和借鉴。

第四，优化新形势下我国专利信息工作，为专利技术创新提供支撑

对专利信息资源进行全面、准确、便捷获取，特别是高效、恰当地对特定信息进行分类提取、对比分析和研究呈现，能有效支撑专利技术创新工作。在大数据时代背景下，“高价值数据”的社会需求急剧增长，这就要求专利信息管理部门和专利信息服务工作不断进行优化。首先，

需要建设涵盖专利活动全流程的专利信息资源平台，将分散在国家知识产权局、法院、工商等多个部门的专利信息汇聚到专利信息管理部门。其次，要有完善的基础专利信息数据，加快与世界各国的专利数据交换和更新工作，并逐步实现中、外文数据资源的一致性、规范性。再次，要充分发挥行业协会、专利信息传播利用基地和地方信息中心等部门的宣传职能，提高企业等创新主体的专利信息利用水平。然后，积极为创新主体、创新服务主体提供高质量的专利资源数据库和专利检索分析平台，为“大众创业、万众创新”提供有效信息支撑。最后，积极组织力量，充分挖掘和利用专利数据资源，为经济社会和科技创新相关工作提供权威、客观、准确的数据支撑。

附录　数据列表

表1　2008~2015年全球公开发明专利的领域分布　　单位：件

	技术领域	2008	2009	2010	2011	2012	2013	2014	2015	总计
电气工程	电机/电气装置/电能	132 518	141 814	147 055	155 981	183 338	198 213	209 913	219 821	1 388 653
	音像技术	125 521	119 126	113 594	107 224	111 136	109 594	106 814	109 496	902 505
	电信	97 036	90 390	85 275	76 403	77 172	76 682	74 520	74 115	651 593
	数字通信	101 204	98 602	102 542	103 680	114 717	124 825	139 910	149 757	935 237
	基础通信程序	24 379	23 443	22 657	21 259	21 597	21 498	21 299	20 515	176 647
	计算机技术	173 130	170 554	167 953	170 484	188 289	204 198	223 410	231 127	1 529 145
	信息技术管理方法	30 936	33 819	31 825	31 927	36 851	42 754	51 340	53 834	313 286
	半导体	103 688	104 492	103 110	106 874	114 723	114 955	114 544	110 161	872 547
	合计	632 141	635 547	628 369	637 672	707 017	751 742	805 617	835 091	5 633 196
仪器	光学	103 543	98 257	91 713	88 959	94 047	93 865	91 189	93 529	755 102
	测量	98 826	103 365	104 114	104 115	122 265	130 468	140 590	153 549	957 292
	生物材料分析	21 847	21 962	21 652	22 295	21 939	21 557	22 985	24 006	178 243
	控制	45 805	46 302	45 302	42 898	48 039	52 739	59 559	67 913	408 557
	医学技术	93 312	93 061	93 239	95 424	104 521	109 491	121 775	126 883	837 706
	合计	337 533	337 512	331 999	329 956	365 888	383 725	410 757	439 648	2 937 018
化学	有机精细化学	49 765	50 987	52 634	53 519	57 816	58 690	62 049	68 092	453 552
	生物技术	35 352	37 920	40 042	43 099	44 447	47 291	51 142	55 730	355 023
	药品	112 606	110 306	106 315	105 996	106 869	109 132	121 317	132 337	904 878
	高分子化学/聚合物	45 896	47 234	48 471	49 938	58 072	61 366	66 413	73 769	451 159
	食品化学	28 099	29 597	31 774	35 174	40 778	47 124	61 587	70 997	345 130
	基础材料化学	65 393	67 237	69 816	72 734	83 604	88 737	100 150	114 551	662 222
	材料/冶金	47 766	49 482	52 787	55 345	66 931	71 246	77 582	84 417	505 556
	表面加工技术/涂层	52 091	55 197	55 764	56 722	64 274	62 767	63 068	67 371	477 254
	微观结构和纳米技术	5 396	6 187	6 732	9 204	12 006	10 568	10 252	9 409	69 754
	化学工程	56 769	57 722	59 456	62 101	69 950	73 920	78 798	87 520	546 236
	环境技术	32 774	35 119	36 986	38 836	45 396	47 195	50 762	58 045	345 113
	合计	430 216	444 230	452 918	466 756	522 376	556 031	616 783	688 770	4 178 080

续表

技术领域		2008	2009	2010	2011	2012	2013	2014	2015	总计
机械工程	装卸	56 106	56 088	55 760	58 557	65 064	68 909	73 351	82 411	516 246
	机床	49 105	52 144	55 784	59 624	70 769	74 791	78 194	89 936	530 347
	发动机/泵/涡轮机	53 557	58 547	59 388	60 100	68 121	74 622	73 765	78 527	526 627
	纺织和造纸器械	48 083	45 647	43 651	43 236	47 789	48 264	47 843	51 690	376 203
	其他专用机械	65 575	67 261	70 384	73 488	85 816	89 746	99 771	117 667	669 708
	热工过程和设备	32 272	34 870	37 866	38 852	43 808	45 300	47 339	52 598	332 905
	机械元件	63 109	63 057	62 654	63 818	72 252	77 518	81 960	89 827	574 195
	运输	84 750	89 294	86 717	85 995	101 214	112 404	118 919	130 399	809 692
	合计	405 462	419 716	423 796	433 871	499 363	535 244	566 002	634 719	3 918 173
其他	家具游戏	53 566	52 114	51 123	51 104	57 333	60 792	66 219	70 824	463 075
	其他消费品	42 013	41 948	42 141	43 062	47 402	50 822	55 590	62 876	385 854
	土木工程	60 918	64 069	65 525	68 227	77 942	83 884	91 218	101 206	612 989
	合计	151 328	153 186	153 880	157 311	177 459	190 270	207 909	229 521	1 420 864

表2 2008~2015年全球授权发明专利的领域分布

单位：件

技术领域		2008	2009	2010	2011	2012	2013	2014	2015	总计
电气工程	电机/电气装置/电能	132 518	141 814	147 055	155 981	183 338	198 213	209 913	219 821	1 388 653
	音像技术	125 521	119 126	113 594	107 224	111 136	109 594	106 814	109 496	902 505
	电信	97 036	90 390	85 275	76 403	77 172	76 682	74 520	74 115	651 593
	数字通信	101 204	98 602	102 542	103 680	114 717	124 825	139 910	149 757	935 237
	基础通信程序	24 379	23 443	22 657	21 259	21 597	21 498	21 299	20 515	176 647
	计算机技术	173 130	170 554	167 953	170 484	188 289	204 198	223 410	231 127	1 529 145
	信息技术管理方法	30 936	33 819	31 825	31 927	36 851	42 754	51 340	53 834	313 286
	半导体	103 688	104 492	103 110	106 874	114 723	114 955	114 544	110 161	872 547
	合计	632 141	635 547	628 369	637 672	707 017	751 742	805 617	835 091	5 633 196
仪器	光学	103 543	98 257	91 713	88 959	94 047	93 865	91 189	93 529	755 102
	测量	98 826	103 365	104 114	104 115	122 265	130 468	140 590	153 549	957 292
	生物材料分析	21 847	21 962	21 652	22 295	21 939	21 557	22 985	24 006	178 243
	控制	45 805	46 302	45 302	42 898	48 039	52 739	59 559	67 913	408 557
	医学技术	93 312	93 061	93 239	95 424	104 521	109 491	121 775	126 883	837 706
	合计	337 533	337 512	331 999	329 956	365 888	383 725	410 757	439 648	2 937 018

续表

	技术领域	2008	2009	2010	2011	2012	2013	2014	2015	总计
化学	有机精细化学	49 765	50 987	52 634	53 519	57 816	58 690	62 049	68 092	453 552
	生物技术	35 352	37 920	40 042	43 099	44 447	47 291	51 142	55 730	355 023
	药品	112 606	110 306	106 315	105 996	106 869	109 132	121 317	132 337	904 878
	高分子化学/聚合物	45 896	47 234	48 471	49 938	58 072	61 366	66 413	73 769	451 159
	食品化学	28 099	29 597	31 774	35 174	40 778	47 124	61 587	70 997	345 130
	基础材料化学	65 393	67 237	69 816	72 734	83 604	88 737	100 150	114 551	662 222
	材料/冶金	47 766	49 482	52 787	55 345	66 931	71 246	77 582	84 417	505 556
	表面加工技术/涂层	52 091	55 197	55 764	56 722	64 274	62 767	63 068	67 371	477 254
	微观结构和纳米技术	5 396	6 187	6 732	9 204	12 006	10 568	10 252	9 409	69 754
	化学工程	56 769	57 722	59 456	62 101	69 950	73 920	78 798	87 520	546 236
	环境技术	32 774	35 119	36 986	38 836	45 396	47 195	50 762	58 045	345 113
	合计	430 216	444 230	452 918	466 756	522 376	556 031	616 783	688 770	4 178 080
机械工程	装卸	56 106	56 088	55 760	58 557	65 064	68 909	73 351	82 411	516 246
	机床	49 105	52 144	55 784	59 624	70 769	74 791	78 194	89 936	530 347
	发动机/泵/涡轮机	53 557	58 547	59 388	60 100	68 121	74 622	73 765	78 527	526 627
	纺织和造纸器械	48 083	45 647	43 651	43 236	47 789	48 264	47 843	51 690	376 203
	其他专用机械	65 575	67 261	70 384	73 488	85 816	89 746	99 771	117 667	669 708
	热工过程和设备	32 272	34 870	37 866	38 852	43 808	45 300	47 339	52 598	332 905
	机械元件	63 109	63 057	62 654	63 818	72 252	77 518	81 960	89 827	574 195
	运输	84 750	89 294	86 717	85 995	101 214	112 404	118 919	130 399	809 692
	合计	405 462	419 716	423 796	433 871	499 363	535 244	566 002	634 719	3 918 173
其他	家具游戏	53 566	52 114	51 123	51 104	57 333	60 792	66 219	70 824	463 075
	其他消费品	42 013	41 948	42 141	43 062	47 402	50 822	55 590	62 876	385 854
	土木工程	60 918	64 069	65 525	68 227	77 942	83 884	91 218	101 206	612 989
	合计	151 328	153 186	153 880	157 311	177 459	190 270	207 909	229 521	1 420 864

表3　2012~2015年全球范围内九国的每申请人平均发明专利授权量　　单位：件/人

	技术领域	美国	日本	中国	韩国	俄罗斯	德国	法国	英国	瑞士
电气工程	电机/电气装置/电能	2.14	7.19	3.02	3.44	2.40	2.87	4.06	2.32	3.51
	音像技术	2.35	5.89	3.11	2.85	1.61	2.01	2.24	2.19	1.83
	电信	2.60	6.01	3.56	2.71	2.14	1.95	2.87	2.38	1.98
	数字通信	3.35	6.20	5.41	3.47	2.15	2.35	3.32	3.51	2.56
	基础通信程序	2.60	4.62	2.46	2.95	2.90	2.02	2.25	2.07	2.24
	计算机技术	2.49	5.25	4.32	3.26	2.22	1.89	2.72	2.21	2.02
	信息技术管理方法	1.72	4.30	1.85	1.94	1.07	1.32	1.52	1.49	1.29
	半导体	3.61	7.19	5.02	4.53	2.14	2.75	3.39	1.82	1.71

续表

技术领域		美国	日本	中国	韩国	俄罗斯	德国	法国	英国	瑞士
仪器	光学	2.41	7.52	4.18	3.42	1.90	2.52	2.60	1.75	1.46
	测量	1.94	5.01	3.68	3.59	2.95	2.60	2.98	1.78	2.66
	生物材料分析	1.69	2.38	2.36	3.66	2.37	1.67	1.82	1.40	2.05
	控制	1.75	5.31	2.32	2.10	1.86	2.23	2.34	1.54	1.73
	医学技术	2.35	4.93	2.16	2.37	2.72	2.64	2.12	2.00	1.88
化学	有机精细化学	2.34	4.30	3.29	3.22	2.63	2.91	4.33	2.16	2.48
	生物技术	2.34	2.69	3.72	4.81	2.09	1.62	2.18	1.53	2.00
	药品	2.36	2.84	2.55	3.86	2.52	2.40	2.58	2.02	3.43
	高分子化学/聚合物	2.64	6.61	3.13	3.70	2.20	3.03	3.78	1.85	2.51
	食品化学	3.22	3.09	2.46	1.90	12.41	1.70	1.68	2.38	3.48
	基础材料化学	2.34	5.19	2.83	2.52	2.72	2.80	2.58	2.31	2.98
	材料/冶金	1.87	6.30	3.23	3.65	3.75	2.56	3.03	1.96	2.33
	表面加工技术/涂层	1.78	5.20	2.27	2.57	2.27	2.02	2.46	1.77	1.83
	微观结构和纳米技术	1.77	2.44	4.55	3.87	2.10	1.74	2.46	1.27	1.29
	化学工程	1.80	3.50	2.63	2.36	2.50	2.10	2.46	1.84	1.97
	环境技术	1.80	4.28	2.49	2.19	2.12	2.55	2.66	1.68	2.46
机械工程	装卸	1.64	5.13	2.13	2.14	1.81	2.44	2.07	1.71	2.89
	机床	1.66	4.90	2.39	2.31	3.22	2.44	2.70	1.74	1.75
	发动机/泵/涡轮机	2.11	6.68	2.46	3.27	3.00	3.54	4.99	2.65	3.23
	纺织和造纸器械	2.28	6.88	2.41	1.95	2.02	2.51	2.37	1.63	3.29
	其他专用机械	1.69	4.85	2.18	1.99	3.08	2.27	2.56	1.66	1.68
	热工过程和设备	1.59	7.09	2.16	2.26	2.10	2.22	2.34	1.83	2.03
	机械元件	1.82	5.29	2.07	2.49	2.51	2.98	3.47	1.75	1.64
	运输	1.94	7.67	2.72	4.25	2.83	3.84	5.81	2.06	1.70
其他	家具游戏	1.59	9.51	1.83	1.67	1.59	2.20	2.07	2.10	3.20
	其他消费品	1.49	3.38	2.04	1.76	5.93	2.55	2.46	1.89	2.39
	土木工程	1.76	4.00	2.58	2.15	2.94	2.20	1.99	1.62	1.60

表4 2012~2015年全球范围内九国的每授权发明专利平均发明人数 单位：人次/件

技术领域		美国	日本	中国	韩国	俄罗斯	德国	法国	英国	瑞士
电气工程	电机/电气装置/电能	2.62	2.79	3.64	2.75	3.15	2.46	2.37	2.17	2.60
	音像技术	2.76	2.46	2.85	2.62	2.81	2.43	2.29	2.17	2.38
	电信	2.78	2.32	3.27	2.72	3.52	2.35	2.33	2.23	2.21
	数字通信	2.90	2.55	3.22	2.84	3.26	2.38	2.27	2.37	2.26
	基础通信程序	2.50	2.15	3.43	2.79	2.99	2.05	2.44	2.07	2.32
	计算机技术	2.88	2.30	3.50	2.65	3.01	2.47	2.29	2.32	2.52
	信息技术管理方法	2.91	2.43	4.48	2.27	2.55	2.10	2.30	2.33	2.61
	半导体	3.28	2.90	3.31	3.21	3.81	3.00	2.59	2.33	2.78

续表

技术领域		美国	日本	中国	韩国	俄罗斯	德国	法国	英国	瑞士
仪器	光学	2.98	2.71	3.28	3.18	3.34	2.73	2.63	2.51	2.53
	测量	2.68	2.53	4.58	2.74	3.35	2.39	2.40	2.19	2.41
	生物材料分析	3.28	3.21	5.00	3.52	4.13	3.09	3.33	2.95	3.52
	控制	2.67	2.43	3.95	2.32	3.36	2.27	2.32	1.92	2.37
	医学技术	2.90	2.46	3.38	2.34	3.65	2.42	2.34	2.25	2.48
化学	有机精细化学	3.75	3.50	4.48	4.43	4.28	4.34	2.84	3.41	3.58
	生物技术	3.19	3.45	4.96	4.11	4.31	3.43	3.24	3.14	3.75
	药品	3.91	4.18	3.44	4.46	4.25	4.41	3.71	3.70	4.31
	高分子化学/聚合物	3.41	3.16	4.14	3.93	4.37	3.77	3.03	2.96	3.09
	食品化学	2.61	3.37	3.53	2.88	1.97	2.67	2.43	2.63	3.48
	基础材料化学	3.35	3.36	4.14	3.47	3.61	3.69	2.88	2.92	3.13
	材料/冶金	3.01	3.41	4.35	3.09	3.40	3.04	3.00	2.57	2.88
	表面加工技术/涂层	3.01	3.22	3.68	2.95	4.05	2.89	2.82	2.68	2.39
	微观结构和纳米技术	3.26	3.08	4.40	3.65	4.16	3.04	3.23	2.72	3.41
	化学工程	2.87	3.10	4.12	2.75	3.72	2.75	2.60	2.44	2.52
	环境技术	2.74	3.09	4.26	2.54	3.46	2.61	2.44	2.25	2.24
机械工程	装卸	2.44	2.36	3.40	2.08	2.60	2.09	1.88	1.96	2.30
	机床	2.44	2.73	3.50	2.16	3.74	2.22	2.17	1.99	2.24
	发动机/泵/涡轮机	2.57	2.87	3.67	2.77	3.10	2.45	2.44	2.10	2.89
	纺织和造纸器械	2.97	2.50	3.30	2.40	3.89	2.41	2.35	2.25	2.79
	其他专用机械	2.48	2.80	3.81	2.29	3.38	2.44	2.24	1.98	2.24
	热工过程和设备	2.53	2.97	3.49	2.12	2.98	2.49	2.28	2.05	2.46
	机械元件	2.28	2.71	3.45	2.17	3.03	2.31	2.17	1.83	2.02
	运输	2.39	2.53	3.74	2.41	3.11	2.35	2.16	1.98	2.08
其他	家具游戏	2.19	2.36	2.24	1.58	1.80	2.25	1.79	2.01	2.63
	其他消费品	2.24	2.36	3.16	1.86	1.62	2.39	1.92	2.07	2.25
	土木工程	2.26	2.50	4.28	1.88	3.27	2.06	1.83	1.75	1.80

表5　2012~2015年全球十强竞争者技术领域分布　　单位：件

技术领域		佳能	国际商业机器公司	东芝	丰田汽车	KVASENKOV OLEG IVANOVICH	高通	三菱电机	松下	三星电子	本田汽车
电气工程	电机/电气装置/电能	661	215	1 435	2 969	0	214	2 751	2 717	496	1 144
	音像技术	3 435	763	1 206	122	0	733	816	1 867	1 740	131
	电信	1 799	345	648	46	0	2 473	615	939	1 740	30
	数字通信	538	1 923	700	60	0	6 336	610	739	1 796	18
	基础通信程序	147	308	409	28	0	791	246	313	357	20
	计算机技术	3 250	8 064	2 611	208	0	1 794	709	870	2 102	274
	信息技术管理方法	66	527	200	34	0	104	94	73	73	21
	半导体	1 088	2 412	2 866	368	0	280	977	1 299	1 334	63
仪器	光学	6 060	211	772	9	0	23	388	650	747	21
	测量	686	412	527	678	0	555	805	471	300	368
	生物材料分析	10	41	13	6	0	2	5	25	19	2
	控制	74	297	353	526	0	101	680	247	83	366
	医学技术	932	29	525	72	0	24	194	321	222	44
化学	有机精细化学	140	30	21	25	0	0	0	8	27	3
	生物技术	8	18	18	62	0	0	1	38	37	17
	药品	10	2	1	0	0	0	0	1	11	0
	高分子化学/聚合物	158	55	15	5	0	0	13	78	38	7
	食品化学	0	2	7	36	8 834	0	4	8	3	17
	基础材料化学	265	32	137	29	0	0	25	68	61	13
	材料/冶金	89	27	199	305	0	1	37	98	34	127
	表面加工技术/涂层	130	84	192	179	0	3	96	183	55	94
	微观结构和纳米技术	47	162	84	10	0	6	13	21	63	1
	化学工程	98	44	185	281	0	0	135	172	70	100
	环境技术	161	20	347	712	0	0	110	85	38	204
机械工程	装卸	721	16	171	148	9	1	602	71	68	137
	机床	54	44	78	273	0	2	238	206	23	378
	发动机/泵/涡轮机	59	16	414	2 095	0	0	642	163	26	1 200
	纺织和造纸器械	2 186	9	175	7	0	0	29	151	30	6
	其他专用机械	154	31	111	102	15	1	66	153	43	92
	热工过程和设备	0	71	116	49	1	1	1 404	570	59	18
	机械元件	121	21	106	1 030	0	0	137	72	49	1 081
	运输	6	37	166	3 784	0	19	579	277	18	4 093
其他	家具游戏	6	17	115	41	0	8	276	310	103	34
	其他消费品	60	24	319	14	1 559	11	223	408	194	35
	土木工程	2	9	35	55	0	0	75	247	12	74

表6 2012~2015年同时入围2个以上技术领域前十强的全球竞争者

全球竞争者	入围技术领域个数/个	全球竞争者	入围技术领域个数/个
富士胶片	9	索尼	2
佳能	8	华为	2
浙江大学	7	东南大学	2
松下	7	日立空调	2
国际商业机器公司	7	现代制铁	2
浦项	6	微软	2
爱普生	6	日立	2
三星电子	6	孟山都	2
中石化	6	东芝泰格	2
LG化学	6	霍夫曼·拉罗奇有限公司	2
丰田汽车	6	富士施乐	2
三菱电机	5	国家电网	2
富士通	5	健泰科生物	2
电装株式会社	5	通用环球	2
本田汽车	5	南京大学	2
西门子	5	环球油品	2
现代汽车	4	吉坤日矿日石金属株式会社	2
三星重工业株式会社	4	瑞萨电子	2
京瓷办公信息系统株式会社	4	辛根塔	2
博世	4	欧莱雅	2
高通	4	住友化学	2
巴斯福	4	日东电工	2
LG电子	4	韩国农村振兴厅	2
杰富意钢铁	3	神户制钢	2
理光	3	高露洁-棕榄公司	2
三菱重工	3	艾利森电话	2
鸿海精密	3	福特全球技术公司	2
新日铁住金株式会社	3	兄弟株式会社	2
普利司通	3	KVASENKOV OLEG IVANOVICH	2
东京电子	3	住友橡胶工业株式会社	2
半导体能源研究所株式会社	3	韩国科学技术院	2
夏普	3	江南大学	2
谷歌	3	先锋国际良种公司	2
东芝	3		

表7　2012~2015年各技术领域全球十强竞争者技术创新情况

技术领域	竞争者	授权量/件	发明人总数/人	每发明人平均发明专利授权量/（件/人）	每授权发明专利平均发明人数/（人次/件）
电机/电气装置/电能	丰田汽车	2 969	1 560	0.94	2.56
	三菱电机	2 751	1 455	0.86	2.92
	松下	2 717	2 061	0.67	3.14
	LG化学	2 276	1 949	1.14	4.21
	矢崎	1 989	719	1.46	2.19
	电装株式会社	1 725	700	0.83	2.36
	三星电机	1 436	1 212	1.09	3.63
	鸿海精密	1 390	1 053	1.32	2.39
	国家电网	1 308	5 818	0.22	6.98
	西门子	1 284	1 881	0.68	2.59
音像技术	佳能	3 435	1 505	0.56	0.80
	索尼	2 862	2 339	0.42	1.11
	松下	1 867	1 606	0.33	1.40
	三星电子	1 740	2 474	0.32	1.51
	夏普	1 323	1 132	0.35	1.33
	东芝	1 206	148	2.55	0.21
	半导体能源研究所株式会社	1 066	274	0.41	0.44
	LG显示	1 018	1 314	0.39	1.36
	富士胶片	981	407	0.50	0.66
	鸿海精密	959	880	0.47	0.92
电信	高通	2 473	2 188	0.31	1.07
	佳能	1 799	1 014	0.61	0.96
	LG电子	1 576	1 752	0.26	1.15
	华为	1 372	1 800	0.37	1.33
	富士通	1 278	709	0.37	0.99
	三星电子	1 275	2 136	0.32	1.78
	京瓷办公信息系统株式会社	1 221	380	0.68	0.59
	艾利森电话	1 039	1 086	0.40	1.07
	松下	939	671	0.29	1.28
	理光	888	321	0.48	1.42

续表

技术领域	竞争者	授权量/件	发明人总数/人	每发明人平均发明专利授权量/（件/人）	每授权发明专利平均发明人数/（人次/件）
数字通信	高通	6 336	3 768	0.29	0.67
	华为	4 748	4 664	0.40	0.99
	艾利森电话	3 099	2 713	0.39	0.90
	LG电子	2 475	1 615	0.28	0.67
	中兴	2 030	2 563	0.40	1.26
	国际商业机器公司	1 923	3 382	0.28	1.77
	阿尔卡特朗讯	1 869	2 016	0.32	1.09
	三星电子	1 796	2 577	0.31	1.51
	富士通	1 789	976	0.37	0.85
	NTT都科摩	1 352	528	0.31	0.65
基础通信程序	高通	791	931	0.37	1.33
	富士通	438	258	0.51	1.07
	马维尔	390	276	0.38	0.71
	爱普生	371	137	0.57	0.69
	三星电子	357	687	0.30	2.06
	瑞萨电子	315	260	0.41	1.39
	松下	313	328	0.39	1.39
	村田制作所	313	208	0.57	0.88
	国际商业机器公司	308	544	0.29	1.80
	半导体能源研究所株式会社	302	93	0.52	0.48
计算机技术	国际商业机器公司	8 064	10 890	0.29	1.39
	佳能	3 250	1 623	0.64	0.87
	谷歌	2 694	3 720	0.36	1.40
	富士通	2 536	1 319	0.39	1.15
	苹果	2 461	2 624	0.30	1.12
	微软	2 345	6 321	0.25	2.79
	三星电子	2 102	3 983	0.33	1.95
	高通	1 794	2 004	0.32	1.20
	英特尔	1 771	2 726	0.29	1.64
	索尼	1 691	1 743	0.36	1.40

续表

技术领域	竞争者	授权量/件	发明人总数/人	每发明人平均发明专利授权量/（件/人）	每授权发明专利平均发明人数/（人次/件）
信息技术管理方法	国际商业机器公司	527	1 211	0.30	2.38
	谷歌	394	757	0.34	2.01
	雅虎日本	335	161	0.40	1.01
	乐天	291	134	0.57	0.84
	东芝泰格	270	109	0.36	1.17
	新游网络	232	148	0.59	0.64
	富士通	212	58	0.36	2.42
	日本电信电话	198	98	0.19	2.33
	微软	194	665	0.25	3.61
	日立	184	79	0.23	3.43
半导体	半导体能源研究所株式会社	3 092	708	2.95	2.98
	东芝	2 866	370	4.76	0.31
	台湾半导体	2 630	4 143	0.63	5.11
	国际商业机器公司	2 412	2 245	1.06	4.05
	东京电子	2 168	1 563	0.85	2.97
	三星电子	1 334	2 797	0.46	3.89
	松下	1 299	1 123	0.78	2.97
	格罗方德半导体公司	1 245	1 323	0.94	3.43
	三星显示	1 172	1 971	0.58	3.54
	瑞萨电子	1 089	898	0.77	2.55
光学	佳能	6 060	2 969	1.20	2.49
	京瓷办公信息系统株式会社	2 444	666	2.00	1.76
	理光	2 437	1 306	0.54	4.52
	富士胶片	2 202	882	1.26	2.40
	夏普	1 874	1 597	0.79	2.76
	富士施乐	1 639	1 124	0.71	3.24
	尼康	1 455	395	1.93	1.97
	京东方	1 395	1 078	1.29	2.54
	爱普生	1 241	524	1.05	1.87
	友达光电	1 142	2 150	0.53	3.08

续表

技术领域	竞争者	授权量/件	发明人总数/人	每发明人 平均发明专利授权量/（件/人）	每授权发明专利平均发明人数/（人次/件）
测量	电装株式会社	1 122	523	0.69	2.41
	西门子	885	1 075	0.82	2.30
	爱普生	842	366	1.14	1.78
	三菱电机	805	585	0.55	3.15
	国家电网	791	3 510	0.23	6.89
	浙江大学	753	2 327	0.32	5.92
	佳能	686	543	0.84	2.18
	北京航空航天大学	685	1 406	0.49	4.40
	东南大学	654	975	0.67	3.60
	哈尔滨工业大学	650	1 367	0.48	4.67
生物材料分析	霍夫曼·拉罗奇有限公司	145	321	0.42	3.70
	希森美康	108	152	0.47	3.25
	首尔大学校产学协力团	83	223	0.37	3.64
	济南大学	83	142	0.58	7.43
	韩国科学技术研究院	82	206	0.39	4.42
	韩国科学技术院	81	176	0.45	3.09
	高丽大学校产学协力团	81	173	0.47	3.07
	加利福尼亚大学	80	190	0.39	3.21
	延世大学校产学协力团	69	135	0.51	3.07
	健泰科生物	66	136	0.43	3.67
控制	三菱电机	680	505	0.79	2.37
	东芝泰格	567	160	1.04	2.39
	电装株式会社	537	264	0.65	2.14
	丰田汽车	526	116	0.78	1.73
	冲电气	446	160	0.96	1.60
	本田汽车	366	289	0.79	2.61
	IGT公司	326	396	0.82	3.29
	西门子	309	498	0.61	2.22
	国际商业机器公司	297	640	0.44	3.39
	谷歌	278	335	0.82	2.92

续表

技术领域	竞争者	授权量/件	发明人总数/人	每发明人 平均发明专利授权量/（件/人）	每授权发明专利平均发明人数/（人次/件）
医学技术	科维蒂恩	1 316	1 128	1.13	2.60
	富士胶片	1 314	334	1.24	2.15
	佳能	932	399	1.38	2.21
	奥林巴斯医疗	884	562	1.32	2.11
	皇家飞利浦电子股份有限公司	867	1 664	0.51	2.99
	西门子	646	710	0.90	2.19
	塞诺菲-安万特德国有限公司	562	373	1.51	3.35
	奥林巴斯	560	302	1.06	1.76
	东芝	525	110	0.50	2.62
	尤妮佳股份有限公司	521	207	1.34	2.43
有机精细化学	中石化	1 750	1 851	0.94	5.08
	欧莱雅	1 116	671	1.66	2.32
	巴斯福	817	1 781	0.45	5.37
	高露洁-棕榄公司	522	506	1.03	4.10
	花王	506	385	0.55	2.86
	住友化学	318	292	0.75	2.56
	环球油品	314	259	1.20	3.36
	浙江大学	308	1 224	0.25	8.62
	LG化学	289	478	0.59	5.32
	拜耳知识产权有限责任公司	265	524	0.51	5.93
生物技术	孟山都	527	397	1.32	2.69
	先锋国际良种公司	507	376	1.35	2.58
	江南大学	420	638	0.66	5.07
	韩国农村振兴厅	339	734	0.46	6.26
	浙江大学	265	1 183	0.22	8.85
	中国农业大学	264	729	0.36	5.73
	华中农业大学	246	660	0.37	5.08
	辛根塔	244	187	1.30	1.89
	韩国生命工学研究院	204	477	0.43	5.04
	南京农业大学	186	539	0.35	5.72

续表

技术领域	竞争者	授权量/件	发明人总数/人	每发明人平均发明专利授权量/（件/人）	每授权发明专利平均发明人数/（人次/件）
药品	诺华	1 030	2 020	0.50	5.19
	霍夫曼·拉罗奇有限公司	866	1 436	0.60	5.39
	赛诺菲	442	739	0.59	5.06
	贝林格尔·英格海姆国际有限公司	416	687	0.59	5.50
	詹森药业有限公司	409	709	0.57	5.30
	伊莱利利	361	415	0.86	3.81
	布里斯托尔-迈尔斯斯奎布公司	344	745	0.46	5.85
	阿勒根	328	365	0.86	3.76
	默克·夏普-道姆公司	320	952	0.32	6.12
	健泰科生物	292	667	0.41	4.86
高分子化学/聚合物	中石化	1 006	1 591	0.63	7.10
	巴斯福	950	1 772	0.53	4.31
	LG化学	867	1 062	0.80	4.74
	信越化学	744	345	1.33	2.77
	陶氏环球技术有限责任公司	617	1 117	0.51	4.07
	普利司通	551	323	1.15	2.39
	富士胶片	483	302	0.66	3.34
	住友橡胶工业株式会社	483	122	1.48	2.07
	第一毛织株式会社	446	687	0.64	4.81
	北欧化工公司	443	465	0.95	3.99
食品化学	KVASENKOV OLEG IVANOVICH	8 834	111	79.59	1.32
	AKHMEDOV MAGOMED EHMINOVICH	945	43	21.98	3.48
	孟山都	651	336	1.93	2.43
	先锋国际良种公司	598	333	1.80	2.42
	雀巢	374	658	0.57	3.67
	辛根塔	283	169	1.67	1.76
	韩国农村振兴厅	254	715	0.36	7.17
	韩国食品研究院	239	348	0.69	6.12
	江南大学	236	483	0.49	5.12
	浙江大学	217	955	0.23	8.40

续表

技术领域	竞争者	授权量/件	发明人总数/人	每发明人 平均发明专利授权量/（件/人）	每授权发明专利平均发明人数/（人次/件）
基础材料化学	中石化	2 123	2 475	0.86	5.74
	巴斯福	872	1 840	0.47	5.04
	富士胶片	654	356	0.85	2.81
	ZAKHAROV JURIJ VASIL EVICH	601	1	601.00	1.00
	日东电工	559	523	0.68	3.95
	大日本油墨化学工业株式会社	492	275	1.26	3.39
	LG化学	489	663	0.72	4.90
	住友化学	474	287	1.23	2.23
	陶氏益农公司	467	654	0.70	5.25
	浦项	431	588	0.73	2.79
材料/冶金	浦项	2 447	2 376	1.03	3.01
	杰富意钢铁	1 781	833	1.16	3.68
	SHCHEPOCHKINA JULIJA ALEKSEEVNA	1 338	12	111.50	1.02
	新日铁住金株式会社	1 179	924	0.77	4.28
	现代制铁	995	544	1.83	2.69
	神户制钢	796	412	0.92	3.21
	吉坤日矿日石金属株式会社	510	168	2.05	1.98
	中石化	472	856	0.55	5.28
	中南大学	436	1 130	0.39	5.95
	住友金属矿山株式会社	427	206	1.06	3.29
表面加工技术/涂层	东京电子	659	626	0.61	3.00
	浦项	619	704	0.88	3.71
	大日本印刷	616	283	0.74	3.24
	杰富意钢铁	565	315	1.04	3.86
	日东电工	464	489	0.65	4.21
	吉坤日矿日石金属株式会社	458	149	2.32	2.32
	富士胶片	387	227	0.58	2.40
	新日铁住金株式会社	336	410	0.62	4.64
	三菱树脂	324	107	1.48	2.75
	SAKHAROV KONSTANTIN SERGEEVICH	314	1	314.00	1.00

续表

技术领域	竞争者	授权量/件	发明人总数/人	每发明人 平均发明专利授权量/（件/人）	每授权发明专利平均发明人数/（人次/件）
微观结构和纳米技术	国际商业机器公司	162	331	0.49	3.96
	法国原子能委员会	153	284	0.53	2.94
	韩国科学技术院	142	339	0.42	3.68
	东南大学	117	199	0.59	3.30
	清华大学	112	304	0.37	4.46
	鸿海精密	110	65	1.69	3.12
	博世	101	120	0.79	2.72
	浙江大学	90	370	0.24	6.67
	爱普生	87	45	0.89	1.58
	陕西科技大学	84	112	0.75	5.44
化学工程	中石化	1 948	2 075	0.94	5.30
	巴斯福	350	961	0.36	5.03
	浙江大学	319	1 423	0.22	7.97
	韩国能源技术研究院	295	514	0.57	5.84
	LG化学	275	438	0.63	4.77
	环球油品	271	338	0.79	3.10
	东京电子	258	329	0.49	3.42
	浦项	256	551	0.46	3.62
	江苏大学	247	634	0.39	5.80
	南京大学	223	1 158	0.19	8.55
环境技术	丰田汽车	712	213	0.63	2.87
	中石化	491	899	0.55	5.02
	现代汽车	344	317	1.05	2.21
	三菱重工	318	307	0.66	4.32
	阿尔斯通科技	283	246	1.14	2.21
	北京科技大学	283	408	0.69	6.83
	KOCHETOV OLEG SAVEL EVICH	273	29	9.41	2.70
	浙江大学	258	1 152	0.22	8.75
	富士胶片	254	104	0.99	2.73
	南京大学	234	1 050	0.22	8.45

续表

技术领域	竞争者	授权量/件	发明人总数/人	每发明人平均发明专利授权量/（件/人）	每授权发明专利平均发明人数/（人次/件）
装卸	佳能	721	475	0.88	2.28
	三菱电机	602	351	1.05	2.03
	三星重工业株式会社	579	571	1.01	3.68
	吉野工业所	572	65	0.94	2.44
	东芝电梯	506	247	1.01	1.58
	京瓷办公信息系统株式会社	502	181	1.61	1.41
	爱普生	497	248	0.91	2.00
	日立	478	521	0.46	4.20
	中联重科	435	527	0.83	3.48
	兄弟株式会社	415	146	0.91	2.05
机床	浦项	1 243	1 230	1.01	2.52
	现代制铁	795	449	1.77	2.67
	杰富意钢铁	748	467	0.68	3.57
	新日铁住金株式会社	580	555	0.68	3.85
	牧田株式会社	510	297	1.06	2.23
	神户制钢	474	285	0.75	3.27
	博世	378	516	0.73	2.34
	本田汽车	378	442	0.44	3.05
	宝山钢铁	293	613	0.48	4.05
	三菱综合材料株式会社	286	156	0.56	2.92
发动机/泵/涡轮机	丰田汽车	2 095	560	0.60	2.51
	三菱重工	1 480	893	0.80	3.25
	电装株式会社	1 243	568	0.74	2.32
	通用电气	1 206	2 133	0.53	2.99
	本田汽车	1 200	1 132	0.56	3.10
	西门子	1 101	1 384	0.79	2.61
	斯奈克玛	1 035	1 276	0.81	2.72
	博世	899	1 375	0.63	2.90
	现代汽车	873	915	0.93	2.72
	福特全球技术公司	644	878	0.73	3.15

续表

技术领域	竞争者	授权量/件	发明人总数/人	每发明人 平均发明专利授权量/（件/人）	每授权发明专利平均发明人数/（人次/件）
纺织和造纸器械	爱普生	3 315	1 348	1.47	2.23
	佳能	2 186	1 370	0.85	3.15
	兄弟株式会社	1 353	449	1.22	2.12
	理光	1 301	460	0.75	3.01
	富士胶片	955	327	1.31	2.02
	京瓷办公信息系统株式会社	771	223	1.29	1.45
	施乐	498	549	0.72	3.45
	富士施乐	464	291	0.56	2.75
	东华大学	417	802	0.51	5.07
	惠普	405	642	0.63	3.17
其他专用机械	井关农机株式会社	465	229	0.55	4.96
	三星钻石	449	121	2.35	2.19
	久保田株式会社	439	246	0.36	5.79
	普利司通	438	216	0.83	1.99
	LG化学	364	714	0.50	4.64
	东丽	355	348	0.68	3.70
	富士胶片	354	256	0.62	2.53
	住友橡胶工业株式会社	339	100	1.17	1.50
	康宁	300	516	0.51	3.21
	国防科学研究所	293	572	0.51	3.28
热工过程和设备	三菱电机	1 404	669	0.71	3.46
	大金工业	1 163	529	1.14	2.94
	松下	570	394	0.44	4.09
	林内株式会社	496	176	1.27	1.89
	LG电子	495	713	0.68	3.10
	珠海格力电器	431	693	0.62	4.51
	浦项	422	655	0.64	2.67
	三菱重工	330	257	0.53	3.58
	夏普	325	164	0.76	2.17
	日立空调	298	203	0.45	3.98

续表

技术领域	竞争者	授权量/件	发明人总数/人	每发明人平均发明专利授权量/（件/人）	每授权发明专利平均发明人数/（人次/件）
机械元件	本田汽车	1 081	936	0.62	2.78
	现代汽车	1 038	879	1.14	2.76
	丰田汽车	1 030	300	0.49	2.76
	通用环球	692	751	0.92	2.63
	日本精工株式会社	645	229	0.75	2.41
	SKF公司	596	585	1.01	2.90
	三星重工业株式会社	565	592	0.95	3.66
	博世	527	844	0.61	2.60
	NTN株式会社	511	330	0.66	2.61
	ZF腓德烈斯哈芬股份公司	497	591	0.84	2.76
运输	本田汽车	4 093	3 351	0.78	3.35
	丰田汽车	3 784	905	0.75	4.89
	现代汽车	3 473	3 060	1.12	2.53
	三星重工业株式会社	2 208	1 463	1.51	3.38
	标致雪铁龙	1 747	1 311	1.33	1.94
	电装株式会社	1 596	736	0.70	2.42
	普利司通	1 235	553	1.16	1.80
	通用环球	1 171	1 773	0.66	2.71
	尼桑	1 161	896	0.68	2.97
	福特全球技术公司	1 112	1 745	0.64	3.41
家具游戏	京乐产业株式会社	2 708	201	4.03	3.46
	三共株式会社	2 562	77	8.87	1.37
	三洋制品	1 616	148	3.95	1.58
	环球娱乐株式会社	1 010	234	2.15	2.58
	萨米公司	1 005	161	1.84	2.89
	NEWGIN CO LTD	857	80	0.69	3.38
	索菲亚	813	67	2.03	1.96
	科乐美数码娱乐株式会社	797	314	0.78	2.97
	FUJISHOJI CO LTD	788	80	2.99	1.37
	株式会社大都技研	687	112	2.06	1.53

续表

技术领域	竞争者	授权量/件	发明人总数/人	每发明人平均发明专利授权量/（件/人）	每授权发明专利平均发明人数/（人次/件）
其他消费品	KVASENKOV OLEG IVANOVICH	1 559	9	173.22	1.07
	LG电子	783	1 226	0.63	3.92
	高露洁-棕榄公司	484	316	1.53	3.72
	YKK株式会社	433	307	1.37	2.31
	雅马哈	429	176	1.02	2.15
	松下	408	325	0.60	3.32
	博世和西门子家用器具	383	469	0.82	2.78
	日立空调	308	263	0.50	4.40
	欧莱雅	291	193	1.51	1.93
	合肥美的冰箱	253	199	1.27	2.84
土木工程	哈里伯顿能源服务公司	1 054	1 062	0.99	2.57
	TATNEFT IM V D SHASHINA AOOT	735	602	1.22	5.06
	小松制作所	728	478	1.21	2.64
	贝克休斯公司	593	822	0.72	2.68
	日立建机	471	269	0.55	3.24
	中国矿业大学	460	1 093	0.42	5.45
	三星重工业株式会社	444	540	0.82	2.68
	韩国建筑技术研究院	377	342	1.10	3.85
	东陶机器株式会社	339	183	0.55	4.34
	中国石油天然气	317	1 579	0.20	7.80

表8　2008~2015年在中国公开的发明专利的领域分布　　单位：件

技术领域		2008	2009	2010	2011	2012	2013	2014	2015	总计
电气工程	电机/电气装置/电能	24 049	30 335	34 176	39 864	56 608	62 095	73 502	81 320	401 949
	音像技术	22 577	23 129	22 325	22 479	27 999	27 236	30 127	31 985	207 857
	电信	20 686	20 275	18 715	18 881	21 814	22 260	23 409	24 293	170 333
	数字通信	27 502	27 957	28 385	32 017	36 911	39 712	45 413	46 359	284 256
	基础通信程序	4 386	5 018	4 616	4 733	5 857	5 838	6 349	6 208	43 005
	计算机技术	28 275	30 952	32 220	37 105	48 202	57 377	68 614	77 116	379 861
	信息技术管理方法	3 285	3 660	3 891	4 191	6 329	7 728	10 898	14 771	54 753
	半导体	15 654	16 148	15 841	19 776	25 445	24 941	26 952	25 485	170 242
	合计	99 132	109 685	116 087	134 413	177 640	197 002	233 201	261 175	1 328 335

续表

技术领域		2008	2009	2010	2011	2012	2013	2014	2015	总计
仪器	光学	15 486	16 318	14 682	16 437	21 079	20 301	21 579	22 648	148 530
	测量	18 523	23 271	25 263	28 763	44 459	49 445	58 306	68 460	316 490
	生物材料分析	3 547	4 102	3 682	3 933	5 289	5 235	6 055	7 201	39 044
	控制	9 294	10 965	11 281	11 593	16 966	19 942	24 729	31 868	136 638
	医学技术	50 150	59 165	60 239	67 616	98 591	107 913	127 552	153 112	724 338
	合计	9 875	11 965	11 586	13 475	19 179	20 818	25 329	31 518	143 745
化学	有机精细化学	9 139	10 867	11 815	13 355	19 209	20 707	22 680	27 094	134 866
	生物技术	5 642	7 183	8 614	10 515	12 598	13 643	15 334	18 821	92 350
	药品	20 548	21 843	21 907	23 346	29 398	34 357	44 051	55 206	250 656
	高分子化学/聚合物	9 748	11 421	12 005	13 543	21 526	23 937	29 046	34 215	155 441
	食品化学	8 342	10 082	11 907	13 785	20 398	26 436	39 784	51 609	182 343
	基础材料化学	15 347	18 097	19 690	21 919	31 315	35 737	45 442	57 838	245 385
	材料/冶金	13 549	16 373	18 568	20 481	30 064	32 678	38 931	44 794	215 438
	表面加工技术/涂层	11 714	14 123	13 411	15 684	22 238	22 086	24 411	27 030	150 697
	微观结构和纳米技术	1 512	1 757	2 206	2 886	4 440	4 062	4 518	4 562	25 943
	化学工程	12 681	14 576	15 893	17 982	25 431	28 759	34 038	42 178	191 538
	环境技术	7 056	8 722	10 196	11 816	17 372	18 438	22 725	29 915	126 240
	合计	84 365	99 929	111 614	126 330	183 161	210 144	264 655	329 409	1 409 607
机械工程	装卸	7 585	8 936	9 686	11 557	18 319	21 840	26 699	34 379	139 001
	机床	9 897	12 730	15 308	18 981	29 427	33 448	39 206	50 574	209 571
	发动机/泵/涡轮机	7 815	9 647	10 214	12 335	17 190	18 668	19 332	22 309	117 510
	纺织和造纸器械	8 888	8 938	9 451	10 914	16 340	17 585	19 601	22 329	114 046
	其他专用机械	13 663	15 572	17 154	20 143	31 090	35 310	43 975	58 623	235 530
	热工过程和设备	6 713	8 259	9 456	10 419	14 873	15 716	18 927	24 270	108 633
	机械元件	9 494	11 362	12 087	14 347	21 714	24 467	27 517	32 485	153 473
	运输	9 994	12 511	12 613	14 633	23 124	26 176	31 759	37 437	168 247
	合计	62 717	74 707	83 626	99 010	153 345	175 189	208 388	263 034	1 120 016
其他	家具游戏	5 731	6 489	7 020	8 485	12 708	15 330	18 963	22 968	97 694
	其他消费品	6 928	7 546	8 124	9 341	13 856	16 475	20 967	26 480	109 717
	土木工程	10 019	10 800	13 220	14 769	24 024	28 274	33 208	42 182	176 496
	合计	21 555	23 739	27 235	31 411	49 107	58 603	71 572	89 927	373 149

表9 2008~2015年中国授权的发明专利的领域分布 单位：件

	技术领域	2008	2009	2010	2011	2012	2013	2014	2015	总计
电气工程	电机/电气装置/电能	10 682	16 536	14 944	17 555	23 051	21 772	23 382	33 909	161 831
	音像技术	11 534	15 977	14 401	14 494	16 881	12 839	11 449	15 397	112 972
	电信	7 319	11 203	10 608	11 282	14 498	13 736	12 691	14 710	96 047
	数字通信	8 341	13 444	14 192	16 401	20 578	19 013	18 810	22 067	132 846
	基础通信程序	1 712	3 820	3 291	3 244	4 195	3 649	3 302	3 769	26 982
	计算机技术	12 093	17 257	15 861	16 759	23 240	20 195	19 132	26 560	151 097
	信息技术管理方法	771	1 143	1 045	905	1 243	1 114	1 215	2 024	9 460
	半导体	8 767	13 577	10 524	10 496	13 100	10 976	10 255	15 149	92 844
	合计	41 135	61 259	56 889	63 169	81 593	73 714	73 808	101 833	553 400
仪器	光学	9 328	12 224	10 242	10 778	12 157	9 857	10 566	14 259	89 411
	测量	6 430	10 627	11 593	15 618	19 254	19 089	20 730	29 385	132 726
	生物材料分析	852	1 270	1 193	1 411	2 240	2 754	3 114	4 057	16 891
	控制	2 860	5 391	5 009	5 725	7 407	6 789	7 607	10 545	51 333
	医学技术	3 339	3 991	4 234	5 751	8 587	10 226	11 050	13 834	61 012
	合计	20 505	30 713	29 709	35 386	44 220	42 333	46 415	65 179	314 460
化学	有机精细化学	1 692	1 961	2 525	3 889	6 604	8 256	7 801	7 562	40 290
	生物技术	6 395	7 469	8 466	12 392	14 713	15 350	15 760	15 816	96 361
	药品	3 514	4 660	5 158	8 116	11 149	11 351	11 478	14 006	69 432
	高分子化学/聚合物	2 178	2 519	3 074	4 355	9 343	11 185	8 892	10 109	51 655
	食品化学	5 004	6 539	6 564	8 711	13 379	18 637	18 593	20 811	98 238
	基础材料化学	5 436	7 281	7 703	10 533	13 890	14 724	15 101	21 063	95 731
	材料/冶金	4 435	6 531	6 860	8 074	10 338	9 208	9 849	13 978	69 273
	表面加工技术/涂层	583	852	898	1 247	1 771	1 926	2 323	3 161	12 761
	微观结构和纳米技术	4 887	6 737	6 746	8 789	12 576	12 879	13 395	19 318	85 327
	化学工程	2 453	3 528	3 446	5 530	7 577	8 128	8 213	11 444	50 319
	环境技术	3 339	3 991	4 234	5 751	8 587	10 226	11 050	13 834	61 012
	合计	28 923	37 768	40 948	57 937	81 627	90 683	91 509	114 920	544 315

续表

技术领域		2008	2009	2010	2011	2012	2013	2014	2015	总计
机械工程	装卸	2 768	4 387	4 623	5 772	7 398	6 590	7 650	13 196	52 384
	机床	4 129	6 252	6 264	7 927	10 371	9 752	11 234	20 699	76 628
	发动机/泵/涡轮机	3 623	4 257	3 953	5 161	6 816	6 776	6 518	11 438	48 542
	纺织和造纸器械	3 569	4 809	5 256	6 983	7 762	6 497	7 401	10 642	52 919
	其他专用机械	4 672	6 399	6 848	9 641	12 454	13 360	14 445	20 303	88 122
	热工过程和设备	2 546	4 380	3 913	4 270	5 595	5 155	5 583	8 510	39 952
	机械元件	4 290	5 464	5 217	6 307	8 440	8 388	8 491	14 244	60 841
	运输	4 411	5 787	5 485	6 603	8 864	9 274	9 016	16 193	65 633
	合计	24 559	34 456	34 838	44 785	57 701	56 412	60 575	10 0785	414 111
其他	家具游戏	1 664	2 947	2 883	3 294	3 964	3 343	3 764	5 740	27 599
	其他消费品	2 407	3 974	3 786	4 400	5 336	4 475	4 287	7 212	35 877
	土木工程	2 766	4 588	5 073	6 839	8 494	7 923	9 696	17 145	62 524
	合计	6 467	10 910	11 143	13 839	16 981	15 043	17 131	29 201	120 715

表10　2008~2015年九国在华发明专利授权的领域分布　　单位：件

技术领域		中国	日本	美国	韩国	德国	法国	俄罗斯	英国	瑞士
电气工程	电机/电气装置/电能	71 299	40 808	14 190	8 902	7 717	2 422	35	968	1565
	音像技术	30 076	40 042	10 599	10 839	2 384	2 399	8	530	462
	电信	38 725	20 609	14 144	6 370	2 087	2 213	15	472	304
	数字通信	80 305	13 513	16 565	5 838	2 029	2 621	29	467	286
	基础通信程序	7 280	6 704	4 500	1 693	1 005	652	2	186	151
	计算机技术	58 186	32 153	26 134	7 329	3 711	2 550	55	820	855
	信息技术管理方法	2 864	2 034	2 658	381	208	163	3	55	85
	半导体	24 206	30 726	11 572	8 096	3 011	829	5	413	358
仪器	光学	23 353	37 310	6 670	7 567	1 876	809	11	347	486
	测量	82 303	17 487	11 546	2 301	5 057	1 635	38	1 029	2 152
	生物材料分析	8 544	2 062	2 674	256	602	298	3	319	589
	控制	24 824	10 273	6 395	1 331	2 489	810	27	309	588
	医学技术	23 087	9 417	10 576	820	3 064	863	36	884	1 705

续表

技术领域		中国	日本	美国	韩国	德国	法国	俄罗斯	英国	瑞士
化学	有机精细化学	38 420	6 126	5 760	1 173	3 362	1 124	19	555	1 021
	生物技术	32 252	2 031	2 281	467	577	257	0	213	383
	药品	69 493	4 376	8 257	990	2 140	1 330	49	977	2 330
	高分子化学/聚合物	37 599	12 627	7 182	1 656	3 952	998	15	411	804
	食品化学	43 679	2 034	1 756	410	513	257	11	118	630
	基础材料化学	60 771	12 461	10 108	1 789	4 487	1 216	36	766	1 365
	材料/冶金	71 012	10 974	4 431	1 250	2 526	1 272	32	384	377
	表面加工技术/涂层	27 004	18 915	9 458	2 495	3 778	1 431	22	554	908
	微观结构和纳米技术	7 168	1 593	1 689	470	441	178	5	88	111
	化学工程	49 061	10 033	9 566	2 135	4 803	1 604	58	929	1 103
	环境技术	34 898	5 239	3 982	751	1 642	523	19	368	281
机械工程	装卸	22 961	11 396	5 116	1 092	3 463	1 131	16	515	1 679
	机床	46 088	11 678	5 947	1 115	4 454	1 007	23	383	781
	发动机/泵/涡轮机	17 183	11 264	7 398	1 134	4 756	1 538	38	504	523
	纺织和造纸器械	23 741	14 391	4 601	954	3 311	639	3	328	1 051
	其他专用机械	50 778	14 205	7 795	1 670	4 392	1 646	22	507	1 142
	热工过程和设备	23 126	6 012	3 186	1 919	1 714	605	12	243	354
	机械元件	24 571	12 874	7 367	1 338	6 491	1 498	23	626	726
	运输	22 167	19 351	7 072	1 869	6 473	2 891	28	512	371
其他	家具游戏	11 871	4 104	3 525	1 169	1 655	605	13	452	490
	其他消费品	15 100	6 902	4 015	2 145	2 378	824	14	457	645
	土木工程	45 537	4 111	3 608	1 001	2 354	755	19	392	363

表11　2012~2015年九国在华技术创新情况

技术领域	专利来源国	发明专利授权量/件	发明人数/个	每申请人平均发明专利授权量/(件/人)	每授权发明专利平均发明人数/(人次/件)
电机/电气装置/电能	中国①	49 125	75 990	3.21	3.55
	日本	16 780	23 793	13.19	2.82
	美国	5 764	11 259	4.98	2.87
	德国	3 471	6 701	5.32	2.70
	韩国	2 569	4 110	6.83	3.12
	法国	1 051	2 026	4.31	2.50
	瑞士	821	1 662	6.32	2.77
	英国	406	680	2.13	2.18
	俄罗斯	11	24	0.61	2.27

① 本表中“中国”数据均不包含香港特别行政区、澳门特别行政区和台湾地区。

续表

技术领域	专利来源国	发明专利授权量/件	发明人数/个	每申请人平均发明专利授权量/(件/人)	每授权发明专利平均发明人数/(人次/件)
音像技术	中国	16 430	23 972	3.80	2.83
	日本	12 128	15 591	17.11	2.50
	美国	2 877	6 118	4.46	2.94
	德国	687	1 642	3.44	2.91
	韩国	2 777	4 029	12.34	3.00
	法国	711	1 236	6.18	2.80
	瑞士	108	216	2.20	2.25
	英国	144	260	1.95	2.26
	俄罗斯	1	1	1.00	1.00
电信	中国	21 182	31 723	5.31	3.19
	日本	6 231	8 175	17.12	2.38
	美国	3 660	7 442	5.88	2.96
	德国	550	1 136	3.44	2.53
	韩国	2 019	2 882	12.31	3.48
	法国	499	1 039	5.25	2.46
	瑞士	69	159	1.82	2.46
	英国	139	228	2.21	2.05
	俄罗斯	5	5	0.71	1.00
数字通信	中国	46 276	50 638	9.26	3.16
	日本	4 862	5 280	23.49	2.62
	美国	7 214	12 128	12.91	3.14
	德国	775	1 508	6.92	2.53
	韩国	2 024	2 522	21.53	3.53
	法国	1 041	1914	11.70	2.57
	瑞士	119	218	3.72	2.09
	英国	197	331	2.53	2.29
	俄罗斯	12	30	6.00	2.67

续表

技术领域	专利来源国	发明专利授权量/件	发明人数/个	每申请人平均发明专利授权量/(件/人)	每授权发明专利平均发明人数/(人次/件)
基础通信程序	中国	4 053	8 662	2.96	3.52
	日本	1 667	2 168	10.97	2.23
	美国	1 157	2 283	4.52	2.45
	德国	229	478	3.18	2.24
	韩国	281	490	6.53	3.07
	法国	123	254	2.86	2.39
	瑞士	67	111	2.16	1.96
	英国	54	87	1.64	1.81
	俄罗斯	1	1	1.00	1.00
计算机技术	中国	35 373	57 504	5.04	3.49
	日本	7 469	10 597	13.88	2.47
	美国	8 713	20 664	7.64	3.22
	德国	834	1 896	3.69	3.30
	韩国	1 782	3 035	8.45	2.97
	法国	551	1 085	3.85	2.50
	瑞士	209	463	3.03	2.53
	英国	239	450	2.21	2.25
	俄罗斯	31	50	3.44	2.03
信息技术管理方法	中国	1 664	5 795	1.66	4.35
	日本	292	685	2.58	2.70
	美国	439	1 472	3.11	3.54
	德国	32	71	2.13	2.44
	韩国	40	82	1.33	2.45
	法国	29	74	1.93	2.59
	瑞士	20	53	2.50	2.65
	英国	10	23	1.11	2.30
	俄罗斯	1	1	1.00	1.00

续表

技术领域	专利来源国	发明专利授权量/件	发明人数/个	每申请人平均发明专利授权量/(件/人)	每授权发明专利平均发明人数/(人次/件)
半导体	中国	15 248	18 918	6.02	3.36
	日本	10 003	14 379	13.39	2.90
	美国	3 813	8 497	5.74	3.27
	德国	1 056	2 328	5.15	3.26
	韩国	2 244	4 008	9.35	3.39
	法国	290	603	2.42	2.65
	瑞士	107	268	1.88	3.01
	英国	153	312	2.64	2.56
	俄罗斯	4	8	1.00	2.00
光学	中国	14 052	20 329	4.86	3.34
	日本	14 128	17 435	20.36	2.71
	美国	2 245	5 359	4.05	3.40
	德国	621	1 567	3.39	3.35
	韩国	2 118	3 691	11.39	3.35
	法国	262	598	3.12	2.83
	瑞士	159	340	2.56	2.96
	英国	87	195	1.53	2.56
	俄罗斯	2	4	0.50	2.00
测量	中国	57 327	115 166	3.81	4.46
	日本	6 347	10 340	7.25	2.59
	美国	3 905	9 100	3.45	2.85
	德国	2 113	4 269	3.80	2.62
	韩国	665	1 482	2.67	3.09
	法国	618	1 232	2.44	2.33
	瑞士	921	1 628	4.28	2.49
	英国	378	700	2.07	2.31
	俄罗斯	18	58	0.86	3.61

续表

技术领域	专利来源国	发明专利授权量/件	发明人数/个	每申请人平均发明专利授权量/(件/人)	每授权发明专利平均发明人数/(人次/件)
生物材料分析	中国	6 088	17 805	2.49	4.84
	日本	766	1 721	2.90	3.19
	美国	815	2 470	1.69	3.49
	德国	204	659	1.36	3.67
	韩国	83	246	1.43	3.98
	法国	115	336	1.67	3.30
	瑞士	245	675	3.89	3.51
	英国	114	296	1.46	2.94
	俄罗斯	1	2	0.50	2.00
控制	中国	16 161	38 790	2.25	3.88
	日本	2 555	4 140	7.04	2.53
	美国	1 416	3 543	2.97	3.04
	德国	737	1 572	3.82	2.53
	韩国	269	532	2.64	2.70
	法国	150	310	1.74	2.29
	瑞士	156	335	2.52	2.41
	英国	93	170	1.48	2.14
	俄罗斯	3	16	0.50	5.33
医学技术	中国	15 822	28 118	2.20	3.34
	日本	4 698	6 088	6.96	2.61
	美国	5 283	12 193	3.26	3.37
	德国	1 621	2 874	3.79	2.73
	韩国	365	676	1.33	2.52
	法国	364	672	1.56	2.38
	瑞士	742	1 523	3.82	2.86
	英国	397	753	1.85	2.37
	俄罗斯	23	40	0.82	1.83

续表

技术领域	专利来源国	发明专利授权量/件	发明人数/个	每申请人平均发明专利授权量/(件/人)	每授权发明专利平均发明人数/(人次/件)
有机精细化学	中国	28 235	50 141	3.67	4.40
	日本	2 814	5 504	5.90	3.35
	美国	2 665	6 997	4.11	3.77
	德国	1 517	4 029	8.57	5.02
	韩国	521	1 726	3.05	5.77
	法国	577	1 287	4.31	2.95
	瑞士	513	1 198	6.41	3.34
	英国	278	703	2.81	3.32
	俄罗斯	9	38	0.69	4.78
生物技术	中国	23 790	48 690	3.95	4.84
	日本	1 088	2 632	2.77	3.46
	美国	1 668	4 891	2.17	3.73
	德国	403	1 246	2.24	4.02
	韩国	339	1 186	1.96	5.13
	法国	200	599	1.75	3.46
	瑞士	292	928	4.11	3.79
	英国	149	451	1.41	3.28
	俄罗斯	0	0	0	0
药品	中国	42 156	58 741	2.82	3.44
	日本	1 935	5 466	3.40	4.14
	美国	3 777	13 217	2.46	4.48
	德国	860	2 899	2.77	4.74
	韩国	425	1 719	1.80	5.64
	法国	651	1 980	2.59	3.89
	瑞士	1 064	3 021	6.49	4.78
	英国	465	1 492	1.87	3.98
	俄罗斯	31	110	1.07	3.71

续表

技术领域	专利来源国	发明专利授权量/件	发明人数/个	每申请人平均发明专利授权量/(件/人)	每授权发明专利平均发明人数/(人次/件)
高分子化学/聚合物	中国	27 081	45 067	3.26	4.11
	日本	5 301	8 986	8.69	3.09
	美国	3 186	7 999	5.66	3.54
	德国	1 778	4 475	7.63	3.99
	韩国	617	1 443	4.71	4.42
	法国	487	1 080	4.06	3.06
	瑞士	295	671	4.61	3.11
	英国	142	336	1.82	2.76
	俄罗斯	8	24	1.14	3.25
食品化学	中国	33 832	49 124	2.62	3.51
	日本	993	2 303	3.06	3.45
	美国	689	1 974	2.86	3.60
	德国	195	461	3.20	3.25
	韩国	145	465	1.19	4.00
	法国	116	316	1.97	3.34
	瑞士	264	717	11.00	3.50
	英国	40	106	1.18	2.83
	俄罗斯	4	5	1.33	1.25
基础材料化学	中国	45 885	75 055	2.99	4.16
	日本	5 063	9 171	5.98	3.26
	美国	4 238	10 608	4.13	3.52
	德国	1 995	4 881	6.63	4.22
	韩国	667	1 567	3.92	4.73
	法国	520	1 153	3.23	2.94
	瑞士	503	1 052	6.29	3.14
	英国	285	624	2.64	2.95
	俄罗斯	14	54	0.78	3.86

续表

技术领域	专利来源国	发明专利授权量/件	发明人数/个	每申请人平均发明专利授权量/(件/人)	每授权发明专利平均发明人数/(人次/件)
材料/冶金	中国	49 035	84 437	3.35	4.33
	日本	4 637	8 784	5.88	3.34
	美国	1 484	3 694	2.75	3.06
	德国	1 000	2 603	3.13	3.42
	韩国	430	1 228	2.10	3.79
	法国	538	1 303	3.24	3.17
	瑞士	134	328	2.00	2.78
	英国	144	326	1.82	2.70
	俄罗斯	11	42	1.22	3.82
表面加工技术/涂层	中国	17 193	34 710	2.42	3.66
	日本	4 756	9 264	5.31	3.20
	美国	2 040	5 269	3.25	3.23
	德国	853	2 299	2.73	3.29
	韩国	473	1 274	2.44	3.63
	法国	305	739	2.61	2.87
	瑞士	176	395	2.41	2.69
	英国	122	258	1.51	2.73
	俄罗斯	2	3	2.00	1.50
微观结构和纳米技术	中国	4 777	12 202	4.93	4.42
	日本	214	488	2.21	3.03
	美国	267	733	2.10	3.15
	德国	76	188	3.17	2.97
	韩国	85	293	1.57	3.92
	法国	17	56	1.06	3.29
	瑞士	16	36	2.00	3.06
	英国	4	5	1.33	1.25
	俄罗斯	4	13	0.50	3.25

续表

技术领域	专利来源国	发明专利授权量/件	发明人数/个	每申请人平均发明专利授权量/(件/人)	每授权发明专利平均发明人数/(人次/件)
化学工程	中国	33 765	65 781	2.73	4.12
	日本	2 974	6 263	3.45	3.12
	美国	2 935	7 460	3.07	3.32
	德国	1 660	4 064	3.55	3.31
	韩国	523	1 346	1.97	3.61
	法国	530	1 150	2.60	2.83
	瑞士	348	781	2.68	2.64
	英国	316	719	1.88	2.72
	俄罗斯	36	98	0.86	3.58
环境技术	中国	24 528	50 631	2.48	4.20
	日本	2 174	4 004	4.03	3.15
	美国	1 599	3 680	3.06	3.09
	德国	715	1 504	3.21	2.83
	韩国	284	726	1.38	3.13
	法国	230	538	2.11	2.89
	瑞士	139	283	2.67	2.49
	英国	140	288	1.89	2.51
	俄罗斯	12	30	0.71	2.58
装卸	中国	17 149	34 459	2.08	3.43
	日本	4 307	6 336	5.84	2.61
	美国	1 694	4 020	2.81	2.95
	德国	1 481	2 446	3.67	2.28
	韩国	292	511	1.39	2.18
	法国	382	636	2.29	2.09
	瑞士	646	1 066	5.87	2.30
	英国	153	255	1.29	1.95
	俄罗斯	10	10	0.91	1.30

续表

技术领域	专利来源国	发明专利授权量/件	发明人数/个	每申请人平均发明专利授权量/(件/人)	每授权发明专利平均发明人数/(人次/件)
机床	中国	33 294	59 526	2.54	3.51
	日本	4 220	7 117	5.48	2.84
	美国	1 544	3 440	2.96	2.85
	德国	1 675	2 946	3.18	2.42
	韩国	310	679	1.69	2.73
	法国	292	604	2.21	2.50
	瑞士	199	352	1.83	2.22
	英国	97	164	1.54	1.90
	俄罗斯	11	39	1.22	4.55
发动机/泵/涡轮机	中国	11 887	24 064	2.35	3.53
	日本	4 711	7 428	11.08	2.92
	美国	3 666	6 893	6.59	2.87
	德国	2 366	4 553	6.46	2.63
	韩国	442	813	3.88	3.31
	法国	808	1 612	5.21	2.57
	瑞士	237	498	3.89	2.57
	英国	241	388	2.71	2.26
	俄罗斯	18	52	0.75	2.94
纺织和造纸器械	中国	16 401	25 640	2.50	3.30
	日本	4 974	6 517	9.06	2.57
	美国	1 559	3 778	4.31	3.17
	德国	1 277	2 421	5.15	2.63
	韩国	283	508	2.14	2.59
	法国	164	331	1.93	2.44
	瑞士	357	651	3.97	2.45
	英国	107	217	1.51	2.25
	俄罗斯	1	1	1.00	1.00

续表

技术领域	专利来源国	发明专利授权量/件	发明人数/个	每申请人平均发明专利授权量/(件/人)	每授权发明专利平均发明人数/(人次/件)
其他专用机械	中国	36 321	70 028	2.24	3.76
	日本	4 916	8 607	5.33	2.80
	美国	2 148	5 510	3.21	3.17
	德国	1 511	3 421	3.22	3.01
	韩国	465	1 054	1.95	3.30
	法国	582	1 160	2.95	2.43
	瑞士	296	646	2.69	2.59
	英国	154	297	1.56	2.31
	俄罗斯	8	26	0.73	3.25
热工过程和设备	中国	14 771	26 591	2.18	3.32
	日本	2 255	3 843	6.59	3.21
	美国	936	2 153	2.68	2.89
	德国	582	1 330	2.97	2.82
	韩国	585	989	3.90	2.85
	法国	209	428	2.43	2.62
	瑞士	131	276	2.67	2.47
	英国	64	103	1.23	1.91
	俄罗斯	5	10	1.25	2.00
机械元件	中国	17 000	34 685	2.08	3.38
	日本	4 795	7 825	6.76	2.76
	美国	2 742	5 097	3.96	2.68
	德国	2 797	4 992	4.56	2.49
	韩国	382	693	2.22	2.35
	法国	541	1 042	2.50	2.33
	瑞士	200	386	1.77	2.16
	英国	205	326	1.60	1.88
	俄罗斯	12	17	0.80	1.83
运输	中国	15 700	32 065	2.60	3.69
	日本	8 577	12 092	15.65	2.55
	美国	3 195	6 801	5.67	2.99
	德国	3 103	5 907	7.17	2.63
	韩国	868	1 337	4.23	2.33
	法国	1 422	2 228	6.94	2.22
	瑞士	118	219	2.19	2.24
	英国	227	346	2.12	1.87
	俄罗斯	13	59	0.68	5.31

续表

技术领域	专利来源国	发明专利授权量/件	发明人数/个	每申请人平均发明专利授权量/(件/人)	每授权发明专利平均发明人数/(人次/件)
家具游戏	中国	7 590	10 684	1.86	2.21
	日本	1 271	2 024	4.00	2.68
	美国	1 237	2 728	2.30	2.80
	德国	502	810	3.39	2.85
	韩国	328	496	1.60	2.46
	法国	207	297	4.06	2.08
	瑞士	234	285	3.25	2.81
	英国	197	249	2.56	1.97
	俄罗斯	5	5	1.00	1.00
其他消费品	中国	9 785	16 182	2.07	3.23
	日本	2 046	3 039	4.42	2.66
	美国	1 239	2 644	2.78	2.86
	德国	1 006	1 762	4.43	2.76
	韩国	827	1 048	4.40	3.09
	法国	293	477	2.93	2.32
	瑞士	225	420	3.13	2.59
	英国	174	295	1.79	2.07
	俄罗斯	7	10	1.00	1.43
土木工程	中国	31 997	66 478	2.50	4.16
	日本	1 663	2 805	3.66	2.68
	美国	1 604	3 552	2.85	2.70
	德国	1 071	1 675	2.89	2.24
	韩国	353	587	1.23	2.02
	法国	274	486	1.92	2.02
	瑞士	126	210	1.52	1.92
	英国	181	302	1.46	1.95
	俄罗斯	11	20	1.38	2.00

表12　2012~2015年中国各省区市在各技术领域的技术创新情况

技术领域	省区市	发明专利授权量/件	发明人数/个	每申请人平均发明专利授权量/(件/人)	每授权发明专利平均发明人数/(人次/件)
电机/电气装置/电能	北京	5 634	12 476	3.81	4.50
	广东	10 380	13 071	3.56	2.71
	江苏	7 565	12 445	2.96	3.24
	浙江	5 227	7 765	2.54	2.95
	上海	3 891	7 361	3.10	3.34
	山东	1 630	4 076	2.36	3.99
	四川	1 394	2 791	3.00	3.80
	安徽	1 484	2 850	2.94	3.55
	湖北	1 288	3 228	3.02	4.16
	陕西	1 244	3 014	3.92	4.24
	辽宁	1 304	3 049	2.87	4.33
	湖南	1 135	2 740	3.06	5.00
	河南	1 005	2 798	2.58	4.41
	福建	1 087	1 869	2.52	3.06
	天津	859	2 102	3.19	3.89
	黑龙江	738	1 696	5.68	4.62
	重庆	635	1 595	3.02	4.19
	河北	573	1 765	2.19	4.50
	广西	358	853	2.27	5.11
	吉林	313	997	4.01	5.10
	山西	303	926	2.39	4.43
	云南	161	516	1.71	4.42
	江西	245	587	1.90	3.38
	贵州	280	557	2.35	3.25
	甘肃	176	594	2.41	5.34
	新疆	67	166	1.72	3.37
	内蒙古	69	206	1.64	3.90
	海南	8	20	1.14	2.50
	宁夏	57	180	1.63	4.21
	青海	14	45	1.40	4.21
	西藏	1	9	1.00	9.00
	台湾	3 147	4 528	4.09	2.45
	香港	191	341	1.80	2.46
	澳门	7	19	1.40	3.29

续表

技术领域	省区市	发明专利授权量/件	发明人数/个	每申请人平均发明专利授权量/(件/人)	每授权发明专利平均发明人数/(人次/件)
音像技术	北京	3 049	4 781	4.56	3.01
	广东	6 746	8 015	5.49	2.36
	江苏	1 542	2 841	2.44	2.88
	浙江	944	1 594	2.95	3.21
	上海	1 018	2 037	2.33	2.99
	山东	593	1 081	4.24	2.98
	四川	410	878	3.11	3.23
	安徽	188	461	2.41	3.54
	湖北	218	598	2.45	4.07
	陕西	331	942	4.24	4.58
	辽宁	155	439	1.65	3.59
	湖南	101	376	1.87	4.51
	河南	58	174	1.12	3.57
	福建	423	688	3.33	2.56
	天津	230	496	3.11	3.53
	黑龙江	65	187	3.42	3.85
	重庆	67	224	1.60	3.88
	河北	45	136	1.10	3.18
	广西	24	51	1.26	2.54
	吉林	96	252	5.33	4.48
	山西	26	107	1.63	4.54
	云南	18	36	1.64	2.78
	江西	26	72	1.08	3.12
	贵州	8	19	1.14	2.38
	甘肃	8	13	1.14	2.00
	新疆	14	15	2.00	1.50
	内蒙古	6	10	0.75	1.83
	海南	17	12	2.83	1.29
	宁夏	2	3	2.00	1.50
	青海	1	1	1.00	1.00
	西藏	1	1	1.00	1.00
	台湾	3 272	4 563	7.57	2.39
	香港	144	276	3.60	2.92
	澳门	0	0	0	0

续表

技术领域	省区市	发明专利授权量/件	发明人数/个	每申请人平均发明专利授权量/(件/人)	每授权发明专利平均发明人数/(人次/件)
电信	北京	3 851	7 366	4.82	3.71
	广东	9 267	10 151	11.10	2.47
	江苏	1 471	3 136	3.07	3.65
	浙江	775	1 679	2.88	3.29
	上海	1 614	2 920	3.69	3.02
	山东	452	986	2.94	3.19
	四川	844	1 662	5.15	3.66
	安徽	173	524	2.16	3.98
	湖北	532	1 335	4.79	4.17
	陕西	544	1 691	4.32	5.14
	辽宁	152	407	2.30	3.71
	湖南	108	412	1.71	4.45
	河南	105	445	1.52	5.65
	福建	303	598	2.31	3.21
	天津	144	430	2.44	4.24
	黑龙江	256	613	16.00	5.24
	重庆	206	609	2.94	4.48
	河北	127	485	2.65	5.14
	广西	62	184	1.94	3.84
	吉林	50	182	2.50	5.12
	山西	29	149	1.81	6.24
	云南	16	55	1.14	3.63
	江西	38	72	2.11	3.03
	贵州	18	76	1.29	6.67
	甘肃	18	57	1.06	3.28
	新疆	10	27	1.25	3.00
	内蒙古	5	17	1.00	3.40
	海南	6	11	1.20	1.83
	宁夏	6	25	1.20	4.67
	青海	0	0	0	0
	西藏	0	0	0	0
	台湾	1 325	1 929	5.43	2.39
	香港	76	139	2.11	2.26
	澳门	3	1	3.00	0.67

续表

技术领域	省区市	发明专利授权量/件	发明人数/个	每申请人平均发明专利授权量/(件/人)	每授权发明专利平均发明人数/(人次/件)
数字通信	北京	12 228	15 267	8.75	3.63
	广东	19 639	17 067	20.91	2.53
	江苏	2 372	4 797	4.24	3.91
	浙江	2 326	2 947	7.55	2.81
	上海	2 875	4 369	5.21	3.06
	山东	690	1 475	4.08	3.25
	四川	1250	2 144	6.31	3.05
	安徽	229	555	3.47	3.93
	湖北	854	1 985	6.94	4.09
	陕西	896	2 088	7.59	5.44
	辽宁	248	688	2.95	4.02
	湖南	273	830	3.69	6.04
	河南	229	869	2.34	6.40
	福建	652	1016	5.17	2.35
	天津	235	570	3.26	3.47
	黑龙江	337	797	9.63	5.25
	重庆	457	1 055	4.52	4.07
	河北	115	408	3.29	4.55
	广西	106	284	2.94	3.87
	吉林	64	234	2.46	5.08
	山西	36	129	2.57	4.39
	云南	22	123	1.00	5.95
	江西	33	107	1.43	3.67
	贵州	24	97	1.41	4.79
	甘肃	31	85	1.48	3.00
	新疆	5	12	0.83	3.00
	内蒙古	10	35	0.91	4.30
	海南	24	21	3.00	2.13
	宁夏	11	72	1.22	9.91
	青海	5	11	2.50	3.20
	西藏	0	0	0	0
	台湾	1 254	1 632	7.21	2.31
	香港	68	122	2.72	2.47
	澳门	5	3	1.67	1.20

续表

技术领域	省区市	发明专利授权量/件	发明人数/个	每申请人平均发明专利授权量/(件/人)	每授权发明专利平均发明人数/(人次/件)
基础通信程序	北京	710	1 606	2.97	3.59
	广东	945	1 699	3.46	2.66
	江苏	579	1 212	2.67	3.79
	浙江	226	479	2.86	3.31
	上海	510	1 087	2.93	3.50
	山东	72	205	1.60	3.26
	四川	265	613	3.73	3.69
	安徽	59	183	1.90	3.49
	湖北	120	341	3.64	3.91
	陕西	165	565	3.93	4.55
	辽宁	27	111	1.13	4.52
	湖南	80	239	3.81	5.75
	河南	26	103	1.53	4.77
	福建	53	90	2.04	2.81
	天津	63	163	2.86	4.02
	黑龙江	27	107	3.38	4.81
	重庆	56	180	2.33	4.64
	河北	20	90	1.82	5.20
	广西	14	35	1.27	2.93
	吉林	6	28	1.50	4.67
	山西	10	36	1.43	4.10
	云南	1	2	1.00	2.00
	江西	4	15	1.33	4.75
	贵州	6	13	1.50	2.33
	甘肃	5	36	1.25	7.20
	新疆	1	1	1.00	1.00
	内蒙古	3	6	1.00	2.00
	海南	0	0	0	0
	宁夏	0	0	0	0
	青海	0	0	0	0
	西藏	0	0	0	0
	台湾	766	1 082	5.85	2.10
	香港	31	80	2.82	3.42
	澳门	0	0	0	0

续表

技术领域	省区市	发明专利授权量/件	发明人数/个	每申请人平均发明专利授权量/(件/人)	每授权发明专利平均发明人数/(人次/件)
计算机技术	北京	10 484	17 139	6.27	3.43
	广东	8 545	12 112	6.05	2.52
	江苏	2 841	6 498	3.36	3.85
	浙江	1 741	3 556	4.26	3.67
	上海	2 748	5 302	3.73	3.14
	山东	910	2 179	4.06	3.71
	四川	1 095	2 312	4.18	3.42
	安徽	385	1 130	3.24	4.46
	湖北	1 040	2 842	4.75	4.79
	陕西	1 433	3 279	10.46	5.39
	辽宁	458	1 386	2.79	4.13
	湖南	625	1 811	4.60	6.23
	河南	245	982	1.86	5.47
	福建	713	1 215	4.12	2.73
	天津	578	1 386	4.22	4.11
	黑龙江	451	1 220	8.51	4.83
	重庆	338	1 159	2.86	4.59
	河北	127	438	1.69	3.95
	广西	81	264	2.25	4.04
	吉林	130	465	4.48	5.08
	山西	66	284	1.65	4.92
	云南	76	252	2.11	4.96
	江西	110	264	1.93	3.24
	贵州	35	137	1.25	5.60
	甘肃	34	173	1.17	6.18
	新疆	22	62	2.00	3.18
	内蒙古	34	105	1.62	4.29
	海南	15	23	1.15	2.20
	宁夏	10	50	0.83	5.40
	青海	0	0	0	0
	西藏	3	2	1.50	0.67
	台湾	3 966	5 179	8.68	2.45
	香港	112	263	2.29	2.93
	澳门	4	3	1.33	1.00

续表

技术领域	省区市	发明专利授权量/件	发明人数/个	每申请人平均发明专利授权量/(件/人)	每授权发明专利平均发明人数/(人次/件)
信息技术管理方法	北京	553	1 997	1.91	4.44
	广东	315	864	1.82	3.05
	江苏	158	603	1.36	4.68
	浙江	83	329	1.60	4.43
	上海	117	344	1.43	3.36
	山东	68	283	1.31	4.68
	四川	40	176	1.25	5.45
	安徽	14	59	1.27	4.21
	湖北	56	316	1.65	7.80
	陕西	49	150	3.50	4.47
	辽宁	25	83	1.67	3.76
	湖南	27	135	0.96	5.37
	河南	16	80	0.94	5.19
	福建	27	87	1.13	3.30
	天津	27	132	1.04	5.33
	黑龙江	6	37	1.20	6.17
	重庆	21	82	1.50	4.43
	河北	11	47	0.85	4.27
	广西	6	36	0.75	6.17
	吉林	5	37	1.67	7.40
	山西	3	14	1.00	4.67
	云南	8	61	1.60	8.13
	江西	7	29	1.00	4.43
	贵州	8	47	1.14	6.63
	甘肃	4	37	0.50	10.00
	新疆	1	1	1.00	1.00
	内蒙古	4	13	0.67	3.25
	海南	4	4	1.33	1.00
	宁夏	1	18	1.00	18.00
	青海	0	0	0	0
	西藏	0	0	0	0
	台湾	32	58	1.19	1.94
	香港	6	9	1.50	1.50
	澳门	0	0	0	0

续表

技术领域	省区市	发明专利授权量/件	发明人数/个	每申请人平均发明专利授权量/(件/人)	每授权发明专利平均发明人数/(人次/件)
半导体	北京	2 881	3 445	12.92	3.56
	广东	2 051	2 557	4.48	2.98
	江苏	2 319	3 432	3.79	3.15
	浙江	694	1 243	2.83	3.52
	上海	4176	3471	15.52	2.81
	山东	280	582	3.04	4.62
	四川	406	704	5.56	4.47
	安徽	228	584	4.00	3.99
	湖北	230	576	4.04	4.13
	陕西	351	592	5.95	4.66
	辽宁	118	362	2.31	3.99
	湖南	167	403	4.77	4.21
	河南	64	220	1.83	4.44
	福建	254	551	3.18	3.55
	天津	198	546	5.08	4.94
	黑龙江	82	181	7.45	4.06
	重庆	69	210	3.83	3.87
	河北	226	473	4.43	3.88
	广西	26	72	2.60	4.73
	吉林	142	330	8.35	4.67
	山西	36	134	1.64	5.28
	云南	35	90	2.50	4.14
	江西	91	196	2.68	3.60
	贵州	39	50	3.90	2.95
	甘肃	42	71	3.50	3.86
	新疆	4	14	1.33	3.50
	内蒙古	20	42	1.82	3.65
	海南	5	11	5.00	3.00
	宁夏	12	28	1.71	3.58
	青海	2	1	2.00	0.50
	西藏	0	0	0	0
	台湾	3 581	4 916	8.41	3.07
	香港	120	209	3.43	2.88
	澳门	0	0	0	0

续表

技术领域	省区市	发明专利授权量/件	发明人数/个	每申请人平均发明专利授权量/(件/人)	每授权发明专利平均发明人数/(人次/件)
光学	北京	2 831	3 918	8.55	3.68
	广东	3 303	3 388	5.56	2.45
	江苏	1 663	2 837	3.19	3.13
	浙江	702	1 196	2.59	3.05
	上海	1 659	2 414	6.69	3.14
	山东	363	771	3.24	3.51
	四川	502	1 025	4.78	4.13
	安徽	247	684	3.29	4.06
	湖北	482	1 100	3.92	4.16
	陕西	327	847	5.19	4.70
	辽宁	92	263	1.96	3.61
	湖南	91	289	2.53	5.48
	河南	131	293	3.12	3.37
	福建	420	664	3.96	3.24
	天津	215	546	3.52	4.25
	黑龙江	258	454	10.32	4.15
	重庆	71	258	2.96	4.54
	河北	145	271	2.90	3.81
	广西	30	87	1.88	3.57
	吉林	315	716	15.00	4.88
	山西	80	193	4.71	5.01
	云南	24	66	1.41	3.58
	江西	36	84	1.64	3.56
	贵州	14	38	1.56	3.57
	甘肃	11	37	1.22	4.82
	新疆	27	38	3.00	2.81
	内蒙古	6	15	1.00	2.50
	海南	2	2	2.00	1.00
	宁夏	3	4	1.50	1.33
	青海	1	1	1.00	1.00
	西藏	1	1	1.00	1.00
	台湾	2 318	3 233	8.43	2.71
	香港	73	113	2.52	2.56
	澳门	3	7	1.00	3.67

续表

技术领域	省区市	发明专利授权量/件	发明人数/个	每申请人平均发明专利授权量/(件/人)	每授权发明专利平均发明人数/(人次/件)
测量	北京	11 279	25 965	4.99	4.72
	广东	5 311	11 259	2.78	3.43
	江苏	6 785	14 711	3.12	3.96
	浙江	4 142	8 738	3.13	3.90
	上海	4 704	11 679	3.62	3.97
	山东	2 744	7 688	3.07	5.12
	四川	2 221	5 752	3.73	4.69
	安徽	1 633	4 560	3.48	4.52
	湖北	2 071	6 131	3.98	4.78
	陕西	2 718	7 228	6.28	4.95
	辽宁	1 576	4 858	3.30	4.85
	湖南	1 375	3 797	3.82	4.61
	河南	1 186	4 329	2.74	6.06
	福建	9 19	2 143	2.60	3.71
	天津	1 467	3 838	3.55	4.35
	黑龙江	1 542	3 847	8.38	4.95
	重庆	1 201	3 451	4.00	4.84
	河北	830	2 717	2.63	4.71
	广西	442	1 280	2.66	4.58
	吉林	964	2 681	6.26	5.54
	山西	541	1 868	3.66	5.71
	云南	423	1 421	2.90	6.06
	江西	303	858	2.46	4.20
	贵州	244	673	1.95	4.41
	甘肃	328	1 064	2.78	5.11
	新疆	135	506	1.99	4.86
	内蒙古	133	340	2.25	3.62
	海南	39	139	1.63	4.41
	宁夏	44	163	1.57	4.77
	青海	16	94	1.45	6.63
	西藏	11	6	11.00	2.64
	台湾	1 154	2 270	2.90	2.63
	香港	120	288	1.88	3.10
	澳门	6	17	2.00	2.83

续表

技术领域	省区市	发明专利授权量/件	发明人数/个	每申请人平均发明专利授权量/(件/人)	每授权发明专利平均发明人数/(人次/件)
生物材料分析	北京	1 310	4 116	2.74	5.11
	广东	586	1 537	2.17	4.26
	江苏	708	2 062	2.47	4.51
	浙江	392	1 088	2.51	4.17
	上海	678	1 979	2.39	4.18
	山东	342	1 181	2.50	5.81
	四川	183	677	1.95	5.10
	安徽	75	295	1.79	4.51
	湖北	297	950	3.45	5.38
	陕西	136	566	3.68	5.21
	辽宁	108	455	1.64	4.80
	湖南	100	368	2.00	4.57
	河南	169	638	2.38	6.28
	福建	114	377	1.81	4.37
	天津	152	486	1.83	4.16
	黑龙江	130	376	4.33	4.18
	重庆	135	449	3.65	5.99
	河北	56	252	1.19	5.73
	广西	47	176	2.76	5.77
	吉林	82	320	2.41	5.38
	山西	34	164	1.70	5.32
	云南	62	296	1.77	6.69
	江西	51	110	3.64	3.82
	贵州	17	76	1.06	5.00
	甘肃	71	280	3.23	5.51
	新疆	14	71	1.17	5.36
	内蒙古	27	59	1.93	3.26
	海南	9	33	2.25	5.56
	宁夏	1	5	1.00	5.00
	青海	2	8	2.00	4.00
	西藏	0	0	0	0
	台湾	74	188	1.76	3.20
	香港	25	73	1.56	3.04
	澳门	0	0	0	0

续表

技术领域	省区市	发明专利授权量/件	发明人数/个	每申请人平均发明专利授权量/(件/人)	每授权发明专利平均发明人数/(人次/件)
控制	北京	2 955	8 208	2.63	4.23
	广东	2 501	5 052	2.13	2.89
	江苏	2 027	4 867	2.22	3.58
	浙江	1 325	3 208	2.17	3.63
	上海	1 437	3 910	2.09	3.60
	山东	726	2 263	2.00	4.28
	四川	641	1 729	2.23	4.12
	安徽	334	1 035	2.02	3.69
	湖北	470	1 657	2.39	4.75
	陕西	547	1 706	3.32	4.24
	辽宁	547	1 927	2.21	4.88
	湖南	381	1 222	2.40	4.22
	河南	245	1 015	1.10	5.12
	福建	320	681	1.60	3.08
	天津	314	1 018	2.31	4.48
	黑龙江	265	903	3.23	4.65
	重庆	319	1 061	2.49	4.43
	河北	163	590	1.55	4.42
	广西	130	475	1.67	4.91
	吉林	140	555	3.78	5.42
	山西	89	343	1.31	4.06
	云南	44	210	1.07	5.02
	江西	80	257	1.40	3.59
	贵州	30	112	1.07	3.83
	甘肃	38	159	1.23	4.47
	新疆	27	79	1.29	3.07
	内蒙古	28	63	1.47	2.64
	海南	22	16	3.67	1.95
	宁夏	14	49	1.40	4.29
	青海	2	7	2.00	3.00
	西藏	0	0	0	0
	台湾	527	1 037	2.46	2.32
	香港	44	80	1.22	2.09
	澳门	3	4	1.00	1.33

续表

技术领域	省区市	发明专利授权量/件	发明人数/个	每申请人平均发明专利授权量/(件/人)	每授权发明专利平均发明人数/(人次/件)
医学技术	北京	2 041	4 088	2.24	3.45
	广东	2 468	3 717	2.38	2.81
	江苏	1 953	3 417	2.18	3.16
	浙江	1 480	2 456	1.92	2.67
	上海	1 704	3 544	2.96	3.65
	山东	1 056	2 368	1.56	3.19
	四川	611	1 264	2.75	3.77
	安徽	269	598	1.84	3.45
	湖北	368	975	1.96	3.76
	陕西	514	1 387	2.89	4.84
	辽宁	336	851	1.82	3.47
	湖南	189	440	1.47	3.03
	河南	297	785	1.82	3.40
	福建	348	626	1.46	2.46
	天津	520	1 158	2.80	3.87
	黑龙江	205	536	1.93	3.79
	重庆	597	1 264	3.73	4.16
	河北	186	443	1.72	3.41
	广西	121	285	1.42	3.38
	吉林	121	470	2.20	5.07
	山西	68	225	1.42	4.03
	云南	72	206	1.33	3.58
	江西	88	208	1.42	3.19
	贵州	31	66	1.15	2.42
	甘肃	60	175	1.25	3.83
	新疆	26	72	1.30	3.08
	内蒙古	32	61	1.28	2.31
	海南	49	58	2.33	2.67
	宁夏	4	4	1.33	0.75
	青海	3	3	1.50	1.00
	西藏	5	13	1.67	4.00
	台湾	417	779	1.43	2.57
	香港	105	201	1.52	2.53
	澳门	3	6	0.60	1.67

续表

技术领域	省区市	发明专利授权量/件	发明人数/个	每申请人平均发明专利授权量/(件/人)	每授权发明专利平均发明人数/(人次/件)
有机精细化学	北京	4 614	7 460	7.19	4.97
	广东	1 729	3 434	2.79	3.71
	江苏	4 087	7 753	3.28	4.00
	浙江	2 885	5 496	3.67	4.18
	上海	2 524	5 269	3.97	4.13
	山东	2 208	5 074	2.89	4.43
	四川	791	2 005	2.65	4.49
	安徽	851	1 509	3.27	3.50
	湖北	807	2 064	2.60	4.49
	陕西	650	1 600	4.71	5.62
	辽宁	913	1 984	3.68	4.42
	湖南	711	1 463	2.96	4.12
	河南	563	1 923	2.43	5.70
	福建	467	1 180	2.64	4.28
	天津	994	2 201	3.90	4.78
	黑龙江	312	824	3.85	4.71
	重庆	376	930	2.94	4.91
	河北	490	1 441	2.47	4.95
	广西	260	651	2.06	4.16
	吉林	355	918	3.66	4.40
	山西	394	1 019	4.48	4.83
	云南	257	674	2.23	4.47
	江西	224	612	2.29	4.30
	贵州	119	321	2.38	4.61
	甘肃	243	673	3.57	4.63
	新疆	106	317	1.83	5.15
	内蒙古	64	219	1.88	4.67
	海南	158	163	2.77	2.02
	宁夏	49	123	2.33	3.71
	青海	27	65	4.50	5.78
	西藏	7	28	1.40	4.43
	台湾	172	438	2.18	3.62
	香港	40	124	1.29	3.48
	澳门	1	3	1.00	2.00

续表

技术领域	省区市	发明专利授权量/件	发明人数/个	每申请人平均发明专利授权量/(件/人)	每授权发明专利平均发明人数/(人次/件)
生物技术	北京	4 221	8 777	5.26	5.05
	广东	2 287	4 909	3.73	4.53
	江苏	2 698	6 004	4.26	4.82
	浙江	1 806	4 052	3.83	4.52
	上海	1 911	4 559	3.93	4.54
	山东	1 852	4 258	3.28	4.72
	四川	586	1 579	2.92	4.80
	安徽	426	1 063	3.25	4.71
	湖北	1 083	2 722	4.88	4.94
	陕西	517	1 569	4.79	4.85
	辽宁	498	1 393	2.66	4.67
	湖南	507	1 326	3.21	4.94
	河南	465	1 774	2.87	6.15
	福建	686	1 570	3.59	4.67
	天津	689	1 646	4.33	4.59
	黑龙江	593	1 635	4.24	4.64
	重庆	427	1 231	4.03	5.30
	河北	375	1 118	3.02	5.36
	广西	324	901	2.97	5.46
	吉林	313	1 178	3.29	5.93
	山西	126	411	1.62	4.44
	云南	346	1 009	2.98	5.21
	江西	136	349	2.23	4.47
	贵州	98	314	2.33	4.45
	甘肃	200	663	2.33	5.97
	新疆	177	655	2.68	6.04
	内蒙古	174	336	2.76	3.01
	海南	158	398	2.82	4.32
	宁夏	76	131	2.45	4.68
	青海	21	99	1.40	5.33
	西藏	14	27	2.33	2.79
	台湾	103	299	1.41	3.50
	香港	60	153	2.14	3.23
	澳门	0	0	0	0

续表

技术领域	省区市	发明专利授权量/件	发明人数/个	每申请人平均发明专利授权量/(件/人)	每授权发明专利平均发明人数/(人次/件)
药品	北京	3 928	7 186	3.14	3.96
	广东	3 059	5 563	2.70	3.61
	江苏	3 905	6 309	3.74	3.61
	浙江	2 016	3 682	2.73	3.38
	上海	2 804	6 337	4.03	4.62
	山东	8 102	8 771	2.32	2.38
	四川	1 560	2 712	2.98	3.76
	安徽	1 852	1 555	2.96	1.84
	湖北	947	2 258	2.19	3.99
	陕西	943	1 775	2.72	3.52
	辽宁	1 105	2 167	2.62	3.67
	湖南	739	1 380	1.71	3.29
	河南	1 552	3 254	2.35	3.87
	福建	696	1 397	2.58	3.51
	天津	1 434	2 062	5.10	4.68
	黑龙江	711	1 393	2.59	3.82
	重庆	783	1 651	3.29	4.22
	河北	790	1 558	2.34	4.20
	广西	719	1 131	1.99	2.94
	吉林	816	1 929	2.00	4.30
	山西	490	881	1.94	2.97
	云南	706	1 472	2.28	4.12
	江西	503	784	2.66	3.91
	贵州	464	622	2.40	2.58
	甘肃	394	945	2.37	4.30
	新疆	204	536	1.84	3.87
	内蒙古	181	312	1.40	2.51
	海南	528	432	4.55	2.37
	宁夏	73	155	2.09	3.15
	青海	90	121	3.60	2.84
	西藏	62	102	1.88	3.24
	台湾	279	718	1.81	3.53
	香港	127	245	2.31	2.80
	澳门	14	52	1.75	4.93

续表

技术领域	省区市	发明专利授权量/件	发明人数/个	每申请人平均发明专利授权量/(件/人)	每授权发明专利平均发明人数/(人次/件)
高分子化学/聚合物	北京	3 385	6 917	5.11	5.69
	广东	3 545	4 989	3.23	3.45
	江苏	4 218	6 842	3.05	3.57
	浙江	2 174	4 108	2.35	3.47
	上海	2 559	4 260	3.98	3.71
	山东	2 008	3 996	2.92	4.29
	四川	990	2 267	3.27	4.48
	安徽	1 244	1 839	2.89	2.98
	湖北	750	1 972	2.63	4.30
	陕西	637	1 529	5.31	4.36
	辽宁	574	1 387	2.72	4.27
	湖南	481	1 090	2.85	4.13
	河南	451	1 489	2.22	5.26
	福建	598	1 146	2.31	3.74
	天津	621	1 543	3.36	4.22
	黑龙江	403	1 050	4.80	4.73
	重庆	214	527	2.04	3.71
	河北	286	806	1.67	3.98
	广西	272	659	2.43	4.76
	吉林	548	1 091	6.68	4.99
	山西	244	750	2.84	4.79
	云南	126	327	1.80	3.98
	江西	168	405	2.75	4.22
	贵州	102	243	2.27	5.31
	甘肃	211	598	2.67	5.82
	新疆	90	271	1.61	3.94
	内蒙古	70	216	2.26	5.89
	海南	87	156	3.35	3.30
	宁夏	19	45	1.58	3.42
	青海	5	18	1.25	3.40
	西藏	1	3	1.00	2.00
	台湾	318	642	2.72	3.26
	香港	24	61	1.71	3.17
	澳门	1	1	1.00	1.00

续表

技术领域	省区市	发明专利授权量/件	发明人数/个	每申请人平均发明专利授权量/(件/人)	每授权发明专利平均发明人数/(人次/件)
食品化学	北京	2 439	4 723	3.53	4.27
	广东	3 132	4 667	2.76	3.30
	江苏	2 970	4 977	3.15	3.76
	浙江	2 639	4 063	2.81	3.27
	上海	1 221	2 180	3.41	4.25
	山东	3 044	4 781	2.68	3.62
	四川	1 557	2 637	2.22	3.95
	安徽	2 739	2 251	3.27	2.09
	湖北	1 164	2 410	2.44	4.28
	陕西	578	1 160	2.56	3.37
	辽宁	827	1 612	2.02	3.48
	湖南	1 070	1 937	1.93	3.57
	河南	1 178	2 498	2.36	4.11
	福建	1 331	2 016	2.29	2.98
	天津	722	1 230	3.24	3.52
	黑龙江	614	1 251	2.54	3.89
	重庆	549	997	2.33	3.33
	河北	485	1 139	1.98	3.72
	广西	1 023	1 743	1.79	3.16
	吉林	553	1 265	2.09	4.35
	山西	466	846	2.12	3.07
	云南	868	1 649	1.78	3.23
	江西	406	734	1.99	3.28
	贵州	481	774	1.92	2.58
	甘肃	308	733	1.66	3.88
	新疆	330	869	1.56	3.95
	内蒙古	587	703	3.99	3.38
	海南	241	437	2.32	3.74
	宁夏	154	246	2.17	3.59
	青海	82	197	1.95	4.15
	西藏	74	97	2.55	2.31
	台湾	106	217	1.18	2.69
	香港	30	59	0.97	2.50
	澳门	1	1	1.00	1.00

续表

技术领域	省区市	发明专利授权量/件	发明人数/个	每申请人平均发明专利授权量/(件/人)	每授权发明专利平均发明人数/(人次/件)
基础材料化学	北京	7 755	13 266	5.56	5.27
	广东	4 765	7 409	2.68	3.37
	江苏	5 381	8 887	2.89	3.52
	浙江	2 870	5 127	2.52	3.42
	上海	2 845	5 529	2.97	3.75
	山东	3 420	7 055	2.48	3.98
	四川	1 518	3 548	2.66	4.39
	安徽	1 690	2 729	2.60	3.15
	湖北	1 409	3 735	2.66	4.65
	陕西	1 816	3 348	4.48	4.91
	辽宁	1 336	3 247	2.57	4.20
	湖南	1 166	2 637	2.13	3.93
	河南	1 116	3 295	2.03	4.61
	福建	848	1 837	2.05	3.50
	天津	1 043	2 253	3.09	3.93
	黑龙江	709	1 926	2.73	4.68
	重庆	429	1 080	2.06	3.67
	河北	897	1 986	2.27	4.13
	广西	1 009	1 526	2.90	5.69
	吉林	566	1 420	3.35	4.36
	山西	756	1 693	2.82	4.22
	云南	591	1 504	2.14	4.56
	江西	282	758	1.66	3.90
	贵州	329	772	2.08	4.30
	甘肃	397	1 091	2.24	4.83
	新疆	337	963	1.86	4.30
	内蒙古	201	520	1.79	4.19
	海南	287	449	5.13	4.44
	宁夏	72	212	1.85	3.69
	青海	39	158	1.18	5.95
	西藏	6	10	2.00	2.17
	台湾	347	824	2.12	3.40
	香港	74	173	1.32	2.86
	澳门	4	3	1.33	0.75

续表

技术领域	省区市	发明专利授权量/件	发明人数/个	每申请人平均发明专利授权量/(件/人)	每授权发明专利平均发明人数/(人次/件)
材料/冶金	北京	5 602	12 004	4.87	5.03
	广东	3 004	5 254	2.26	3.21
	江苏	5 732	9 490	2.80	3.57
	浙江	3 288	5 617	2.59	3.39
	上海	3 167	6 419	4.22	4.03
	山东	2 813	6 596	2.58	4.28
	四川	2 325	4 582	3.22	4.70
	安徽	1 825	3 300	2.97	3.45
	湖北	2 343	5 284	4.18	5.08
	陕西	2 036	4 245	6.06	4.94
	辽宁	2 626	5 388	4.29	4.53
	湖南	2 144	4 440	3.14	4.68
	河南	1 895	5 037	2.58	5.19
	福建	999	1 971	2.44	3.60
	天津	882	2 154	3.27	4.35
	黑龙江	736	1 910	5.08	4.69
	重庆	883	2 027	3.42	4.30
	河北	1 090	3 107	2.63	4.84
	广西	782	1 571	3.15	4.60
	吉林	470	1 208	3.67	4.32
	山西	880	2 314	3.21	4.55
	云南	816	2 176	3.68	5.81
	江西	749	1 675	2.69	4.04
	贵州	593	996	3.62	4.46
	甘肃	400	1 264	3.45	5.05
	新疆	237	622	2.76	4.56
	内蒙古	378	1 123	2.76	5.70
	海南	33	119	2.06	5.61
	宁夏	188	543	2.41	5.53
	青海	110	307	2.50	7.03
	西藏	9	27	1.13	4.11
	台湾	189	424	1.43	2.87
	香港	34	71	1.26	2.41
	澳门	0	0	0	0

续表

技术领域	省区市	发明专利授权量/件	发明人数/个	每申请人平均发明专利授权量/(件/人)	每授权发明专利平均发明人数/(人次/件)
表面加工技术/涂层	北京	1 853	4 771	3.52	4.33
	广东	2 345	3 808	2.12	2.81
	江苏	2 773	5 019	2.09	3.06
	浙江	1 555	2 935	1.91	3.14
	上海	1 349	3 099	2.80	3.68
	山东	851	2 144	2.06	3.79
	四川	519	1 412	2.32	4.24
	安徽	623	1 276	2.44	3.45
	湖北	422	1 222	2.41	4.25
	陕西	528	1 553	3.54	4.48
	辽宁	767	1 867	3.33	4.35
	湖南	473	1 285	2.18	4.09
	河南	304	988	1.85	4.24
	福建	510	981	2.34	3.33
	天津	348	969	2.34	4.09
	黑龙江	297	863	5.21	4.60
	重庆	168	489	2.00	3.97
	河北	287	810	1.93	3.73
	广西	136	432	1.97	4.77
	吉林	157	553	2.66	4.60
	山西	129	493	2.30	4.96
	云南	194	716	2.66	5.73
	江西	185	413	2.31	3.43
	贵州	139	288	2.78	3.13
	甘肃	95	330	1.58	4.55
	新疆	58	126	3.05	3.40
	内蒙古	35	162	1.25	4.77
	海南	36	29	7.20	2.56
	宁夏	35	126	1.59	4.94
	青海	22	94	1.57	7.41
	西藏	0	0	0	0
	台湾	377	829	1.88	2.72
	香港	58	112	1.12	2.36
	澳门	1	1	1.00	1.00

续表

技术领域	省区市	发明专利授权量/件	发明人数/个	每申请人平均发明专利授权量/(件/人)	每授权发明专利平均发明人数/(人次/件)
微观结构和纳米技术	北京	813	1 998	7.26	4.23
	广东	230	671	2.37	4.18
	江苏	668	1 588	4.34	4.03
	浙江	287	720	5.13	4.02
	上海	644	1 503	9.07	4.11
	山东	177	587	3.34	4.36
	四川	123	395	3.84	4.89
	安徽	206	594	5.42	4.32
	湖北	150	494	3.95	4.49
	陕西	273	643	8.27	4.79
	辽宁	142	451	3.84	4.25
	湖南	99	385	2.68	5.18
	河南	89	409	2.62	6.45
	福建	104	340	4.52	4.51
	天津	118	379	4.37	4.36
	黑龙江	130	462	8.67	5.22
	重庆	59	193	3.93	4.54
	河北	76	157	4.00	5.47
	广西	46	163	2.19	5.17
	吉林	124	332	10.33	4.65
	山西	74	274	4.93	5.99
	云南	18	70	3.00	4.56
	江西	34	120	2.83	4.32
	贵州	15	45	1.50	4.00
	甘肃	38	156	3.17	5.16
	新疆	16	37	5.33	3.69
	内蒙古	16	57	2.29	4.75
	海南	1	5	1.00	4.00
	宁夏	6	33	1.20	6.50
	青海	1	3	1.00	2.00
	西藏	0	0	0	0
	台湾	134	249	3.27	3.22
	香港	11	34	1.83	3.18
	澳门	0	0	0	0

续表

技术领域	省区市	发明专利授权量/件	发明人数/个	每申请人平均发明专利授权量/(件/人)	每授权发明专利平均发明人数/(人次/件)
化学工程	北京	5 938	11 250	5.27	5.07
	广东	2 078	4 516	1.73	3.12
	江苏	5 012	9 978	2.35	3.53
	浙江	3 348	6 231	2.24	3.23
	上海	2 455	5 788	3.03	4.01
	山东	1 981	5 361	2.08	4.24
	四川	1 012	2 680	2.08	4.29
	安徽	1 028	2 216	2.26	3.33
	湖北	898	2 641	2.46	4.21
	陕西	810	2 275	4.11	4.81
	辽宁	1 408	3 211	3.48	4.09
	湖南	987	2 469	2.71	4.35
	河南	821	2 791	2.04	4.95
	福建	924	1 887	2.60	3.67
	天津	934	2 300	3.34	4.12
	黑龙江	505	1 599	3.88	4.64
	重庆	379	1 129	2.37	4.71
	河北	521	1 484	1.94	3.85
	广西	463	1 156	1.96	3.94
	吉林	302	974	2.99	4.90
	山西	485	1 358	3.65	4.99
	云南	483	1 419	2.74	5.28
	江西	246	669	1.78	3.80
	贵州	118	380	1.93	4.81
	甘肃	238	811	2.45	4.97
	新疆	167	536	1.80	4.62
	内蒙古	127	371	1.74	4.25
	海南	28	79	1.33	4.29
	宁夏	47	146	1.57	4.02
	青海	14	55	1.40	4.86
	西藏	8	22	0.89	3.38
	台湾	287	571	1.78	2.68
	香港	66	125	1.35	2.14
	澳门	1	1	1.00	1.00

续表

技术领域	省区市	发明专利授权量/件	发明人数/个	每申请人平均发明专利授权量/(件/人)	每授权发明专利平均发明人数/(人次/件)
环境技术	北京	4 074	8 845	3.48	4.78
	广东	1 833	3 925	1.79	3.40
	江苏	3 738	7 631	2.57	3.82
	浙江	2 268	4 427	2.36	3.68
	上海	1 818	4 352	2.58	4.18
	山东	1 599	4 154	2.07	4.28
	四川	778	2 077	1.89	4.44
	安徽	639	1 598	2.14	3.78
	湖北	801	2 403	2.43	4.65
	陕西	590	1 616	3.33	4.54
	辽宁	807	2 197	2.40	4.21
	湖南	744	1 898	2.14	4.40
	河南	462	1 679	1.64	4.80
	福建	659	1 279	2.19	3.24
	天津	696	1 854	2.77	4.58
	黑龙江	469	1 338	3.72	4.84
	重庆	467	1 326	2.68	4.85
	河北	356	1 047	2.01	4.29
	广西	293	808	1.79	4.32
	吉林	192	590	2.21	4.55
	山西	278	869	2.48	4.75
	云南	257	823	2.40	5.12
	江西	171	524	1.68	3.92
	贵州	134	338	2.06	3.37
	甘肃	147	525	1.77	5.03
	新疆	103	331	1.81	4.90
	内蒙古	87	314	1.32	4.33
	海南	16	31	1.60	2.81
	宁夏	36	98	1.57	3.97
	青海	13	59	1.86	5.46
	西藏	3	4	1.00	1.00
	台湾	143	270	1.49	2.41
	香港	51	80	1.09	1.82
	澳门	0	0	0	0

续表

技术领域	省区市	发明专利授权量/件	发明人数/个	每申请人平均发明专利授权量/(件/人)	每授权发明专利平均发明人数/(人次/件)
装卸	北京	1 272	3 861	1.96	4.27
	广东	2 076	3 450	1.90	2.74
	江苏	3 471	6 001	2.25	3.05
	浙江	1 930	3 282	1.85	2.56
	上海	1 256	2 726	2.19	3.17
	山东	1 034	2 878	1.62	3.89
	四川	397	1 116	1.68	3.70
	安徽	667	1 551	2.00	3.42
	湖北	479	1 520	2.26	4.57
	陕西	214	831	2.16	4.98
	辽宁	512	1 472	2.21	4.03
	湖南	1 095	1 811	5.24	3.46
	河南	424	1 389	1.67	4.48
	福建	346	688	1.62	2.83
	天津	378	893	2.18	3.68
	黑龙江	223	717	2.69	4.89
	重庆	143	445	1.70	3.99
	河北	344	1 056	1.76	4.11
	广西	170	478	1.72	4.26
	吉林	74	287	1.54	5.31
	山西	206	756	2.24	4.72
	云南	112	464	1.45	5.76
	江西	68	198	1.45	3.66
	贵州	55	136	1.72	2.84
	甘肃	28	145	1.00	6.04
	新疆	37	154	0.88	4.27
	内蒙古	48	134	1.66	3.56
	海南	63	40	6.30	1.63
	宁夏	23	97	1.35	5.09
	青海	4	17	0.80	4.00
	西藏	0	0	0	0
	台湾	319	424	2.04	1.95
	香港	39	60	1.30	1.82
	澳门	0	0	0	0

续表

技术领域	省区市	发明专利授权量/件	发明人数/个	每申请人平均发明专利授权量/(件/人)	每授权发明专利平均发明人数/(人次/件)
机床	北京	2 030	5 743	2.74	4.70
	广东	3 048	4 924	1.94	2.53
	江苏	6 614	9 633	2.71	2.97
	浙江	4 059	6 034	1.91	2.55
	上海	2 156	4 578	2.88	3.42
	山东	1 827	4 570	2.12	3.79
	四川	1 004	2 532	2.38	3.95
	安徽	1 421	2 796	2.39	3.10
	湖北	1 120	2 858	2.77	4.27
	陕西	1 054	2 896	4.56	5.13
	辽宁	1 547	3 903	3.67	4.28
	湖南	782	1 910	2.38	3.85
	河南	858	2 656	2.36	4.76
	福建	593	1 028	1.86	2.77
	天津	778	1 754	2.72	3.33
	黑龙江	729	1 848	6.08	4.88
	重庆	788	1 525	3.13	3.39
	河北	846	2 416	2.71	4.47
	广西	406	1 134	2.21	3.88
	吉林	284	854	2.87	4.45
	山西	497	1292	4.21	4.02
	云南	153	603	1.99	5.33
	江西	159	437	1.50	3.13
	贵州	223	515	3.28	4.70
	甘肃	97	320	1.94	4.30
	新疆	73	199	1.70	3.81
	内蒙古	69	279	1.97	4.64
	海南	14	48	1.56	5.86
	宁夏	62	198	2.38	4.84
	青海	2	21	2.00	10.00
	西藏	1	1	1.00	1.00
	台湾	570	724	2.06	1.83
	香港	43	66	1.34	1.79
	澳门	1	1	1.00	1.00

续表

技术领域	省区市	发明专利授权量/件	发明人数/个	每申请人平均发明专利授权量/(件/人)	每授权发明专利平均发明人数/(人次/件)
发动机/泵/涡轮机	北京	1 901	4 125	3.47	3.96
	广东	1 164	2 145	2.21	2.92
	江苏	1 334	2 742	2.04	3.26
	浙江	1 237	2 027	2.13	2.81
	上海	907	2 108	2.39	3.39
	山东	717	1 784	1.77	3.65
	四川	400	1 164	2.23	4.57
	安徽	424	907	2.85	3.35
	湖北	269	857	1.78	3.94
	陕西	373	1 041	3.08	4.43
	辽宁	402	1 200	1.84	4.01
	湖南	459	1 127	3.02	3.69
	河南	179	613	1.24	4.22
	福建	203	294	1.65	2.14
	天津	260	656	2.60	3.67
	黑龙江	318	872	3.74	5.11
	重庆	348	779	2.62	3.25
	河北	316	645	2.47	3.27
	广西	154	314	1.97	2.95
	吉林	103	328	2.34	4.36
	山西	96	329	1.55	4.28
	云南	63	168	1.97	3.94
	江西	59	112	1.64	2.53
	贵州	45	99	1.41	2.56
	甘肃	45	158	1.15	4.89
	新疆	55	114	1.90	2.45
	内蒙古	36	75	1.20	2.69
	海南	6	6	1.20	0.83
	宁夏	3	18	0.75	5.67
	青海	11	25	1.57	2.73
	西藏	0	0	0	0
	台湾	393	504	3.45	2.23
	香港	26	43	1.13	2.00
	澳门	1	2	1.00	1.00

续表

技术领域	省区市	发明专利授权量/件	发明人数/个	每申请人平均发明专利授权量/(件/人)	每授权发明专利平均发明人数/(人次/件)
纺织和造纸器械	北京	981	2 171	2.79	4.02
	广东	1 775	2 767	2.00	2.67
	江苏	3 348	4 556	2.60	2.82
	浙江	2 980	4 197	2.33	2.74
	上海	1 755	2 826	3.38	3.72
	山东	1 132	2 316	2.49	4.14
	四川	421	909	2.28	4.43
	安徽	346	603	1.73	2.63
	湖北	411	982	2.58	4.12
	陕西	428	921	5.10	4.09
	辽宁	271	559	2.26	3.86
	湖南	258	630	1.91	4.05
	河南	323	825	2.23	4.18
	福建	513	846	1.98	2.90
	天津	342	627	3.14	3.30
	黑龙江	144	420	3.06	4.38
	重庆	94	217	2.29	3.47
	河北	196	480	1.88	3.64
	广西	73	186	1.52	3.42
	吉林	111	241	2.71	4.63
	山西	73	220	2.09	4.18
	云南	132	333	2.59	4.77
	江西	67	169	1.24	3.30
	贵州	23	67	1.35	4.04
	甘肃	25	61	1.25	2.96
	新疆	41	126	1.32	4.29
	内蒙古	69	66	3.14	1.83
	海南	42	65	3.23	2.90
	宁夏	23	70	1.92	4.91
	青海	2	3	1.00	1.00
	西藏	2	10	1.00	4.50
	台湾	319	449	2.13	2.25
	香港	67	137	2.48	2.90
	澳门	1	1	1.00	1.00

续表

技术领域	省区市	发明专利授权量/件	发明人数/个	每申请人平均发明专利授权量/(件/人)	每授权发明专利平均发明人数/(人次/件)
其他专用机械	北京	2 935	8 103	2.77	4.82
	广东	3 913	6 793	2.12	3.06
	江苏	5 306	9 962	2.32	3.45
	浙江	4 118	6 762	2.19	2.85
	上海	2 065	4 229	2.77	3.68
	山东	2 839	6 499	2.15	4.04
	四川	1 244	3 220	2.02	4.11
	安徽	1 457	2 608	2.00	2.99
	湖北	1 116	3 255	2.24	4.44
	陕西	741	2 454	2.86	4.72
	辽宁	901	2 268	1.98	3.77
	湖南	1 221	2 715	2.42	3.81
	河南	907	2 841	2.05	4.79
	福建	1 134	2 305	1.78	3.31
	天津	736	1 622	2.37	3.38
	黑龙江	680	1 975	2.88	4.45
	重庆	505	1 199	1.88	3.33
	河北	598	1 651	1.67	3.77
	广西	781	1 825	1.94	4.02
	吉林	452	1 359	2.69	4.88
	山西	361	1 240	1.64	4.49
	云南	549	2 031	1.75	5.47
	江西	246	693	1.38	3.58
	贵州	354	939	1.80	4.21
	甘肃	298	998	1.63	4.87
	新疆	404	1 205	2.04	4.80
	内蒙古	175	465	1.30	3.57
	海南	165	441	2.50	4.94
	宁夏	74	212	1.51	3.76
	青海	30	148	1.36	5.97
	西藏	16	44	1.23	2.94
	台湾	404	697	1.49	2.32
	香港	58	93	1.41	2.05
	澳门	2	4	2.00	1.50

续表

技术领域	省区市	发明专利授权量/件	发明人数/个	每申请人平均发明专利授权量/(件/人)	每授权发明专利平均发明人数/(人次/件)
热工过程和设备	北京	1 648	3 647	2.42	3.79
	广东	2 174	3 494	2.46	3.10
	江苏	1 934	3 215	2.13	2.87
	浙江	1 664	2 383	2.14	2.64
	上海	875	2 147	2.04	3.60
	山东	1 365	2 568	2.46	3.58
	四川	424	1 008	1.84	3.64
	安徽	501	931	2.29	2.99
	湖北	344	947	1.91	3.92
	陕西	428	949	3.69	4.08
	辽宁	510	1 326	1.85	3.69
	湖南	467	918	2.29	3.33
	河南	343	1 058	1.55	4.27
	福建	169	365	1.31	2.67
	天津	332	642	2.59	3.03
	黑龙江	243	630	2.48	4.16
	重庆	233	529	2.18	3.34
	河北	241	619	1.46	3.12
	广西	128	282	1.19	3.13
	吉林	76	208	1.13	3.04
	山西	162	470	1.67	3.97
	云南	113	353	1.82	4.28
	江西	76	146	1.46	2.34
	贵州	67	157	1.63	2.96
	甘肃	87	261	1.50	4.52
	新疆	46	78	1.35	2.15
	内蒙古	74	197	1.40	2.96
	海南	6	13	1.20	2.17
	宁夏	29	101	1.00	4.34
	青海	10	43	0.91	4.30
	西藏	2	8	2.00	3.50
	台湾	209	329	2.22	2.44
	香港	44	53	1.26	1.55
	澳门	4	4	1.33	1.00

续表

技术领域	省区市	发明专利授权量/件	发明人数/个	每申请人平均发明专利授权量/(件/人)	每授权发明专利平均发明人数/(人次/件)
机械元件	北京	1 598	4 990	2.43	4.63
	广东	1 551	2 394	1.95	2.28
	江苏	2 553	4 934	1.86	2.95
	浙江	2 535	3 887	1.98	2.62
	上海	1 014	2 431	1.86	3.13
	山东	896	2 447	1.61	3.64
	四川	547	1 476	1.65	3.67
	安徽	577	1 357	2.30	3.24
	湖北	503	1 549	2.24	4.57
	陕西	422	1 403	2.83	4.55
	辽宁	532	1 579	1.80	3.90
	湖南	858	1 751	4.07	3.45
	河南	410	1 241	1.77	4.23
	福建	381	632	1.85	2.60
	天津	346	841	1.86	3.38
	黑龙江	405	971	5.47	4.40
	重庆	590	1 207	2.74	3.43
	河北	394	1 111	1.82	3.83
	广西	149	418	1.71	3.76
	吉林	165	586	2.50	4.89
	山西	192	550	2.06	3.53
	云南	79	224	2.39	5.01
	江西	63	174	1.34	3.52
	贵州	80	202	1.67	2.90
	甘肃	54	204	1.46	4.76
	新疆	50	168	1.39	3.68
	内蒙古	36	104	1.13	2.92
	海南	4	4	2.00	1.00
	宁夏	15	52	1.50	4.40
	青海	0	0	0	0
	西藏	1	1	1.00	1.00
	台湾	475	606	2.14	1.79
	香港	39	71	1.11	1.85
	澳门	1	1	1.00	1.00

续表

技术领域	省区市	发明专利授权量/件	发明人数/个	每申请人平均发明专利授权量/(件/人)	每授权发明专利平均发明人数/(人次/件)
运输	北京	1 847	5 343	3.04	4.74
	广东	1 440	2 325	2.07	2.61
	江苏	2 343	4 138	2.70	3.00
	浙江	1 609	2 561	2.41	3.50
	上海	1 252	3 172	2.83	3.73
	山东	808	2 254	1.85	3.98
	四川	402	867	2.22	3.41
	安徽	894	1 567	4.01	2.77
	湖北	529	1 682	2.26	4.71
	陕西	393	1 265	3.17	4.88
	辽宁	483	1 311	2.26	3.83
	湖南	728	1 880	3.85	4.41
	河南	291	1 088	1.51	4.72
	福建	224	423	1.52	2.39
	天津	251	725	1.68	3.84
	黑龙江	369	1 042	5.05	5.18
	重庆	666	1 285	3.99	3.09
	河北	309	805	2.31	3.74
	广西	199	515	1.81	3.41
	吉林	256	808	3.76	5.66
	山西	124	350	1.82	3.92
	云南	51	114	1.76	2.96
	江西	79	296	1.84	4.29
	贵州	52	102	1.27	2.38
	甘肃	41	97	1.86	3.68
	新疆	11	29	1.10	2.55
	内蒙古	31	106	1.35	4.32
	海南	9	12	1.50	1.44
	宁夏	8	32	1.00	3.88
	青海	1	2	1.00	1.00
	西藏	0	0	0	0
	台湾	430	494	2.30	1.67
	香港	162	169	6.48	2.03
	澳门	3	4	1.00	1.67

续表

技术领域	省区市	发明专利授权量/件	发明人数/个	每申请人平均发明专利授权量/(件/人)	每授权发明专利平均发明人数/(人次/件)
家具游戏	北京	306	751	1.39	3.11
	广东	1 739	1 954	1.89	1.89
	江苏	1 063	1 347	2.33	2.05
	浙江	1 680	1 753	2.03	1.84
	上海	323	692	1.79	2.85
	山东	470	840	1.71	2.61
	四川	160	245	2.03	1.98
	安徽	235	331	1.79	2.11
	湖北	113	296	1.27	2.96
	陕西	75	304	1.92	4.55
	辽宁	114	253	1.25	2.60
	湖南	94	171	1.18	2.15
	河南	124	396	1.46	3.84
	福建	315	369	1.63	1.76
	天津	125	204	2.45	2.57
	黑龙江	126	319	2.93	3.73
	重庆	78	142	2.17	2.40
	河北	88	135	1.83	2.14
	广西	107	182	1.65	2.26
	吉林	46	122	1.31	2.76
	山西	37	90	1.32	3.32
	云南	27	37	1.13	1.44
	江西	57	93	1.19	1.89
	贵州	30	71	1.43	4.30
	甘肃	24	74	1.20	3.67
	新疆	15	12	1.88	1.20
	内蒙古	12	14	1.09	1.08
	海南	3	3	1.50	0.67
	宁夏	4	10	1.33	2.25
	青海	0	0	0	0
	西藏	0	0	0	0
	台湾	380	459	1.78	1.89
	香港	144	167	2.22	1.58
	澳门	4	6	1.00	1.25

续表

技术领域	省区市	发明专利授权量/件	发明人数/个	每申请人平均发明专利授权量/(件/人)	每授权发明专利平均发明人数/(人次/件)
其他消费品	北京	431	1162	1.30	3.70
	广东	1 446	2 129	1.72	2.36
	江苏	1 315	2 186	2.18	2.79
	浙江	1 238	1 764	1.65	2.21
	上海	542	1 170	2.01	3.35
	山东	735	1 499	2.45	3.79
	四川	300	439	2.56	4.00
	安徽	1 001	973	4.96	2.95
	湖北	378	697	3.18	4.64
	陕西	118	377	2.07	4.06
	辽宁	111	317	1.16	3.37
	湖南	152	327	1.95	4.24
	河南	353	966	2.32	5.27
	福建	550	775	2.13	3.01
	天津	90	226	1.20	2.91
	黑龙江	58	169	1.45	3.53
	重庆	131	229	1.98	2.40
	河北	117	313	1.52	3.34
	广西	121	220	1.83	3.63
	吉林	40	154	1.60	4.48
	山西	44	105	1.33	2.75
	云南	318	864	3.15	6.42
	江西	51	144	0.98	3.16
	贵州	80	276	1.57	5.50
	甘肃	19	36	1.19	2.21
	新疆	9	23	1.13	2.44
	内蒙古	24	25	1.50	1.63
	海南	6	7	1.20	1.00
	宁夏	3	4	1.00	1.00
	青海	4	10	1.33	2.25
	西藏	0	0	0	0
	台湾	236	349	1.26	1.79
	香港	119	140	1.98	1.76
	澳门	2	2	2.00	0.50

续表

技术领域	省区市	发明专利授权量/件	发明人数/个	每申请人平均发明专利授权量/(件/人)	每授权发明专利平均发明人数/(人次/件)
土木工程	北京	4 387	12 286	3.07	5.11
	广东	2 372	4 309	1.84	2.89
	江苏	4 221	9 006	2.60	3.88
	浙江	2 643	4 339	1.99	2.67
	上海	2 068	4 847	2.63	3.84
	山东	2 311	5 967	2.16	4.21
	四川	1 395	3 831	2.71	4.82
	安徽	1 013	2 615	2.47	3.99
	湖北	1 282	4 062	3.14	5.56
	陕西	1 092	3 394	3.12	5.27
	辽宁	997	2 732	2.19	4.13
	湖南	1 555	2 637	3.98	3.47
	河南	1 107	3 780	2.17	5.40
	福建	650	1 024	1.65	2.47
	天津	767	2 327	2.41	4.81
	黑龙江	534	1 441	2.32	3.89
	重庆	660	1 835	2.47	4.67
	河北	616	1 888	1.55	4.21
	广西	343	792	1.95	4.00
	吉林	235	699	2.06	4.78
	山西	621	2 170	2.49	5.50
	云南	217	595	1.92	3.75
	江西	164	394	1.45	3.06
	贵州	237	664	2.15	4.05
	甘肃	160	521	1.93	5.48
	新疆	200	668	1.75	4.95
	内蒙古	94	236	1.29	3.21
	海南	10	16	1.00	1.70
	宁夏	34	71	1.36	2.82
	青海	9	38	0.90	4.11
	西藏	3	10	1.50	3.00
	台湾	258	304	1.63	1.71
	香港	55	47	1.28	1.35
	澳门	0	0	0	0

表13　2012~2015年国内十强竞争者技术领域分布　　单位：件

技术领域		华为技术有限公司	中兴通讯股份有限公司	中国石油化工股份有限公司	浙江大学	清华大学	松下电器株式会社	索尼公司	丰田自动车株式会社	三星电子株式会社	鸿海精密工业股份有限公司
电气工程	电机/电气装置/电能	271	95	10	520	635	1 215	391	1 247	200	1 056
	音像技术	512	406	2	122	242	1 269	2 068	42	1 101	656
	电信	2 131	2 715	2	127	182	477	402	27	716	297
	数字通信	7 433	7 409	2	249	465	470	551	18	916	203
	基础通信程序	175	121	0	51	87	188	148	12	140	48
	计算机技术	932	809	26	541	656	593	1 008	59	812	795
	信息技术管理方法	27	33	0	21	18	25	29	2	9	3
	半导体	28	1	0	106	377	617	514	100	361	88
仪器	光学	95	20	1	163	184	343	623	5	771	542
	测量	81	81	281	1 039	848	347	208	291	92	313
	生物材料分析	1	0	25	103	32	42	21	6	7	2
	控制	45	76	28	241	131	76	59	199	40	120
	医学技术	5	3	4	204	170	187	36	18	14	6
化学	有机精细化学	0	0	2 066	483	170	3	10	8	7	0
	生物技术	0	0	75	452	193	17	29	21	16	0
	药品	0	0	3	319	55	5	1	0	1	0
	高分子化学/聚合物	1	0	1 009	276	86	20	14	15	9	3
	食品化学	0	0	8	317	39	2	1	10	1	
	基础材料化学	0	0	2 610	288	135	39	21	30	29	6
	材料/冶金	4	0	524	408	384	87	12	108	7	20
	表面加工技术/涂层	2	1	47	115	97	59	24	59	11	166
	微观结构和纳米技术	0	0	14	121	175	14	10	1	8	7
	化学工程	1	1	2 286	458	300	64	12	98	12	33
	环境技术	2	1	554	348	266	31	6	305	9	5

续表

技术领域		华为技术有限公司	中兴通讯股份有限公司	中国石油化工股份有限公司	浙江大学	清华大学	松下电器株式会社	索尼公司	丰田自动车株式会社	三星电子株式会社	鸿海精密工业股份有限公司
机械工程	装卸	3	1	35	74	63	50	11	36	13	111
	机床	4	0	11	104	139	85	11	67	2	147
	发动机/泵/涡轮机	11	7	9	125	212	112	6	853	8	33
	纺织和造纸器械	0	1	35	66	31	64	38	4	26	12
	其他专用机械	1	3	142	294	62	52	15	54	17	146
	热工过程和设备	23	1	34	156	105	270	4	23	72	4
	机械元件	11	0	36	155	57	27	12	542	23	182
	运输	19	1	20	104	105	68	10	1 564	1	15
其他	家具游戏	1	1	0	20	8	125	9	9	23	44
	其他消费品	13	1	2	14	6	262	41	4	100	21
	土木工程	7	2	215	122	99	32	4	24	4	12

表14　2012~2015年各技术领域中国内十强竞争者技术创新情况

技术领域	竞争者	授权量/件	发明人总数/人	每发明人平均发明专利授权量/（件/人）	每授权发明专利平均发明人数/（人次/件）
电机/电气装置/电能	丰田自动车株式会社	1 247	1 464	0.85	2.59
	国家电网公司	1 233	5 227	0.24	6.70
	松下电器株式会社	1 215	1 734	0.70	3.31
	海洋王照明科技股份有限公司	1 095	215	5.09	2.30
	鸿海精密工业股份有限公司	1 056	852	1.24	2.01
	鸿富锦精密工业（深圳）有限公司	683	542	1.26	2.57
	三菱电气株式会社	666	928	0.72	3.04
	中国电力科学研究院	658	1 691	0.39	6.56
	清华大学	635	1 199	0.53	4.99
	皇家飞利浦电子股份有限公司	592	1 126	0.53	2.63

续表

技术领域	竞争者	授权量/件	发明人总数/人	每发明人平均发明专利授权量/（件/人）	每授权发明专利平均发明人数/（人次/件）
音像技术	索尼公司	2 068	2 459	0.84	2.45
	松下电器株式会社	1 269	1 506	0.84	2.97
	三星电子株式会社	1 101	1 626	0.68	3.12
	夏普公司	899	1 025	0.88	2.78
	佳能株式会社	812	754	1.08	1.67
	鸿富锦精密工业(深圳)有限公司	666	646	1.03	2.37
	鸿海精密工业股份有限公司	656	679	0.97	2.22
	友达光电股份有限公司	551	733	0.75	2.87
	华为技术有限公司	512	764	0.67	2.94
	LG电子株式会社	489	559	0.87	2.92
电信	中兴通讯股份有限公司	2 715	2 601	1.04	2.41
	华为技术有限公司	2 131	2 690	0.79	2.69
	LG电子株式会社	973	946	1.03	3.47
	夸尔柯姆股份有限公司	829	1 203	0.69	3.04
	三星电子株式会社	716	1 222	0.59	3.47
	深圳光启创新技术有限公司	585	128	4.57	3.92
	夏普公司	520	512	1.02	2.36
	大唐移动通信设备有限公司	510	408	1.25	3.21
	佳能株式会社	505	550	0.92	1.51
	日本电气株式会社	494	473	1.04	1.63
数字通信	华为技术有限公司	7 433	6 021	1.23	2.58
	中兴通讯股份有限公司	7 409	5 214	1.42	2.41
	夸尔柯姆股份有限公司	2 343	2 235	1.05	3.29
	大唐移动通信设备有限公司	1 614	813	1.99	2.87
	杭州华三通信技术有限公司	1 092	587	1.86	1.63
	LG电子株式会社	936	714	1.31	3.63
	三星电子株式会社	916	1 325	0.69	3.34
	中国移动通信集团公司	893	825	1.08	3.74
	北京邮电大学	751	1 591	0.47	5.93
	因芬尼昂技术股份公司	726	1 202	0.60	2.60

续表

技术领域	竞争者	授权量/件	发明人总数/人	每发明人平均发明专利授权量/（件/人）	每授权发明专利平均发明人数/（人次/件）
基础通信程序	夸尔柯姆股份有限公司	277	461	0.60	2.56
	松下电器株式会社	188	286	0.66	2.74
	华为技术有限公司	175	354	0.49	3.01
	索尼公司	148	194	0.76	2.26
	村田制作所株式会社	140	125	1.12	1.73
	三星电子株式会社	140	213	0.66	3.01
	联发科技股份有限公司	136	159	0.86	2.16
	NXP股份有限公司	130	196	0.66	2.00
	中兴通讯股份有限公司	121	214	0.57	2.26
	东南大学	105	232	0.45	5.60
计算机技术	微软公司	1 539	4 323	0.36	3.88
	国际商业机器公司	1 050	2 862	0.37	3.59
	索尼公司	1 008	1 422	0.71	2.75
	华为技术有限公司	932	1 438	0.65	2.72
	三星电子株式会社	812	1 461	0.56	3.08
	中兴通讯股份有限公司	809	1 271	0.64	2.14
	鸿海精密工业股份有限公司	795	790	1.01	2.30
	鸿富锦精密工业(深圳)有限公司	793	717	1.11	2.33
	英特尔股份公司	738	1 793	0.41	3.46
	北京航空航天大学	727	1 480	0.49	4.09
信息技术管理方法	微软公司	142	572	0.25	4.28
	国家电网公司	78	505	0.15	7.91
	国际商业机器公司	53	163	0.33	3.19
	中国电力科学研究院	51	287	0.18	7.35
	金蝶软件(中国)有限公司	49	55	0.89	1.31
	阿里巴巴公司	37	81	0.46	2.32
	中兴通讯股份有限公司	33	52	0.63	2.06
	北京航空航天大学	30	113	0.27	5.10
	索尼公司	29	77	0.38	3.14
	华为技术有限公司	27	58	0.47	2.56

续表

技术领域	竞争者	授权量/件	发明人总数/人	每发明人平均发明专利授权量/（件/人）	每授权发明专利平均发明人数/（人次/件）
半导体	中芯国际集成电路制造(上海)有限公司	1 417	860	1.65	2.14
	台湾积体电路制造股份有限公司	873	1 146	0.76	3.87
	半导体能源研究所株式会社	791	369	2.14	3.06
	东京电子有限公司	642	871	0.74	2.89
	松下电器株式会社	617	808	0.76	2.99
	上海华虹NEC电子有限公司	584	241	2.42	2.82
	中国科学院微电子研究所	541	311	1.74	3.67
	索尼公司	514	657	0.78	2.50
	上海华力微电子有限公司	478	178	2.69	2.55
	京东方科技集团股份有限公司	458	443	1.03	2.71
光学	夏普公司	1 503	1 450	1.04	2.70
	佳能株式会社	1 431	1 512	0.95	2.39
	京东方科技集团股份有限公司	913	718	1.27	2.60
	理光株式会社	816	1 195	0.68	4.27
	深圳市华星光电技术有限公司	771	266	2.90	2.44
	三星电子株式会社	771	1 206	0.64	2.92
	友达光电股份有限公司	670	1 003	0.67	3.13
	富士全录股份有限公司	632	857	0.74	2.93
	索尼公司	623	920	0.68	2.80
	鸿海精密工业股份有限公司	542	313	1.73	1.80
测量	浙江大学	1 039	2 123	0.49	4.43
	北京航空航天大学	939	1 836	0.51	4.49
	国家电网公司	848	3 697	0.23	6.73
	清华大学	848	1 881	0.45	5.07
	东南大学	772	1 118	0.69	3.58
	哈尔滨工业大学	723	1 521	0.48	4.64
	西安交通大学	491	1 206	0.41	5.28
	上海交通大学	444	1 234	0.36	4.79
	重庆大学	394	1 284	0.31	5.89
	皇家飞利浦电子股份有限公司	387	711	0.54	2.85

续表

技术领域	竞争者	授权量/件	发明人总数/人	每发明人平均发明专利授权量/（件/人）	每授权发明专利平均发明人数/（人次/件）
生物材料分析	霍夫曼·拉罗奇有限公司	141	390	0.36	3.61
	希森美康株式会社	115	189	0.61	3.09
	浙江大学	103	304	0.34	3.97
	中国农业大学	88	253	0.35	6.16
	济南大学	62	99	0.63	8.24
	江南大学	62	106	0.58	6.27
	爱科来株式会社	56	89	0.63	2.68
	东南大学	55	127	0.43	3.33
	华中农业大学	55	160	0.34	6.78
	中国科学院上海生命科学研究院	54	151	0.36	3.94
控制	浙江大学	241	599	0.40	4.36
	东南大学	223	479	0.47	4.46
	北京航空航天大学	222	598	0.37	4.19
	丰田自动车株式会社	199	306	0.65	2.50
	国家电网公司	198	946	0.21	6.09
	三菱电气株式会社	194	295	0.66	2.81
	冲电气工业株式会社	189	146	1.29	1.52
	日立欧姆龙金融系统有限公司	153	154	0.99	2.83
	西门子移动通讯公司	135	263	0.51	2.31
	清华大学	131	494	0.27	5.13
医学技术	皇家飞利浦电子股份有限公司	866	1 472	0.59	3.02
	奥林巴斯医疗株式会社	522	483	1.08	2.30
	东芝微电子株式会社	505	468	1.08	2.40
	东芝医疗系统株式会社	501	462	1.08	2.41
	尤妮佳股份公司	344	220	1.56	2.58
	埃色康内外科股份有限公司	323	493	0.66	4.78
	佳能株式会社	238	181	1.31	2.37
	西门子移动通讯公司	232	445	0.52	2.58
	富士胶片印刷机材株式会社	226	213	1.06	2.18
	上海交通大学	225	446	0.50	4.25

续表

技术领域	竞争者	授权量/件	发明人总数/人	每发明人平均发明专利授权量/（件/人）	每授权发明专利平均发明人数/（人次/件）
有机精细化学	中国石油化工股份有限公司	2 066	1 762	1.17	5.02
	中国石油化工股份有限公司上海石油化工研究院	906	286	3.17	3.72
	巴斯福股份公司	591	1 353	0.44	5.29
	浙江大学	483	844	0.57	4.57
	中国石油化工股份有限公司石油化工科学研究院	415	349	1.19	5.62
	中国石油化工股份有限公司北京化工研究院	370	388	0.95	6.71
	浙江工业大学	341	609	0.56	4.43
	中国科学院大连化学物理研究所	295	400	0.74	5.05
	华东理工大学	282	912	0.31	6.07
	中国石油化工股份有限公司抚顺石油化工研究院	240	159	1.51	5.23
生物技术	江南大学	534	738	0.72	4.85
	浙江大学	452	1 055	0.43	4.45
	中国农业大学	413	954	0.43	5.42
	华中农业大学	306	789	0.39	5.26
	南京农业大学	299	685	0.44	5.39
	上海交通大学	235	574	0.41	4.54
	华南理工大学	211	370	0.57	3.96
	清华大学	193	401	0.48	4.35
	南京工业大学	191	379	0.50	6.22
	浙江工业大学	187	300	0.62	5.34
药品	沈阳药科大学	345	658	0.52	4.56
	浙江大学	319	727	0.44	4.21
	诺瓦蒂斯有限公司	281	966	0.29	5.24
	中国药科大学	236	713	0.33	5.43
	霍夫曼·拉罗奇有限公司	232	637	0.36	5.70
	中国科学院上海药物研究所	223	553	0.40	5.88
	中国人民解放军第二军医大学	208	620	0.34	6.48
	复旦大学	208	468	0.44	4.04
	山东大学	208	395	0.53	3.86
	中山大学	205	542	0.38	5.39

续表

技术领域	竞争者	授权量/件	发明人总数/人	每发明人平均发明专利授权量/（件/人）	每授权发明专利平均发明人数/（人次/件）
高分子化学/聚合物	中国石油化工股份有限公司	1 009	1 325	0.76	7.01
	巴斯福股份公司	566	1 475	0.38	4.59
	中国石油化工股份有限公司北京化工研究院	558	427	1.31	7.78
	华南理工大学	366	703	0.52	3.98
	北京化工大学	356	753	0.47	4.52
	中国科学院长春应用化学研究所	313	456	0.69	5.28
	中国石油天然气股份有限公司	310	1 139	0.27	11.48
	金发科技股份有限公司	282	214	1.32	6.56
	东华大学	280	558	0.50	4.49
	浙江大学	276	620	0.45	4.64
食品化学	江南大学	404	679	0.59	5.00
	浙江大学	317	676	0.47	4.66
	内蒙古伊利实业集团股份有限公司	307	149	2.06	3.43
	中国农业大学	272	690	0.39	5.09
	华中农业大学	230	600	0.38	4.64
	华南理工大学	219	343	0.64	3.42
	南京农业大学	204	514	0.40	5.43
	福建农林大学	183	395	0.46	4.85
	光明乳业股份有限公司	165	98	1.68	7.47
	湖南农业大学	144	345	0.42	4.52
基础材料化学	中国石油化工股份有限公司	2 610	2 430	1.07	5.68
	中国石油化工股份有限公司石油化工科学研究院	1 109	542	2.05	5.94
	中国石油化工股份有限公司抚顺石油化工研究院	868	373	2.33	4.96
	中国石油天然气股份有限公司	588	2 159	0.27	9.17
	巴斯福股份公司	491	1 358	0.36	4.98
	华南理工大学	297	638	0.47	4.00
	海洋王照明科技股份有限公司	294	42	7.00	3.45
	3M创新财产公司	292	655	0.45	3.67
	浙江大学	288	751	0.38	4.88
	日东电工株式会社	284	391	0.73	3.69

续表

技术领域	竞争者	授权量/件	发明人总数/人	每发明人平均发明专利授权量/（件/人）	每授权发明专利平均发明人数/（人次/件）
材料/冶金	北京科技大学	577	1 368	0.42	5.34
	中南大学	555	1 285	0.43	5.92
	中国石油化工股份有限公司	524	932	0.56	5.47
	宝山钢铁股份有限公司	491	877	0.56	4.21
	武汉钢铁(集团)公司	410	982	0.42	7.60
	浙江大学	408	815	0.50	4.54
	陕西科技大学	406	398	1.02	4.69
	国立大学法人东北大学	392	845	0.46	5.07
	清华大学	384	767	0.50	4.29
	哈尔滨工业大学	353	816	0.43	4.68
表面加工技术/涂层	东京电子有限公司	266	416	0.64	3.04
	鸿富锦精密工业(深圳)有限公司	194	115	1.69	2.56
	比亚迪股份有限公司	186	262	0.71	2.86
	鸿海精密工业股份有限公司	166	96	1.73	2.32
	3M创新财产公司	160	451	0.35	3.71
	日东电工株式会社	154	285	0.54	3.60
	哈尔滨工业大学	153	406	0.38	4.76
	应用材料公司	142	490	0.29	4.82
	爱发科株式会社	136	247	0.55	4.09
	中国科学院金属研究所	124	233	0.53	5.13
微观结构和纳米技术	清华大学	175	265	0.66	3.74
	东南大学	124	189	0.66	3.33
	浙江大学	121	300	0.40	4.53
	北京大学	112	226	0.50	5.26
	上海交通大学	106	248	0.43	4.85
	鸿富锦精密工业(深圳)有限公司	105	58	1.81	3.55
	陕西科技大学	86	124	0.69	5.29
	中国科学院上海微系统与信息技术研究所	84	136	0.62	4.08
	江苏大学	78	217	0.36	4.86
	吉林大学	76	220	0.35	4.58

续表

技术领域	竞争者	授权量/件	发明人总数/人	每发明人平均发明专利授权量/（件/人）	每授权发明专利平均发明人数/（人次/件）
化学工程	中国石油化工股份有限公司	2 286	1 980	1.15	5.32
	中国石油化工股份有限公司抚顺石油化工研究院	640	268	2.39	4.73
	中国石油化工股份有限公司上海石油化工研究院	634	256	2.48	3.74
	中国石油化工股份有限公司石油化工科学研究院	622	459	1.36	6.46
	浙江大学	458	980	0.47	4.63
	中国科学院大连化学物理研究所	317	544	0.58	4.95
	中国石油天然气股份有限公司	305	1 194	0.26	10.45
	清华大学	300	723	0.41	4.41
	巴斯福股份公司	276	838	0.33	5.01
	北京化工大学	247	556	0.44	4.15
环境技术	中国石油化工股份有限公司	554	940	0.59	4.93
	浙江大学	348	796	0.44	5.39
	丰田自动车株式会社	305	329	0.93	2.93
	北京工业大学	272	418	0.65	6.39
	清华大学	266	684	0.39	4.54
	南京大学	240	524	0.46	5.52
	同济大学	235	574	0.41	4.65
	哈尔滨工业大学	211	531	0.40	5.04
	常州大学	184	247	0.74	3.81
	华南理工大学	177	383	0.46	3.79
装卸	中联重科股份有限公司	383	473	0.81	3.56
	三菱电气株式会社	379	284	1.33	1.97
	日立制作所株式会社	358	336	1.07	4.34
	克罗内斯股份公司	323	430	0.75	2.14
	东芝电梯株式会社	264	192	1.38	1.89
	徐州重型机械有限公司	164	201	0.82	4.02
	科恩股份公司	143	282	0.51	2.68
	因温特奥股份公司	143	200	0.72	2.09
	村田机械株式会社	137	121	1.13	1.64
	佳能株式会社	130	208	0.63	2.51

续表

技术领域	竞争者	授权量/件	发明人总数/人	每发明人平均发明专利授权量/（件/人）	每授权发明专利平均发明人数/（人次/件）
机床	宝山钢铁股份有限公司	349	681	0.51	4.04
	哈尔滨工业大学	334	716	0.47	4.87
	苏州宝时得电动工具有限公司	274	94	2.91	2.53
	牧田株式会社	212	180	1.18	2.32
	上海交通大学	210	498	0.42	4.60
	罗伯特博施公司	210	343	0.61	2.72
	燕山大学	176	324	0.54	4.34
	江苏大学	173	421	0.41	6.01
	西安交通大学	169	373	0.45	5.45
	神户制钢所株式会社	159	251	0.63	3.16
发动机/泵/涡轮机	通用电气公司	990	1 839	0.54	2.91
	丰田自动车株式会社	853	1 023	0.83	2.53
	GM全球科技动作股份有限公司	532	803	0.66	3.30
	三菱重工业株式会社	415	623	0.67	3.14
	本田技研工业株式会社	395	759	0.52	3.21
	西门子移动通讯公司	372	746	0.50	2.73
	罗伯特博施公司	333	725	0.46	3.00
	通用汽车环球科技运作有限责任公司	303	569	0.53	3.14
	福特环球技术公司	295	568	0.52	2.93
	电装株式会社	285	399	0.71	2.79
纺织和造纸器械	精工爱普生株式会社	931	738	1.26	2.05
	东华大学	669	1 203	0.56	5.05
	佳能株式会社	483	717	0.67	3.39
	兄弟工业株式会社	437	318	1.37	2.50
	重机公司	246	121	2.03	2.04
	理光株式会社	246	348	0.71	3.09
	浙江理工大学	216	391	0.55	3.70
	陕西科技大学	187	310	0.60	4.46
	惠普开发有限公司	174	455	0.38	3.24
	富士胶片印刷机材株式会社	174	210	0.83	2.44

续表

技术领域	竞争者	授权量/件	发明人总数/人	每发明人平均发明专利授权量/（件/人）	每授权发明专利平均发明人数/（人次/件）
其他专用机械	浙江大学	294	761	0.39	4.26
	中国农业大学	260	653	0.40	5.11
	江苏大学	203	474	0.43	4.90
	康宁股份有限公司	199	372	0.53	3.08
	北京化工大学	195	421	0.46	4.86
	克罗内斯股份公司	167	230	0.73	2.64
	浙江海洋学院	165	164	1.01	3.13
	华南理工大学	164	342	0.48	3.49
	巴斯福股份公司	162	497	0.33	4.64
	三星钻石工业股份有限公司	159	93	1.71	2.20
热工过程和设备	珠海格力电器股份有限公司	377	607	0.62	4.54
	大金工业株式会社	357	398	0.90	2.69
	LG电子株式会社	320	455	0.70	2.95
	三菱电气株式会社	292	400	0.73	3.73
	松下电器株式会社	270	467	0.58	3.94
	海尔集团公司	200	335	0.60	4.69
	浙江大学	156	330	0.47	5.72
	西安交通大学	151	315	0.48	4.58
	开利公司	132	212	0.62	2.76
	徐宝安	128	1	128.00	1.00
机械元件	丰田自动车株式会社	542	848	0.64	3.20
	GM全球科技动作股份有限公司	444	505	0.88	3.06
	本田技研工业株式会社	296	590	0.50	2.92
	通用汽车环球科技运作有限责任公司	280	422	0.66	2.99
	NTN株式会社	278	315	0.88	2.78
	ZF腓特烈港股份公司	256	341	0.75	2.95
	罗伯特博施公司	219	495	0.44	2.87
	爱信AW株式会社	213	396	0.54	4.50
	哈尔滨工业大学	196	248	0.79	3.81
	鸿海精密工业股份有限公司	182	202	0.90	2.31

续表

技术领域	竞争者	授权量/件	发明人总数/人	每发明人平均发明专利授权量/（件/人）	每授权发明专利平均发明人数/（人次/件）
运输	丰田自动车株式会社	1 564	1 708	0.92	2.48
	本田技研工业株式会社	1 182	1 944	0.61	2.87
	GM全球科技动作股份有限公司	640	1 031	0.62	3.02
	福特环球技术公司	460	984	0.47	3.18
	浙江吉利控股集团有限公司	414	513	0.81	6.02
	奇瑞汽车股份有限公司	411	576	0.71	2.60
	通用汽车环球科技运作有限责任公司	372	812	0.46	2.94
	浙江吉利汽车研究院有限公司	358	421	0.85	6.41
	罗伯特博施公司	337	712	0.47	2.89
	普利司通株式会社	325	366	0.89	1.94
家具游戏	科乐美数码娱乐株式会社	176	183	0.96	2.54
	耐克国际有限公司	153	197	0.78	2.65
	SEB公司	129	160	0.81	2.15
	松下电器株式会社	125	236	0.53	3.65
	内斯特克有限公司	118	140	0.84	3.95
	BSH博世和西门子家用设备有限公司	100	123	0.81	3.33
	皇家飞利浦电子股份有限公司	96	226	0.42	2.71
	戴森技术有限公司	94	109	0.86	2.33
	广东新宝电器股份有限公司	84	71	1.18	2.62
	九阳股份有限公司	83	90	0.92	3.02
其他消费品	合肥美的荣事达电冰箱有限公司	506	251	2.02	2.90
	LG电子株式会社	490	510	0.96	3.60
	合肥华凌股份有限公司	398	208	1.91	2.81
	松下电器株式会社	262	320	0.82	3.69
	海尔集团公司	242	353	0.69	4.60
	湖北中烟工业有限责任公司	233	247	0.94	4.98
	BSH博世和西门子家用设备有限公司	204	290	0.70	2.79
	耐克国际有限公司	180	324	0.56	2.61
	YKK株式会社	171	169	1.01	2.23
	雅马哈株式会社	166	173	0.96	1.92

续表

技术领域	竞争者	授权量/件	发明人总数/人	每发明人平均发明专利授权量/（件/人）	每授权发明专利平均发明人数/（人次/件）
土木工程	中国矿业大学	484	1 067	0.45	5.26
	中国石油天然气股份有限公司	394	1 776	0.22	8.03
	中联重科股份有限公司	308	360	0.86	3.62
	中国海洋石油总公司	285	911	0.31	6.73
	东南大学	271	531	0.51	4.00
	河海大学	255	710	0.36	5.11
	小松制作所株式会社	232	333	0.70	2.68
	中国石油化工股份有限公司	215	880	0.24	6.77
	北京工业大学	211	367	0.57	4.50
	中国石油大学(华东)	207	544	0.38	5.04

后 记

本书根据国家知识产权局“基于专利信息全球技术创新活动研究”课题报告编撰而成，在研究中，课题组以专利信息大数据分析方法来研究分析当今技术创新活动的规律，因数据量庞大，研究中难免有疏漏和不足之处，恳请广大读者批评指正。

课题组将继续进行滚动研究，因此，真诚希望广大读者反馈宝贵意见和建议，课题组将以严谨治学的态度，进一步完善后续研究，为读者提供更具参考价值的后续研究报告。如有反馈，请联系课题组负责人彭茂祥博士（pengmaoxiang@126.com）。

课题组人员信息

课题组负责人：彭茂祥

组长：李隽春

主要研究人员：李蓉、杨景蓝、郑磊、程丽芳

其他参与人员：胡塔光、雷和平、戴晓宇

本书执笔人员具体分工

李隽春负责绪论、第二章和第八章的撰写，李蓉负责第一章、第四章和第五章的撰写，杨景蓝负责第三章和第七章的撰写，郑磊负责第六章的撰写。程丽芳负责软件技术支持。